高职高专楼宇智能化专业系列教材

建筑电气与弱电工程制图

主　编　侯正昌　梅　奕

副主编　陆秋俊

主　审　陈天娥

西安电子科技大学出版社

内 容 简 介

本书共 9 章，内容包括制图基本知识与技能、正投影法基础、形体的表达、轴测图、建筑形体的表达方法、建筑施工图、建筑电气工程图、建筑弱电工程图和计算机绘图基本知识。本书将建筑工程图、电气工程图和弱电工程图的识读和绘制等相关内容整合在一起，并较好地将工程实际和课程体系有机结合，突出工程图例的识读、绘制，实用性较强。

本书可作为高职高专楼宇智能化技术、计算机应用技术、计算机网络技术、物联网应用技术等专业的教材，也可供建筑电气和建筑智能化工程技术人员参考阅读。

图书在版编目(CIP)数据

建筑电气与弱电工程制图 / 侯正昌，梅奕主编. —西安：西安电子科技大学出版社，2017.2
(2024.7 重印)
ISBN 978-7-5606-4336-6

Ⅰ.① 建… Ⅱ.① 侯…② 梅… Ⅲ.① 建筑工程—电气设备—工程制图 Ⅳ.① TU85

中国版本图书馆 CIP 数据核字(2016)第 323067 号

策　　划　马晓娟
责任编辑　马晓娟
出版发行　西安电子科技大学出版社(西安市太白南路 2 号)
电　　话　(029)88202421　88201467　　　　邮　　编　710071
网　　址　www.xduph.com　　　　电子邮箱　xdupfxb001@163.com
经　　销　新华书店
印刷单位　咸阳华盛印务有限责任公司
版　　次　2017 年 2 月第 1 版　2024 年 7 月第 3 次印刷
开　　本　880 毫米×1230 毫米　1/16　　　印　张　15.5
字　　数　484 千字
定　　价　37.00 元

ISBN 978 - 7 - 5606 - 4336 - 6

XDUP 4628001 - 3

＊＊＊ 如有印装问题可调换 ＊＊＊

前　　言

高等职业教育培养的是高素质技术技能人才，以适应社会经济发展和服务生产一线需要为目标，注重实践能力和职业技能训练。本书作为高等职业教育楼宇智能化技术、计算机应用技术、计算机网络技术、物联网应用技术等相关专业学生工程制图的教材，旨在培养学生识读和绘制智能建筑电气与弱电工程图的基本能力，为学生学习后续课程和今后就业打下良好的基础。

本书内容充实，重点突出，应用范围广。主要特点有：

(1) 本书涉及的基础理论内容不强调完整、系统，而以应用为目的，以必需和够用为度选取。

(2) 本书内容紧密结合建筑电气和弱电工程实际，以培养学生的职业技能为目的。

(3) 本书在知识体系和内容安排上力求简明扼要、深入浅出、通俗易懂，易于学生学习和掌握，同时方便教师教学。

(4) 本书将建筑工程图、电气工程图和弱电工程图的识读和绘制等相关内容有机地结合起来，整合在本书中。

(5) 本书单列一章"计算机绘图基本知识"，通过学习，学生可应用计算机软件绘制简单的建筑工程图和弱电工程图。

在本书编写的过程中，参考了大量的建筑制图、电气制图、弱电制图及楼宇智能化技术有关的书籍、资料，在此谨向相关作者表示感谢。同时，对西安电子科技大学出版社马晓娟老师在编写工作中给予的大力支持表示衷心的感谢。

本书由无锡职业技术学院侯正昌和常州信息职业技术学院梅奕担任主编，无锡职业技术学院陆秋俊担任副主编。侯正昌编写了绪论和第 1、6、8 章，陆秋俊编写了第 2、3、4、5 章，梅奕编写了第 7、9 章，全书由侯正昌统稿。本书由无锡职业技术学院陈天娥担任主审。侯立功、肖颖等老师对本书的编写提出了许多宝贵意见，在此表示感谢。

由于要把制图基本知识和规范、各专业制图知识和计算机制图知识进行有机的结合，难度较大，加之编者水平有限，书中的疏漏和不足之处在所难免，恳请专家、同行和读者批评指正。

编者

2016 年 12 月

目　　录

绪论 1

第1章　制图基本知识与技能 4
1.1　制图的基本规定 4
1.2　尺规绘图的工具与使用 10
1.3　平面图形画法 11
1.4　尺规绘图的方法与步骤 14

第2章　正投影法基础 17
2.1　投影法 17
2.2　正投影图的形成及其投影规律 20
2.3　点、直线、平面的投影 23

第3章　形体的表达 30
3.1　基本形体的投影作图 30
3.2　形体表面交线 37
3.3　组合体的构成和投影作图 46

第4章　轴测图 55
4.1　轴测图概述 55
4.2　正等轴测图 57
4.3　正面斜二等轴测图 62

第5章　建筑形体的表达方法 64
5.1　视图 64
5.2　剖面图 66
5.3　断面图 72
5.4　简化画法 75

第6章　建筑施工图 78
6.1　建筑施工图概述 78
6.2　建筑总平面图 83
6.3　建筑平面图 87
6.4　建筑立面图 92
6.5　建筑剖面图 96
6.6　建筑详图 98
6.7　绘制建筑平、立、剖面图的方法和步骤 101

第7章　建筑电气工程图 107

　7.1　建筑电气工程图概述 107

　7.2　电气图的表达形式及通用画法 109

　7.3　电气图用图形符号和文字符号 112

　7.4　建筑电气变配电系统图 126

　7.5　建筑电气照明平面图 152

第8章　建筑弱电工程图 159

　8.1　建筑弱电系统概述 159

　8.2　建筑弱电工程图概述 163

　8.3　建筑弱电工程图的识读 168

　8.4　建筑弱电工程图的画法 171

第9章　计算机绘图基本知识 186

　9.1　计算机绘图基础 186

　9.2　基本图形画法 197

　9.3　基本图形编辑 204

　9.4　创建和编辑文本 211

　9.5　图案填充 214

　9.6　图块和属性 216

　9.7　尺寸标注 219

　9.8　表格 229

　9.9　打印输出简介 232

附录　安全防范系统常用图形符号 236

参考文献 241

绪论

一、为什么要学习"建筑电气与弱电工程制图"

当今工程建设都离不开工程图样，工程图样被称为"工程界进行技术交流的语言"。同样，在建筑电气和弱电工程中，图纸也是工程中不可缺少的重要技术资料，从事建筑电气和弱电工程的技术人员必须掌握识读和绘制建筑电气工程图和弱电工程图的技能。如果不会读图，就无法理解别人的设计意图，而不会绘图，也就无法表达自己的设计构思。

"建筑电气与弱电工程制图"是研究建筑电气与弱电工程图样识读和绘制的一门课程，建筑电气与弱电工程图样识读和绘制是建筑电气与弱电工程技术人员表达设计意图、交流技术、指导生产施工等必备的基本知识和技能。

二、"建筑电气与弱电工程制图"课程的学习内容和要求

本课程的主要内容包括制图基本知识与技能、正投影法基本原理、建筑工程图、建筑电气工程图、建筑弱电工程图、计算机绘图等六部分。学完本课程，应达到如下要求：

(1) 通过学习制图基本知识与技能，了解并贯彻国家标准规定的制图基本规范，学会正确使用绘图仪器和工具，具备绘图的基本能力。

(2) 正投影法基本原理是识读和绘制工程图的理论基础，通过学习，应掌握用正投影法表达空间形体的方法，培养空间想象能力和构思能力。

(3) 建筑工程图主要介绍建筑施工图，通过学习，应掌握建筑工程图样的图示特点和表达方法，熟悉建筑制图国家标准中有关符号、图样画法、尺寸标注等的有关规定，初步具备识读和绘制建筑平面图、立面图和剖面图的能力。

(4) 建筑电气与弱电工程图属于建筑设备施工图，这部分是本课程的重点内容。通过学习，应掌握建筑电气工程图的特点和组成，了解建筑电气工程图的表达形式和通用画法，初步具备识读建筑电气工程图的能力，基本掌握建筑弱电工程图的识读和绘制的方法。

(5) 随着计算机技术的发展和普及，计算机绘图已逐步代替手工绘图。在学习本课程过程中，除了掌握尺规绘图的基本技能外，还必须学会使用绘图软件并能绘制简单的建筑图和弱电工程图。

三、"建筑电气与弱电工程制图"课程学习方法指导

本课程是一门既有理论，实践性又很强的技术基础课。课程的最终目的是掌握建筑弱电工程图的识读和绘制方法，而建筑弱电工程图属于建筑电气工程图的一种，所以必须了解建筑电气图的基本知识；另一方面，弱电工程图特别是弱电平面图是在建筑工程图的基础上绘制的，所以还必须具备建筑工程图的识读和绘制能力。建筑工程图是按正投影的原理来绘制的，所以必须学好正投影的原理，学会如何将空间形体用平面图正确地表达出来，以及如何根据平面图形来想象构思空间形体的形状。而所有这些工程图样都是工程界交流的技术语言，所以必须遵守共同的规则，而标准和规范就体现了这些规则。因此，必须了解并熟悉工程制图的国家标准和有关专业标准的统一规定，来指导识读和绘制工程图样。

下面就本课程的学习方法提几点建议，供学习者参考：

(1) 掌握正投影的基本知识，理解正投影的基本原理和特性，为空间形体的表达打下理论基础。

(2) 努力培养空间想象和构思能力，自始至终把物体的投影和物体的形状紧密结合，即要想象物体的形状，又要思考作图的投影规律。

(3) 要理论联系实际，解决实际问题。在学好基本理论、基本方法的基础上，要通过大量的作业练习和绘图、读图及上机实践，加深对课程知识的理解及技能的培养。

(4) 工程图是施工的依据，绘图和读图的任何差错都会带来巨大的损失，所以在学习中必须养成认真负责的工作态度和严谨细致的工作作风。

(5) 自学能力和独立工作能力是工程技术人员必须具备的基本素质，在学习过程中，要有意识地培养和提高。

四、本书各章主要内容及重点、难点

第 1 章 制图基本知识与技能	
主要内容	制图的基本规范，平面图形画法，尺规绘图的方法与步骤
重 点	制图的基本规范，尺寸标注的基本方法
难 点	平面图形的画法
第 2 章 正投影法基础	
主要内容	投影法、正投影法基本原理
重 点	正投影法的基本原理，三视图作图方法
难 点	点、直线、平面的投影规律
第 3 章 形体的表达	
主要内容	基本形体的投影作图，形体表面交线，组合体的构成和投影作图
重 点	基本形体和组合体的投影作图
难 点	形体表面交线的画法
第 4 章 轴测图	
主要内容	轴测图概念，正等轴测图和正面斜二等轴测图的画法
重 点	正等轴测图的画法
难 点	轴测图的概念
第 5 章 建筑形体的表达方法	
主要内容	基本视图、剖面图、断面图的形成和画法
重 点	剖面图的形成和画法
难 点	剖面图和断面图的区别
第 6 章 建筑施工图	
主要内容	建筑总平面图、平面图、立面图、剖面图和详图的识读，建筑平面图、立面图、剖面图的画法
重 点	建筑平面图、立面图、剖面图的识读
难 点	建筑平面图、立面图、剖面图的绘制

第7章 建筑电气工程图	
主要内容	建筑电气工程图的概念、表达形式及常用符号，建筑电气变配电系统图和建筑电气照明平面图的识读
重　点	建筑电气工程图的概念、表达形式及常用符号
难　点	建筑电气变配电系统图和建筑电气照明平面图的识读
第8章 建筑弱电工程图	
主要内容	建筑弱电工程图的概念，建筑弱电工程图的识读和绘制
重　点	建筑弱电工程图的概念和识读
难　点	建筑弱电工程图的绘制
第9章 计算机绘图基本知识	
主要内容	计算机绘图基本知识，基本图形绘制和基本编辑方法，文本处理，图案填充，图块和属性，表格和尺寸标注，打印输出基础
重　点	基本图形绘制和基本编辑方法
难　点	图块和属性，表格和尺寸标注

第1章 制图基本知识与技能

1.1 制图的基本规定

建筑电气与弱电工程图属于一种工程图，要识读和绘制这些工程图，必须掌握建筑工程图的识读和绘制方法。工程图作为工程界的语言，必须有统一的标准。为了正确识读和绘制工程图样，必须熟悉和掌握有关标准和规定。国家标准《技术制图》和《房屋建筑制图统一标准》是工程界重要的技术基础标准，是绘制和阅读工程图样的依据。《房屋建筑制图统一标准》适用于建筑图样，而《技术制图》标准则普遍适用于工程界各种专业技术图样。

建筑制图国家标准共有六种，包括总纲性质的《房屋建筑制图统一标准》(GB/T 50001—2010)和专业部分的《总图制图标准》(GB/T 50103—2010)、《建筑制图标准》(GB/T 50104—2010)、《建筑结构制图标准》(GB/T 50105—2010)、《给水排水制图标准》(GB/T 50106—2010)、《暖通空调制图标准》(GB/T 50114—2010)。

我国国家标准的代号是"GB"，例如《房屋建筑制图统一标准》(GB/T 50001—2010)，其中 T 表示推荐性标准，50001 表示标准编号，2010 表示发布年份。

本节摘要介绍制图标准中的图纸幅面、比例、字体、图线等制图基本规定。

一、图纸幅面、格式和标题栏

图纸的幅面是指图纸的大小规格。绘制图样时，应优先选用标准规定的图纸基本幅面，图纸基本幅面尺寸如表 1.1 所示。

表 1.1 图纸基本幅面尺寸

幅面代号	尺寸 $B \times L$	留边宽度	
		a	c
A0	841 × 1189	25	10
A1	594 × 841		
A2	420 × 594		
A3	297 × 420		5
A4	210 × 297		

从表 1.1 可以看出，A1 图纸是将 A0 图纸从长边对裁，A2 图纸是将 A1 图纸从长边对裁，依次类推，得到 A2、A3、A4 图纸，如图 1.1 所示。

完整的图面由图幅线、图框线、标题栏、会签栏组成，如图 1.2 所示。

图框是指图纸上表示绘图范围的边线。图框格式有横式和立式两种。图纸以短边作为垂直边应为横式，以短边作为水平边应为立式，如图 1.2 所示。一般 A0～A3 图纸宜横式使用，必要时也可立式使用，A4 图纸宜立式使用。

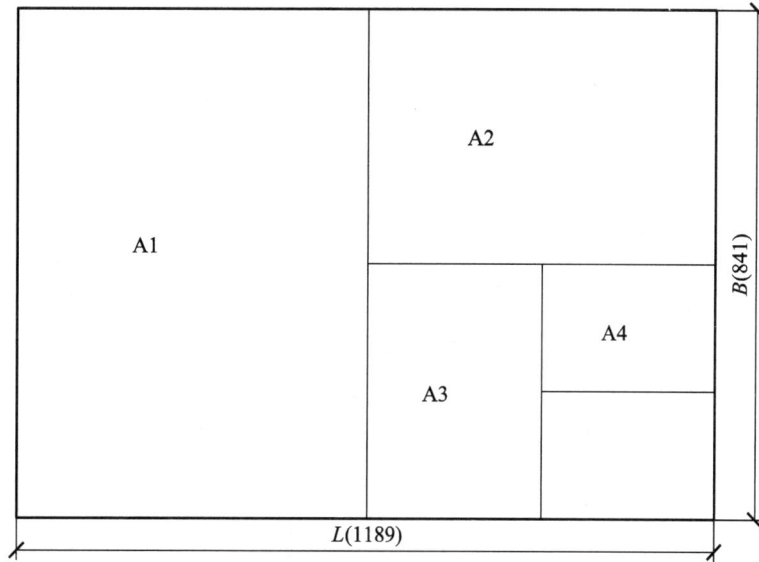

图 1.1　图纸基本幅面及尺寸

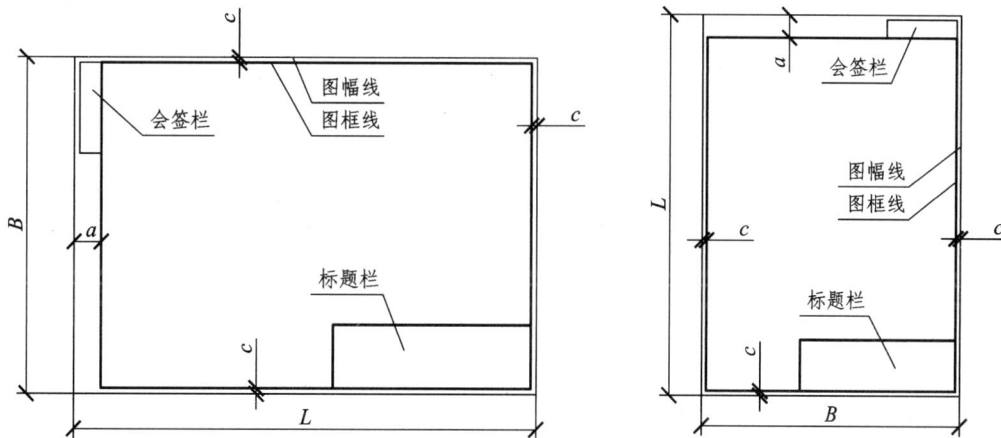

图 1.2　图框的格式

如果图纸幅面不够，可将图纸的长边加长，但短边不能加长。图纸加长后的尺寸，可查阅《房屋建筑制图统一标准》(GB/T 50001—2010)。

图框右下角必须画出标题栏，标题栏的内容、格式及尺寸在国家标准中做了规定。标题栏同时也规定了读图的方向。会签栏是指工程图纸上由会签人员填写的所代表的专业、姓名、日期的一个表格。制图教学中作业的标题栏推荐使用如图 1.3 所示的格式，不设会签栏。

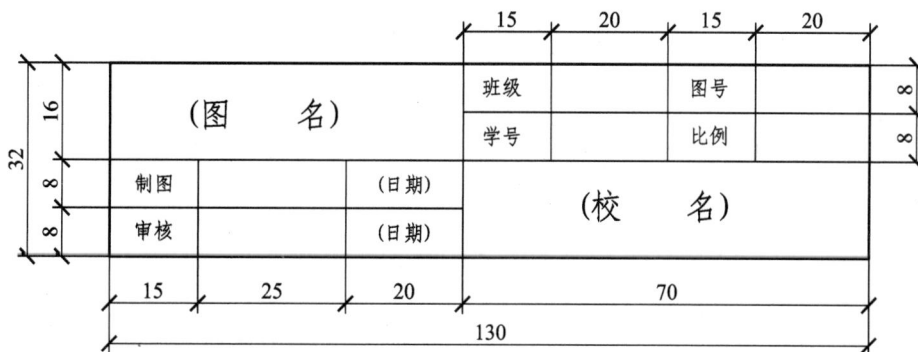

图 1.3　制图作业的标题栏格式

二、比例

比例是指图样中图形与实物相应要素的线性尺寸之比。绘图时，应根据图样的用途与所绘形体的复杂程度，从标准规定的系列中选用适当的比例，如表 1.2 所示，并优先选用表中的常用比例。

比例与标注尺寸无关，即图样不论采用何种比例绘制，标注的尺寸数字应是物体的实际大小；比例与角度也无关。

比例的符号应以"："表示，比例的表示方法如 1：1、1：100、20：1 等。

比例分三种类型：原值比例，即 1：1；放大比例，如 5：1；缩小比例，如 1：100。

表 1.2 绘图所用的比例

常用比例	1：1	1：2	1：5	1：10	1：20	1：50
	1：100	1：200	1：500	1：1000	1：2000	1：5000
	1：10000	1：20 000	1：50 000	1：100 000	1：200 000	
可用比例	1：3 1：4	1：6 1：15	1：25 1：30	1：40 1：60	1：80 1：250	
	1：300 1：400	1：600 1：1500	1：2500 1：3000	1：4000 1：6000		

三、字体

图样中书写的汉字、数字和字母必须采用规定的字体和大小书写，同时做到：字体工整、笔画清楚、间隔均匀、排列整齐，标点符号应清楚正确。

字体的号数即字体的高度(h)，分为 20 mm、14 mm、10 mm、7 mm、5 mm、3.5 mm 六种。

1. 汉字

汉字应写成长仿宋体，字的宽度与高度之比为 $1：\sqrt{2}$，同时标准规定字高不应小于 3.5 mm，如表 1.3 所示。

表 1.3 汉字字高与字宽

字高(字号)	20	14	10	7	5	3.5
字宽	14	10	7	5	3.5	2.5

汉字(长仿宋体)示例如图 1.4 所示。

字体工整笔画清楚间隔均匀排列整齐
10号字
横平竖直注意起落结构均匀填满方格
7号字
技术制图机械电气建筑电子汽车信息控制工程纺织服装
5号字

图 1.4 汉字书写示例

2. 数字和字母

数字和字母可写成斜体或直体；斜体字字头向右倾斜，与水平基准线约成 75°；同时标准规定数字和字母的字高不应小于 2.5 mm。数字和字母示例如图 1.5 所示。

ABCDEFGHIJKLMNOPQRSTUVWXYZ

ABCDEFGHIJKLMNOPQRSTUVWXYZ

abcdefghijklmnopqrstuvwxyz

abcdefghijklmnopqrstuvwxyz

1 2 3 4 5 6 7 8 9 0

1 2 3 4 5 6 7 8 9 0

I II III IV V VI VII VIII IX X

I II III IV V VI VII VIII IX X

图 1.5　字母和数字示例

四、图线

1．线型和线宽

任何工程图样都是由不同类型、不同宽度的图线绘制而成的，这些不同类型和不同宽度的图线在图样中表示不同的内容和含义，同时也使得图样层次清晰、主次分明，便于识读和绘制。

基本线型有实线、虚线、点画线、双点画线、折断线、波浪线等。

图线的宽度(b)，宜从 1.4 mm、1.0 mm、0.7 mm、0.5 mm、0.35 mm、0.25 mm、0.18 mm、0.13 mm 线宽系列中选取。图线宽度不应小于 0.1 mm。每个图样，应根据复杂程度与比例大小，先选定基本线宽 b，再选用表 1.4 所示的相应的线宽组。同一张图纸内，相同比例的各图样，应选用相同的线宽组。

表 1.4　线　宽　组　　　　　　　　　　　　　mm

线宽比	线宽组			
b	1.4	1.0	0.7	0.5
$0.7b$	1.0	0.7	0.5	0.35
$0.5b$	0.7	0.5	0.35	0.25
$0.25b$	0.35	0.25	0.18	0.13

图线分粗线、中粗线、中线和细线四种，其宽度比率为 1:0.7:0.5:0.25。图线的线型和线宽如表 1.5 所示。

表 1.5　图线的线型和线宽

名　称		线　型	线宽	一　般　用　途
实线	粗		b	主要可见轮廓线
	中粗		$0.7b$	可见轮廓线
	中		$0.5b$	可见轮廓线、尺寸起止符等
	细		$0.25b$	图例填充线、尺寸线、尺寸界线、家具线
虚线	粗		b	见有关专业制图标准
	中粗		$0.7b$	不可见轮廓线
	中		$0.5b$	不可见轮廓线、图例线
	细		$0.25b$	图例填充线、家具线
单点长画线	粗		b	见有关专业制图标准
	中		$0.5b$	见有关专业制图标准
	细		$0.25b$	中心线、对称线、轴线等

名　称		线　型	线宽	一　般　用　途
双点长画线	粗		b	见有关专业制图标准
	中		$0.5b$	见有关专业制图标准
	细		$0.25b$	假想轮廓线、成型前原始轮廓线
折断线	细		$0.25b$	断开界线
波浪线	细		$0.25b$	断开界线

2. 图线的使用

要正确地绘制一张工程图，除了确定线型和线宽外，使用图线时还应注意以下事项：

(1) 相互平行的图线，其间隙不宜小于选定的粗线的宽度，且不宜小于 0.7 mm。

(2) 虚线、单点长画线或双点长画线的线段长度和间隔，宜各自相等。

(3) 当在较小图形中绘制单点长画线或双点长画线有困难时，可用实线代替。

(4) 单点长画线或双点长画线的两端不应是点。点画线与点画线交接点或点画线与其它图线交接时，应是线段交接。

(5) 虚线与虚线交接或虚线与其它图线交接时，应是线段交接。虚线为实线的延长线时，不得与实线相接。

(6) 图线不得与文字、数字或符号重叠、混淆，不可避免时，应首先保证文字的清晰。

五、尺寸

图形只能表示物体的形状，而其大小则由标注的尺寸确定。标注尺寸时应做到正确、齐全、清晰。要严格遵守国家标准有关尺寸标注的规定。

1. 尺寸的组成

图样上的尺寸由尺寸界线、尺寸线、尺寸起止符号和尺寸数字四个要素组成，如图 1.6 所示。

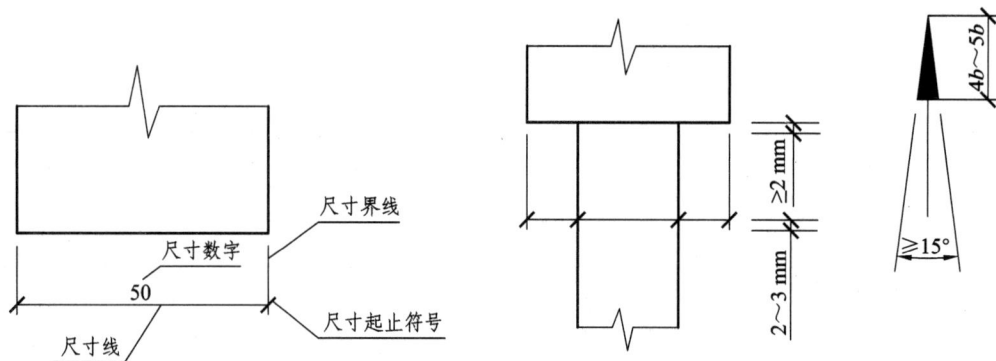

图 1.6　尺寸的组成

2. 尺寸标注的一般原则

(1) 图样上所有的尺寸数字必须是物体的实际大小，与绘图比例和准确性无关。

(2) 工程图上标注的尺寸，除标高和总平面图以 m(米)为单位外，其它一律以 mm(毫米)为单位。图样上的尺寸数字不再注写单位。

(3) 一般情况下，物体的每一结构的尺寸只标注一次，且标注在表示该结构最清晰的图样上为宜。

3. 尺寸标注的具体规定

1) 尺寸界线

表示标注对象边界的直线称为尺寸界线，用细实线绘制，垂直于被标注的轮廓线，有时可用轮廓线做尺寸界线。其一端应离开图样轮廓线不小于 2 mm，另一端宜超出尺寸线 2～3 mm，如图 1.6 所示。

2) 尺寸线

表示标注对象长度的直线称为尺寸线，用细实线绘制，平行于被标注的轮廓线。图样上的任何图线不得作为尺寸线。

同一图样上互相平行的尺寸线，应从轮廓线向外排列，大尺寸要标注在小尺寸的外面。尺寸线与图样轮廓线之间的距离一般不小于 10 mm。平行排列的尺寸线之间的距离应一致，宜为 7～10 mm。

3) 尺寸起止符号

标注尺寸起止点的符号称为尺寸起止符号，用中粗短斜线绘制，其倾斜方向应与尺寸界线成顺时针 45° 角，长度宜为 2～3 mm。半径、直径、角度与弧长的尺寸起止符号，宜用箭头表示。

4) 尺寸数字

尺寸数字标注在尺寸线上方。尺寸数字的方向，应按如图 1.7(a)所示的规定注写。若尺寸数字在 30° 斜线区内，也可按如图 1.7(b)所示的形式注写。尺寸数字一般注写在尺寸线的上方中部，字头向上或向左，距离尺寸线 1 mm 以内。如果没有足够的注写位置，最外边的尺寸数字可标注在尺寸界线的外侧，中间相连的尺寸数字可错开注写，也可引出注写。尺寸均应标注在图形轮廓线以外，不应与图线、文字及符号等相交。

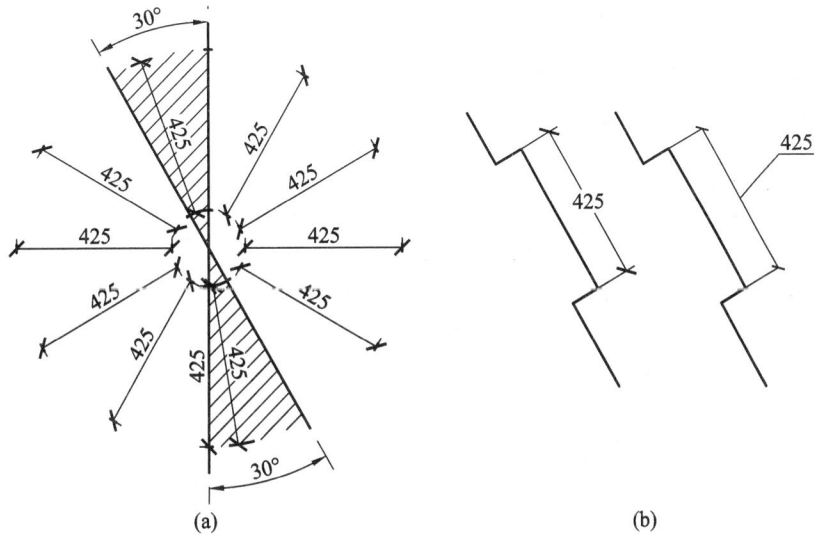

(a)   (b)

图 1.7 尺寸数字的书写方向

4. 半径、直径、角度尺寸和坡度的标注

标注半径、直径和角度尺寸时，尺寸起止符号不用 45° 短斜线表示，而用箭头表示。角度数字一律水平书写，如图 1.8 所示。

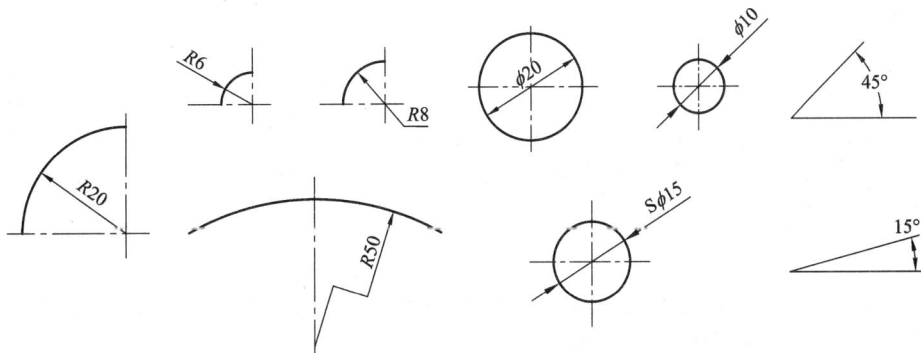

图 1.8 半径、直径和角度的尺寸标注

坡度可采用百分数、比数的形式标注，数字下方要加画坡度箭头。坡度箭头为单面箭头，箭头应指向下坡方向，如图1.9所示。

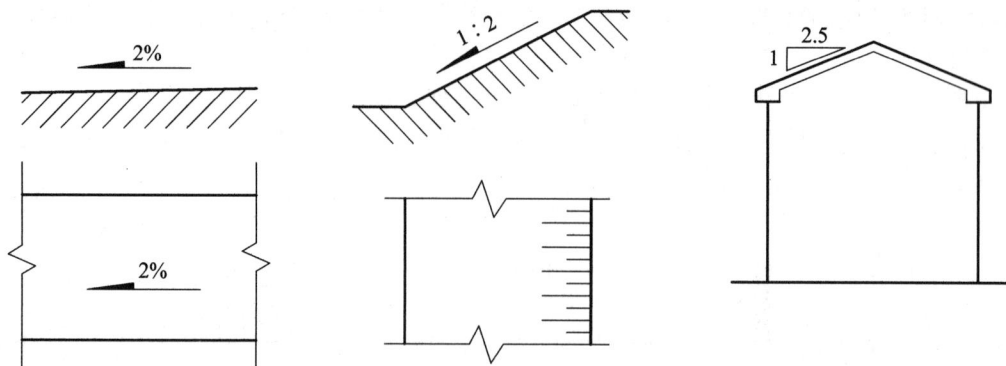

图1.9 坡度标注

1.2 尺规绘图的工具与使用

正确使用绘图工具和仪器，是保证绘图质量和速度的前提。因此，必须掌握绘图工具和仪器的使用方法。本节简要介绍常用的绘图工具和仪器。

一、图板、丁字尺

1．图板

图板是绘图时的垫板，通常用木板制成。图板表面必须平整、光洁。图板左侧作为导边，必须平直。

2．丁字尺

丁字尺由相互垂直的尺头和尺身组成。丁字尺主要用来与图板配合画水平线，并作为三角板的水平基准。使用时将尺头内侧紧靠图板左侧导边上下移动，自左向右画水平线。

二、三角板

一副三角板由45°和30°、60°各一块组成。三角板与丁字尺配合使用，可画垂直线及与水平线成30°、45°、60°的倾斜线。用两块三角板可以画与水平线成15°、75°的倾斜线，还可以画任意已知直线的平行线和垂直线。

三、圆规和分规

1．圆规

圆规用来画圆和圆弧。圆规的一腿装有带台阶的钢针，用来固定圆心，另一腿装有铅芯插脚。画圆时，当钢针插入图板后，钢针的台阶应与铅芯尖端平齐，并使笔尖与纸面垂直，转动圆规手柄，均匀地沿顺时针方向一笔画成。

2．分规

分规用来量取尺寸和等分线段。使用前先并拢两针尖，检查是否对齐。然后可在直尺上量取尺寸，在直线上截取任一等长线段，等分已知线段或圆弧。

四、比例尺

常用的比例尺为三棱尺，有三个尺面，刻有六种不同比例的尺标，如 1∶100、1∶200、1∶250、1∶300、1∶400、1∶500 等。

当使用比例尺上某一比例时，可直接按尺面上所刻的数值截取或读出所刻线段的长度。例如按比例 1∶100 画图时，图上每 1 m 长度即表示实际长度为 100 m。1∶100 可作 1∶1 使用，每一小格刻度为 1 mm，1∶200 可作 1∶2 使用，每一小格刻度为 2 mm。

五、铅笔

绘图铅笔的铅芯有软硬之分，分别用"B"和"H"来表示。"H"表示硬性铅笔，H 前面数字越大，表示铅芯越硬，画出的图线越淡；"B"表示软性铅笔，B 前面的数字越大，表示铅芯越软，画出的图线越黑；HB 表示铅芯软硬适当。画图时，一般用"H"或"2H"铅笔打底稿，用"B"或"2B"铅笔加深图线，用"HB"铅笔写字、画箭头。

六、其它

绘图时还要备有削铅笔的小刀、磨铅笔的砂纸、固定图纸用的胶带、擦图纸用的橡皮等。有时为了画非圆曲线，还要有曲线板等。

1.3　平面图形画法

任何物体的轮廓或细部形态，一般都是由直线、圆弧和曲线组成的几何图形。因此，在绘制图样时，经常要运用一些基本的几何作图方法。

一、等分

1. 平分直线段

平分直线段即将已知线段一分为两，求其中点。已知线段 AB，求中点的方法如下：

(1) 以 A 为圆心，超过 AB 一半长度为半径画圆弧；再以 B 为圆心，同样长度为半径画圆弧，两圆弧交于 C、D 两点。

(2) 连接 CD，交 AB 于 M，则 M 即为直线段 AB 的中点，如图 1.10(a)所示。

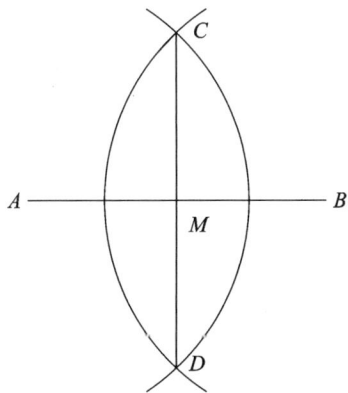

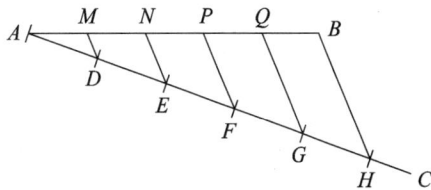

(a) 平分直线段　　　　　　　　　　(b) 五等分直线段

图 1.10　直线段等分

2．任意等分线段

采用辅助线的方法可对线段进行任意等分。例如对已知线段 AB 进行五等分的方法如下：

(1) 过 A 作一射线 AC，在 AC 上取点 D、E、F、G、H，使 $AD=DE=EF=FG=GH$。

(2) 连接 BH，分别过 D、E、F、G 作 BH 的平行线，交 AB 于 M、N、P、Q，则 M、N、P、Q 即为直线段 AB 的五等分点，如图 1.10(b)所示。

3．等分圆周作正多边形

1) 三等分圆周作正三角形

三等分外接圆作正三角形的方法如下：

(1) 以 A 为圆心，圆半径为半径作画弧，交圆于 B、C 两点。

(2) 依次连接 BC、CD、DB，则 BCD 为正三角形，如图 1.11(a)所示。

2) 六等分圆周作正六边形

六等分外接圆作正六边形的方法如下：

(1) 以 A 为圆心，圆半径为半径作圆弧，交圆于 B、F 两点。

(2) 以 D 为圆心，同样半径作圆弧，交圆于 C、E 两点。

(3) 依次连接 AB、BC、CD、DE、EF、FA，即得正六边形，如图 1.11(b)所示。

3) 五等分圆周作正五边形

五等分外接圆作正五边形的方法如下：

(1) 作 OP 中点 M。

(2) 以 M 为圆心，MA 为半径作圆弧交 ON 于 K，AK 即为圆内接五边形的边长。

(3) 自 A 点起，以 AK 为边长，五等分圆周得点 B、C、D、E，依次连接 AB、BC、CD、DE、EA，即得正五边形，如图 1.11(c)所示。

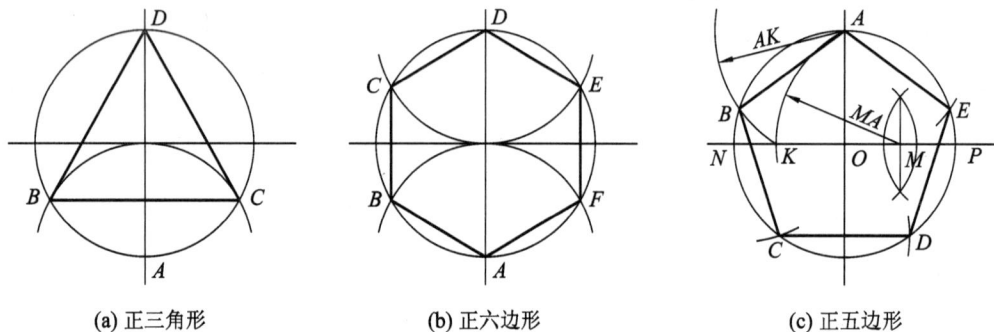

(a) 正三角形   (b) 正六边形   (c) 正五边形

图 1.11　等分圆周作正多边形

二、圆弧连接

使圆弧与圆弧相切或直线与圆弧相切来光滑连接图线称为圆弧连接，用来连接已知直线或已知圆弧的圆弧称为连接圆弧。圆弧连接的作图步骤为：

(1) 求连接圆弧的圆心。

(2) 求切点。

(3) 画连接圆弧。

常见的圆弧连接方式有以下四种。

1．圆弧外连接

已知半径为 R_1 和 R_2 的圆弧，连接圆弧的半径为 R，求作圆弧与已知两圆弧外切连接。作图方法为：

(1) 求连接圆弧的圆心。以 O_1 为圆心，R_1+R 为半径作圆弧；以 O_2 为圆心，R_2+R 为半径作圆弧，两圆弧交于 O 点，O 即为所求连接圆弧的圆心。

(2) 求切点。分别连接 O_1O 和 O_2O 且分别交两已知圆弧于 A、B 点，A、B 即为所求切点。

(3) 画连接圆弧。以 O 为圆心，R 为半径，作圆弧 AB，如图 1.12(a)所示。

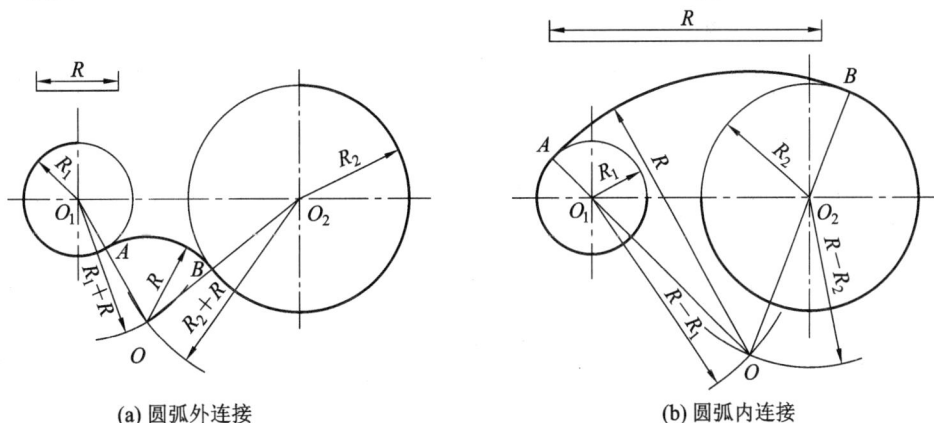

(a) 圆弧外连接　　　　　　　　　(b) 圆弧内连接

图 1.12　圆弧连接 1

2．圆弧内连接

已知半径为 R_1 和 R_2 的圆弧，连接圆弧的半径为 R，求作圆弧与已知两圆弧内切连接。作图方法为：

(1) 求连接圆弧的圆心。以 O_1 为圆心，$R-R_1$ 为半径作圆弧；以 O_2 为圆心，$R-R_2$ 为半径作圆弧，两圆弧交于 O 点，O 即为所求连接圆弧的圆心。

(2) 求切点。分别连接 O_1O 和 O_2O 且延长分别交两已知圆弧于 A、B 点，A、B 即为所求切点。

(3) 画连接圆弧。以 O 为圆心，R 为半径，作圆弧 AB，如图 1.12(b)所示。

3．圆弧混合连接

半径为 R 的连接圆弧与半径为 R_1 的已知圆弧外切，同时与半径为 R_2 的已知圆弧内切。作图方法为：

(1) 求连接圆弧的圆心。以 O_1 为圆心，$R+R_1$ 为半径作圆弧；以 O_2 为圆心，$R-R_2$ 为半径作圆弧，两圆弧交于 O 点，O 即为所求连接圆弧的圆心。

(2) 求切点。连接 O_1O，与半径为 R_1 的圆弧交于 A 点，连接 O_2O 且延长，交半径为 R_2 的圆弧于 B 点，A、B 即为所求切点。

(3) 画连接圆弧。以 O 为圆心，R 为半径，作圆弧 AB，如图 1.13(a)所示。

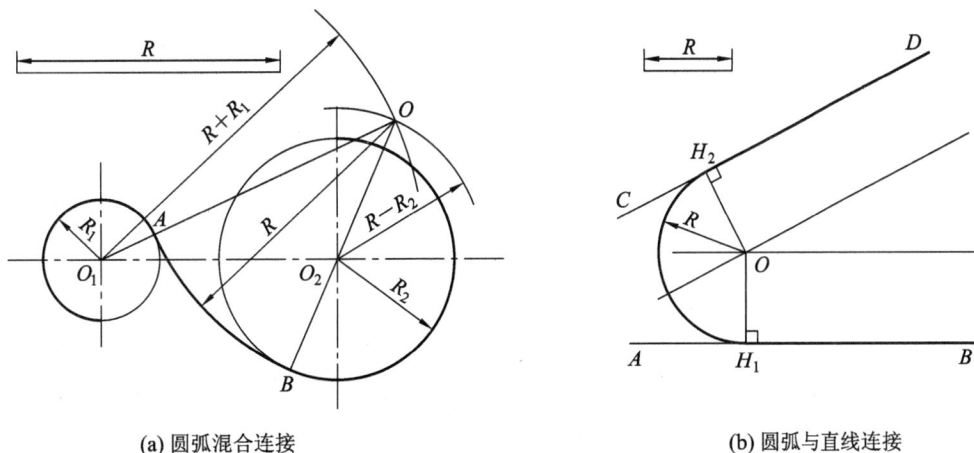

(a) 圆弧混合连接　　　　　　　　　(b) 圆弧与直线连接

图 1.13　圆弧连接 2

4．圆弧与直线的连接

用半径为 R 的圆弧连接两已知直线。作图方法为：

(1) 求连接圆弧的圆心。分别作与已知直线 AB、CD 相距为 R 的平行直线，其交点为 O，O 即为所求连接圆弧的圆心。

(2) 求切点。自 O 分别作 AB、CD 的垂线，垂足为 H_1、H_2，即为所求切点。

(3) 画连接圆弧。以 O 为圆心，R 为半径，作圆弧 H_1H_2，如图 1.13(b)所示。

三、椭圆画法

椭圆是常见的非圆曲线，画椭圆时常用几段圆弧连接而成来近似代替理论上的椭圆。

1．四心圆法

已知椭圆的长轴 AB 和短轴 CD，用四心圆法画椭圆的方法为：

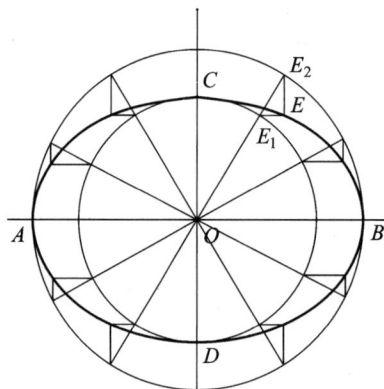

(1) 以 O 为圆心，OA 为半径画圆弧交 OC 延长线于 E，连接 AC，再以 C 为圆心，CE 为半径画圆弧交 AC 于 F。

(2) 作 AF 线段的垂直平分线分别交长、短轴于 O_1、O_2，并分别作 O_1、O_2 的对称点 O_3、O_4，即求出四段圆弧的圆心。

(3) 分别以 O_1、O_2、O_3、O_4 为圆心，以 O_1A、O_2C、O_3B、O_4D 为半径作圆弧，切于 K、M、N、Q 点，即得近似椭圆，如图 1.14(a)所示。

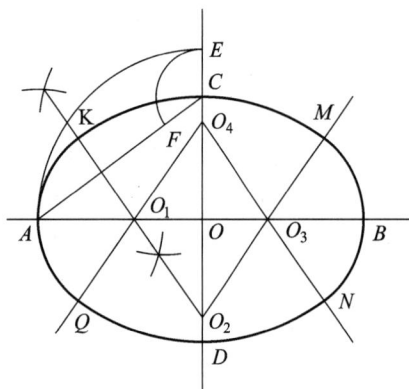

(a) 四心圆法画椭圆   (b) 同心圆法画椭圆

图 1.14　椭圆画法

2．同心圆法

已知椭圆的长轴 AB 和短轴 CD，用同心圆法画椭圆的方法为：

(1) 以 O 为圆心，分别以 AB、CD 为直径，作两个同心圆。过点 O 作若干条射线，与小圆交于 E_1 点，与大圆交于 E_2 点。

(2) 过 E_1 点作长轴的平行线，过 E_2 点作短轴的平行线，则交点 E 即为椭圆上的点。椭圆上其它各点的作法相同。

(3) 用曲线板光滑连接各点，即画出所求的椭圆，如图 1.14(b)所示。

1.4　尺规绘图的方法与步骤

平面图形是由若干线段(包括直线段、圆弧、曲线)连接而成的，每条线段又由相应的尺寸来决定长短(或大小)和位置。一个平面图形能否正确绘制出来，要看图中所给出的尺寸是否齐全和正确。

一、平面图形的尺寸分析及线段分析

1．尺寸分析

尺寸分析是确定平面图形中每个尺寸的作用。尺寸在平面图形中所起的作用有两种：定形和定位，即确定哪些是定形尺寸，哪些是定位尺寸。

(1) 定形尺寸：确定平面图形的线段的长度、圆的直径、角度等尺寸，如图 1.15 所示平面图形中的尺寸 45、10、$\phi14$、$\phi28$、$R16$、$R44$、$R22$。

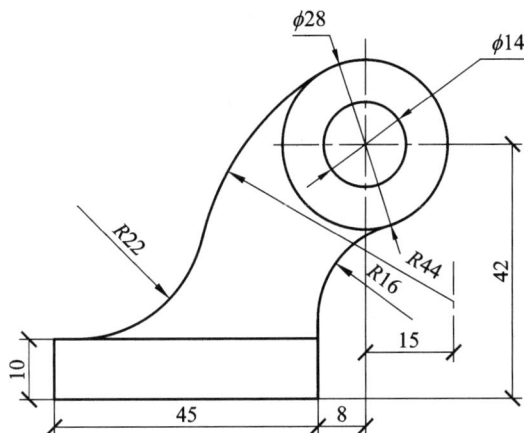

图 1.15 平面图形

(2) 定位尺寸：确定平面图形上的各线段或封闭图形间相对位置的尺寸。定位尺寸通常以图形的对称线、中心线或某一轮廓线作为标注尺寸的起点，这个起点叫做尺寸基准，如图 1.15 所示平面图形中的尺寸 8、15、42。

2．线段分析

平面图形的线段(直线、圆弧)根据其定形尺寸、定位尺寸这两类尺寸是否齐全可分成以下三类：

(1) 已知线段：具有定形尺寸和定位尺寸的线段，如图 1.15 所示平面图形中边长为 45 和 10 的长方形，直径为 14 和 28 的两个圆。

(2) 中间线段：具有定形尺寸和不齐全的定位尺寸的线段，如图 1.15 所示平面图形中的半径为 44 的圆弧。

(3) 连接线段：只有定形尺寸而没有定位尺寸的线段。如图 1.15 所示平面图形中的半径为 16 和 22 的圆弧。

二、平面图形的作图步骤

平面图形的作图步骤为：

(1) 作出图形的基准线，首先画已知线段。具有齐全的定形尺寸和定位尺寸的线段，作图时可以根据这些尺寸先行画出。如先画图 1.15 所示平面图形中边长为 45 和 10 的长方形和直径为 14 和 28 的两个圆。

(2) 画中间线段。只给出定形尺寸和一个定位尺寸的中间线段，需等与其一端相邻的已知线段作出后，才能由作图确定其位置。如画图 1.15 所示平面图形中的半径为 44 的圆弧。

(3) 画连接线段。只给出定形尺寸没有定位尺寸的连接线段，需等与其两端相邻的线段作出后，才能确定它的位置。如画图 1.15 所示平面图形中的半径为 16 和 22 的圆弧。

(4) 校对描深。校对作图过程，擦去多余的作图线，描深图形。

三、绘图工作方法

1．画图前的准备工作

(1) 准备好必需的制图工具和仪器。

(2) 确定图纸幅面的大小和图形采用的比例。

(3) 画图框和标题栏。

2．画图步骤

(1) 识读图形，分析图形和尺寸。

(2) 画底稿图：先画作图基准，然后按已知线段、中间线段、连接线段进行作图。

3．校对底稿，铅笔描粗加深

描深步骤：

先粗后细：一般先描图中全部粗实线，再描深全部虚线、点画线及细实线。

先曲后直：在描深同一种线型(特别是粗实线)时，应先描深圆弧和圆，再描深直线，保证连接光滑。

先水平后垂斜：先用丁字尺自上而下画出全部相同线型的水平线，再用三角板自左向右画出全部相同线型的垂直线，最后画出倾斜的直线。

4．完善

画箭头、注尺寸、填写标题栏。

第 2 章　正投影法基础

2.1　投　影　法

一、投影的方法和分类

1．投影法

日常生活中，太阳光或灯光照射到物体，物体就会在墙面或地上出现影子。影子是一种自然现象，将影子进行几何抽象所得的平面图形，称为物体投影。

用投射线将物体向选定的投影面进行投射，并在其上得到物体投影的方法称为投影法，如图 2.1 所示。

在作图过程中，把光源(太阳或电灯)称为投射中心。

连接投射中心和物体上点的直线称为投射线。

接收投影的平面称为投影面。

用投影法画出的物体图形称为投影图(简称投影)。

投射线、物体、投影面、投影是投影法的四要素。

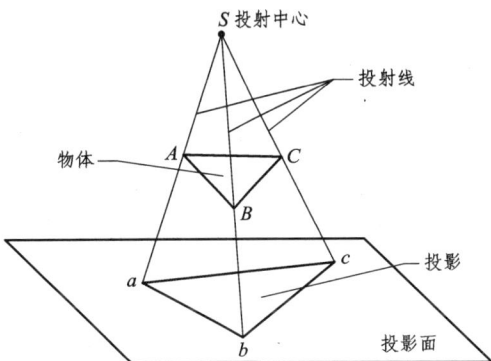

图 2.1　投影法及其四要素

2．投影法的分类

根据投射线之间是否平行，工程上常用的投影法分为两类：中心投影法和平行投影法。

1) 中心投影法

投射线均从投射中心发出，投射线间不平行，这种投影法称为中心投影法。日常生活中，照明、放映电影等均为中心投影法的实例，如图 2.2(a)所示。

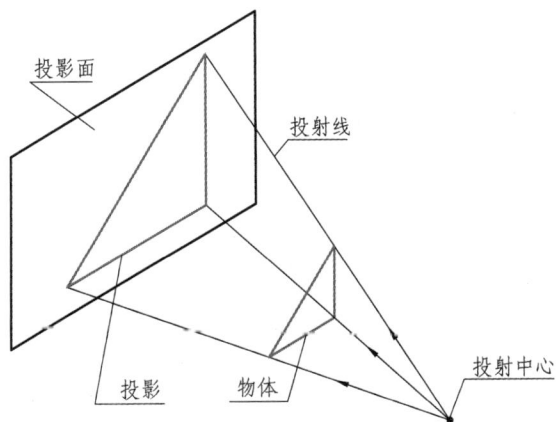

(a) 中心投影法

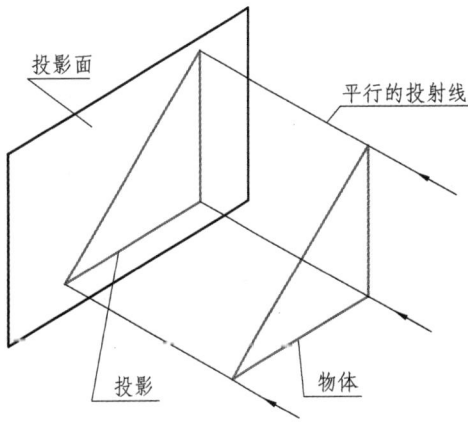

(b) 平行投影法

图 2.2　投影法的分类

2) 平行投影法

假设投射中心位于无限远处，则所有投射线互相平行，这种投影法称为平行投影法。日常生活中，太阳光线照射得到的影子为平行投影法，如图 2.2(b)所示。

在平行投影法中，根据投射方向与投影面所成倾角的不同，平行投影法又分为斜投影法和正投影法，如图 2.3 所示。

(1) 斜投影法：投射线与投影面相倾斜的平行投影法，如图 2.3(a)所示。

(2) 正投影法：投射线与投影面相垂直的平行投影法，如图 2.3(b)所示。

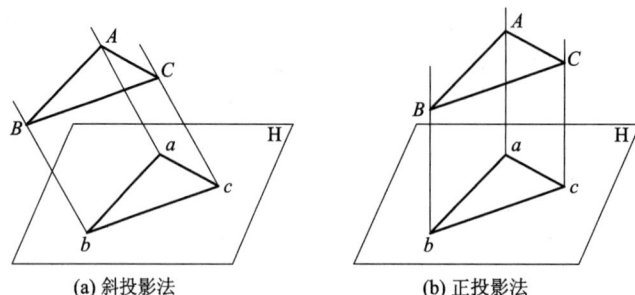

(a) 斜投影法　　　　　(b) 正投影法

图 2.3　平行投影法

3. 正投影法的基本性质

1) 实形性

当直线段或平面图形平行于投影面时，其投影反映直线段的实际长度或平面的实际形状大小。这种特性称为实形性，如图 2.4(a)、(d)所示。

2) 积聚性

当直线段或平面图形垂直于投影面时，其投影积聚成一个点或一条直线。这种特性称为积聚性，如图 2.4(b)、(e)所示。

3) 类似性

当直线段与投影面倾斜时，其投影为比实际长度短的直线；当平面图形与投影面倾斜时，其投影为原图形的类似图形。这种特性称为类似性，如图 2.4(c)、(f)所示。

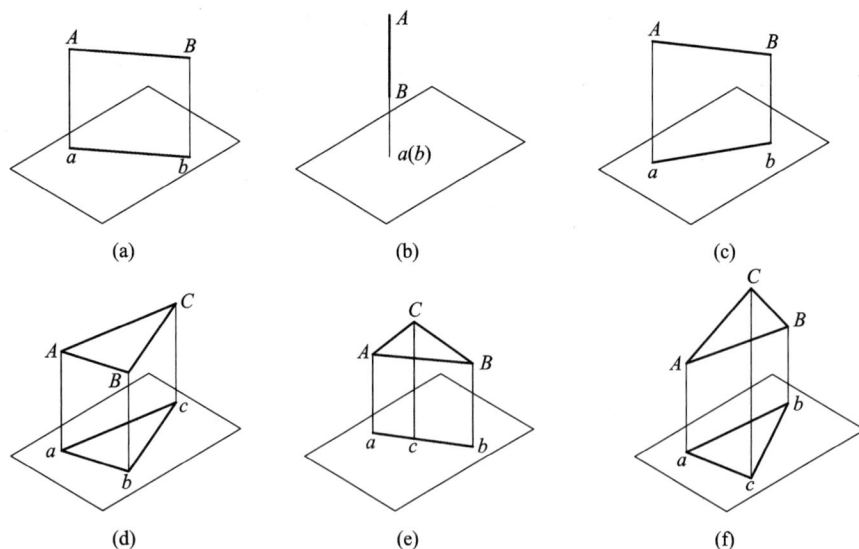

(a)　　　　　(b)　　　　　(c)

(d)　　　　　(e)　　　　　(f)

图 2.4　正投影法的基本性质

二、工程上常用的投影图

根据投影法的不同，工程上常用的投影图分为如图 2.5 所示的几种。

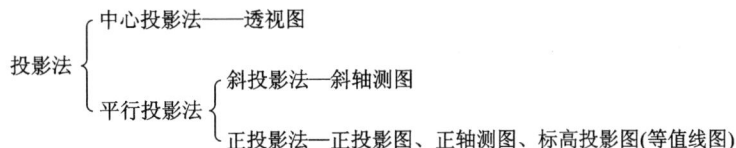

图 2.5 工程上常用的投影图

1．透视图

用中心投影法将空间物体投射到单一投影面上得到的图形称为透视图，如图 2.6 所示。

特点：立体感好，度量性差，作图麻烦。

应用：用于建筑物的效果图。

2．轴测图

将空间物体正放，用斜投影法得到的图，或将空间物体斜放，用正投影法得到的图，称为轴测图，如图 2.7 所示。前者称为斜轴测图，后者称为正轴测图。

特点：立体感好，度量性一般，作图较麻烦。

应用：应用较广泛，一般用于建筑物的立体图。

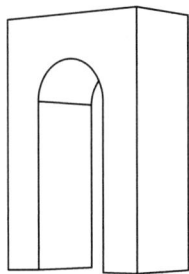

图 2.6 透视图

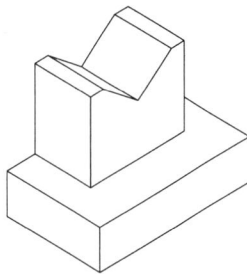

图 2.7 轴测图

3．标高投影图(等值线图)

用正投影法将局部地面的等高线投影到水平的投影面上，并标出各等高线的高程，从而表达该局部的地形。这种用标高来表达地面形状的正投影图，称为标高投影图(又称等值线图)，如图 2.8 所示。

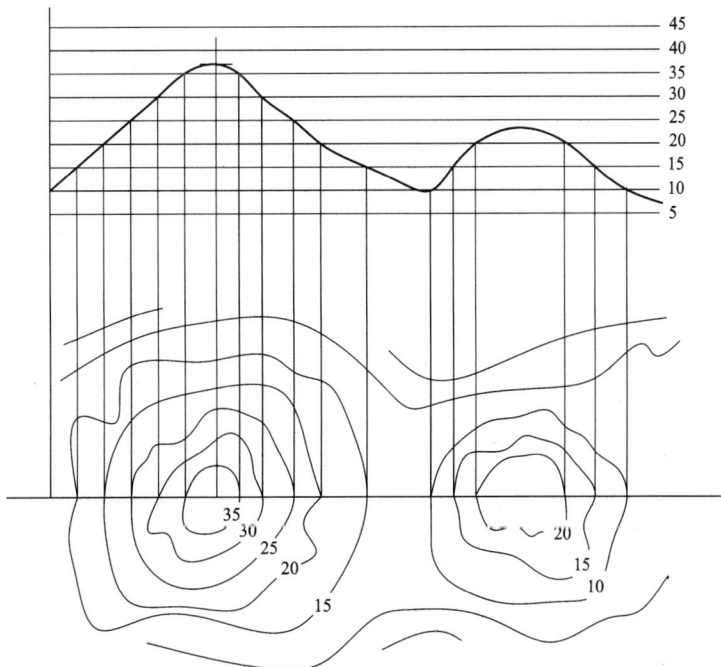

图 2.8 标高投影图

特点：立体感差，度量性差(一般只能标识地面高程)，作图方便。

应用：应用较少，一般用于地形图。

4．正投影图

根据正投影法得到的图形称为正投影图，如图 2.9 所示。

特点：立体感差，但能正确反映物体的形状和大小，度量性好，作图方便。

应用：应用广泛，一般用于机械、建筑等工程图。

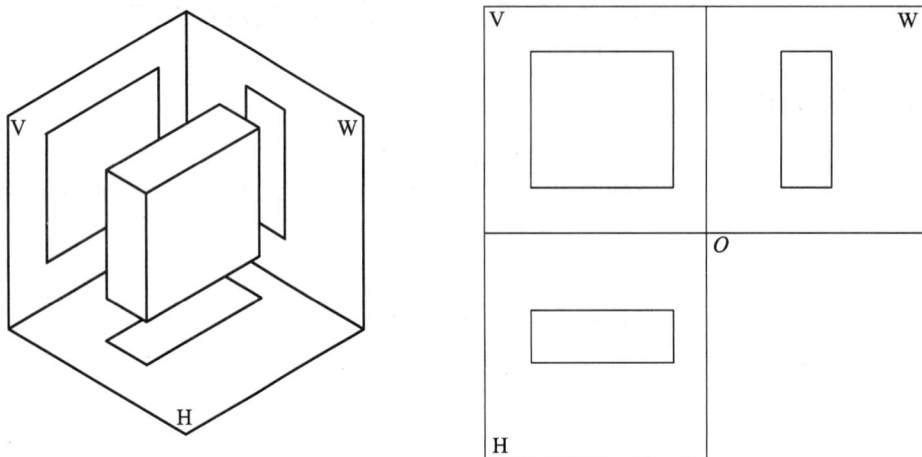

图 2.9　正投影图

2.2　正投影图的形成及其投影规律

一、三投影面体系的形成

一个物体只向一个投影面投影，它只能反映该物体一个面的形状和大小，不能全面、完整地表示出物体的真实形状和大小，如图 2.10 所示的两个不同结构的物体具有相同的一面投影。因此必须增加不同的投射方向，在不同的投影面上得到几个投影，互相补充，才能全面、完整地反映物体的形状和大小。通常是将物体放在三个互相垂直的平面所组成的投影面体系中，得到物体的三个投影。

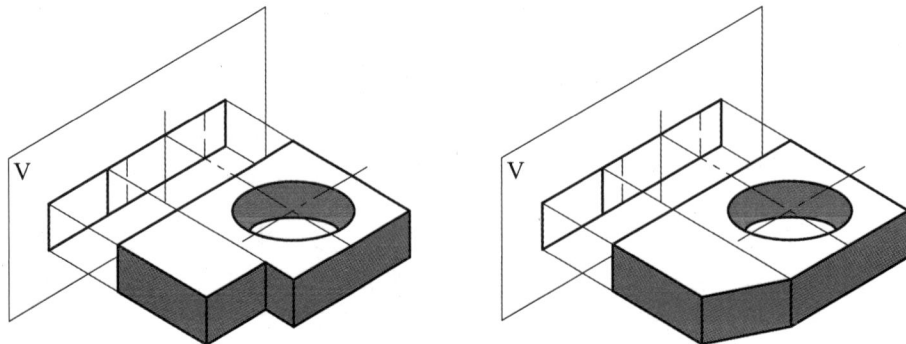

图 2.10　两个不同结构的物体具有相同的一面投影

在三投影面体系中，投影面彼此垂直，两两相交，如图 2.11 所示。

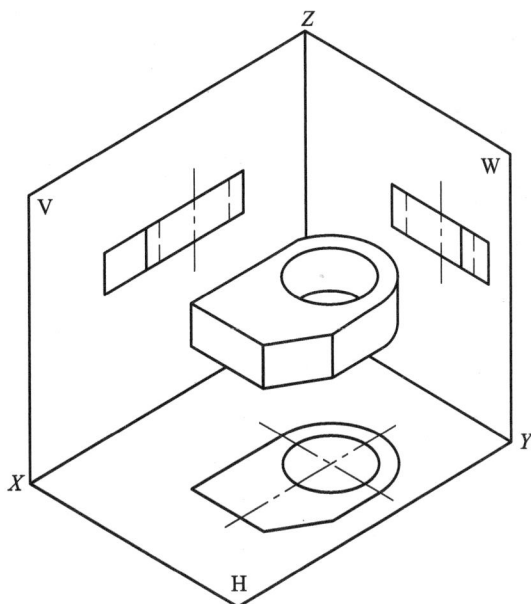

图 2.11　三投影面体系

1．投影面

在三投影面体系中，呈水平位置的投影面称为水平投影面，用字母 H 表示，简称水平面，也称 H 面；与水平投影面垂直相交呈正立位置的投影面，称为正投影面，用字母 V 表示，简称正面，也称 V 面；与水平投影面和正投影面同时垂直相交并位于右侧的投影面称为侧面投影面，用字母 W 表示，简称侧面，也称 W 面。在三个投影面中，最重要的投影面是正面。

2．投影轴

三个投影面的交线称为投影轴，水平面与正面的交线为 OX 轴，水平面与侧面的交线为 OY 轴，正面和侧面的交线为 OZ 轴。

三个投影轴垂直相交于一点 O，称为原点。

3．投影图

物体在三个投影面上的投影分别称为：正面投影、水平投影、侧面投影。

由物体的前方向后投射，在正面上形成的投影称为正面投影；由物体的上方向下投射，在水平面上形成的投影称为水平投影；由物体的左方向右投射，在侧面上形成的投影称为侧面投影。

4．投影面的展开

为了使处于空间位置的三个投影在同一平面上表示出示，规定正面不动，将水平面向下旋转 90°，将侧面向右旋转 90°，就得到在同一平面上的物体的三面投影，投影面的边框不必画出，如图 2.12 所示。

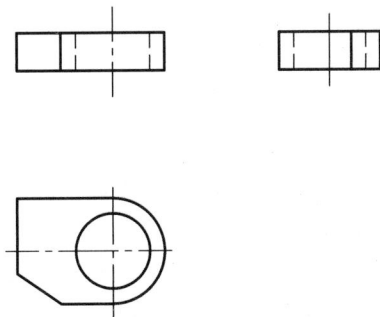

图 2.12　物体的三面投影图

二、三面投影图的投影规律

1. 三面投影图的位置关系

三面投影图展开后，水平投影在正面投影的下方，侧面投影在正面投影的右方。

在用三面投影表达物体的投影时，可以不画出投影面的外框线和坐标轴，但一般三面投影的位置关系保持不变，如图 2.12 所示。

2. 三面投影图的投影规律

如果把物体左右之间的距离称为长，前后之间的距离称为宽，上下之间的距离称为高，则正面投影和水平投影都反映了物体的长度，正面投影和侧面投影都反映了物体的高度，水平投影和侧面投影都反映了物体的宽度。因此，三个投影图之间存在下述投影关系：

正面投影与水平投影——长对正；
正面投影与侧面投影——高平齐；
水平投影与侧面投影——宽相等。

"长对正、高平齐、宽相等"的投影对应关系是三面投影之间重要的特性，也是画图和读图时必须遵守的投影规律，如图 2.13 所示。

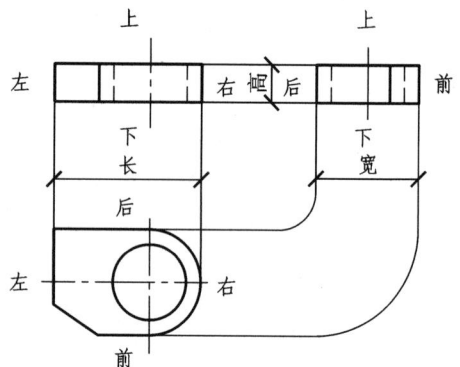

图 2.13　三面投影图的投影规律

3. 三面投影图反映出的物体位置关系

物体有上下、左右、前后六个方位，正面投影反映物体的上下和左右关系，水平投影反映物体的左右和前后关系，侧面投影反映物体的上下和前后关系。

三、物体三面投影图的一般画法

将物体按自然位置放正，即尽量使物体上的主要平面平行于某投影面。选择形体特征明显的方向为正投影的投射方向，如图 2.14 所示。

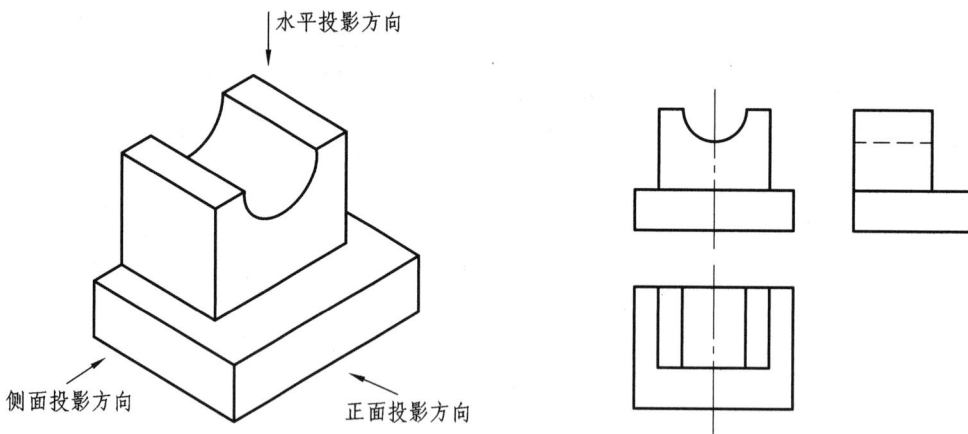

图 2.14　物体三面投影图的画法

按物体的长度和高度画出反映物体特征轮廓的正面投影，再由物体宽度按长对正、高平齐、宽相等的投影规律画出水平投影和侧面投影。

在三投影面体系中，将投射线看作人的视线，所以投影图又可称为视图，正面投影图又称为主视图，水平投影图又称为俯视图，侧面投影图又称为左视图。

2.3　点、直线、平面的投影

任何形体的构成都离不开点、线和面等基本几何元素。要正确地表达或分析形体，必须掌握点、直线和平面的投影规律，研究这些基本几何元素的投影特性和作图方法，对指导画图和读图有着十分重要的意义。

一、点的投影

1．点的投影规律

如图 2.15 所示，将物体上的一点 A 放在三投影面体系中，点 A 在三个投影面上的投影，就是通过这个点分别向三个投影面所作垂线的垂足。正面投影记作 a'，水平投影记作 a，侧面投影记作 a''，空间点记作 A。将投影面展开后，得到点的三面投影图。

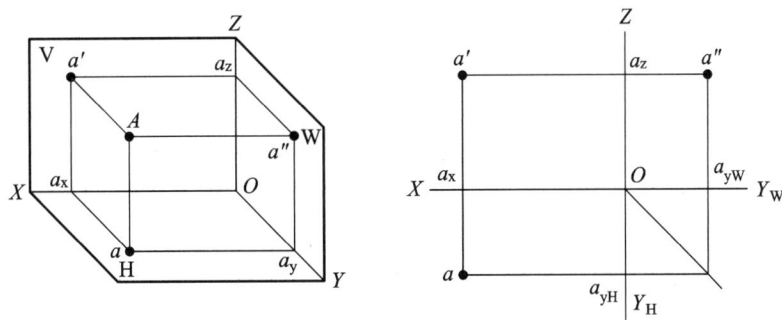

图 2.15　点的三面投影

由投影图可以看出：

(1) 点的正面投影和水平投影的连线垂直于 X 轴，即 $a'a \perp OX$；

(2) 点的正面投影和侧面投影的连线垂直于 Z 轴，即 $a'a'' \perp OZ$；

(3) 点的水平投影到 X 轴的距离等于点的侧面投影到 Z 轴的距离，即 $aa_x = a''a_z$。

【例 2.1】　已知点 A 的正面投影 a' 和侧面投影 a''，如图 2.16(a)所示，求作水平面投影。

根据点的投影规律可知，$a'a \perp OX$，过 a' 作 OX 轴的垂线 $a'a_x$，所求的 a 点必定在 $a'a_x$ 的延长线上，并由 $aa_x = a''a_z$ 可确定 a 点的位置。

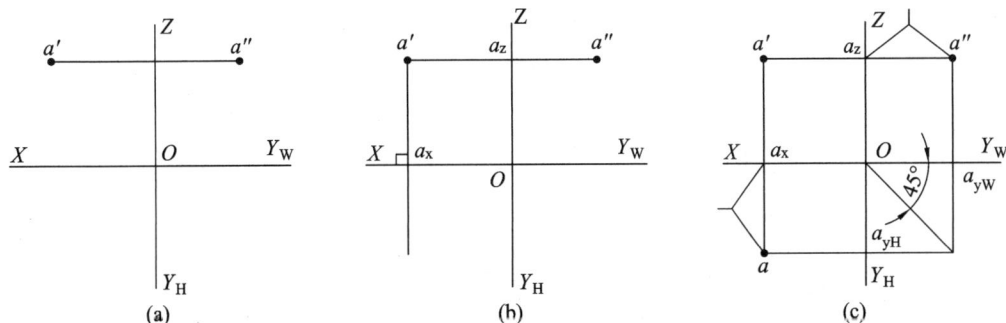

图 2.16　已知点的两投影求第三投影

作图：

(1) 过 a' 作 OX 轴的垂线，并延长，如图 2.16(b)所示。

(2) 量取 $aa_x = a''a_z$，即可求得 a，如图 2.16(c)所示。也可如图所示，由 a'' 通过自 O 点引出的 45°

线作出 a。

2．点的三面投影与直角坐标的关系

空间点的位置可由点到三个投影面的距离来确定。如果将三个投影面作为坐标面，三个投影轴作为坐标轴，则点的投影和点的坐标的关系如下：

(1) 点到侧面的距离为：$A\,a'' = a'a_z = aa_y = a_xO = X_A$（$X$ 坐标）。

(2) 点到正面的距离为：$A\,a' = aa_x = a''a_z = a_yO = Y_A$（$Y$ 坐标）。

(3) 点到水平面的距离为：$Aa = a'a_x = a''a_y = a_zO = Z_A$（$Z$ 坐标）。

空间点的位置可由该点的坐标确定，例如点 A 的坐标为（X_A，Y_A，Z_A），则 A 点的三面投影的坐标分别为 $a(X_A，Y_A)$，$a'(X_A，Z_A)$，$a''(Y_A，Z_A)$。任一投影都包含了两个坐标，所以一点的两个投影就包含确定该点空间位置的三个坐标，即确定了点的空间位置。

3．两点的相对位置

1）两点的相对位置

空间两点的相对位置，有上下、前后、左右之分，规定 Z 坐标值大者为上，小者为下；Y 坐标值大者为前，小者为后；X 坐标值大者为左，小者为右。如图 2.17 所示，A 点在 B 点的上方、后方、右方。

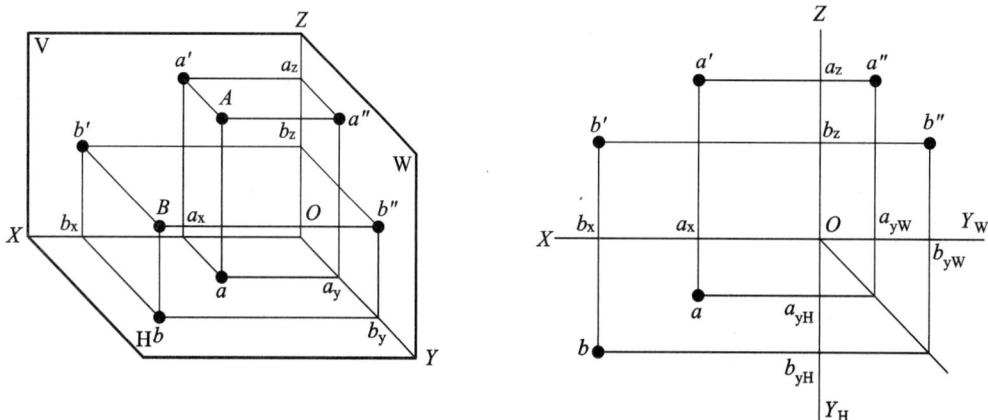

图 2.17　两点的相对位置

2）重影点的投影

若两点的某两个空间坐标值分别相等，则这两点必处于同一条投射线上，因此，这两点在与投射线垂直的投影面上的投影重合于一点，称为重影点。如图 2.18 所示，D 点和 C 点的水平面投影重合，称为水平面的重影点。因为 C 点的 Z 坐标值小，即 C 点在 D 点的下面，其水平投影被上面的 D 点的水平投影遮住成为不可见。在标注重影点时，将不可见的点的投影加上括号。

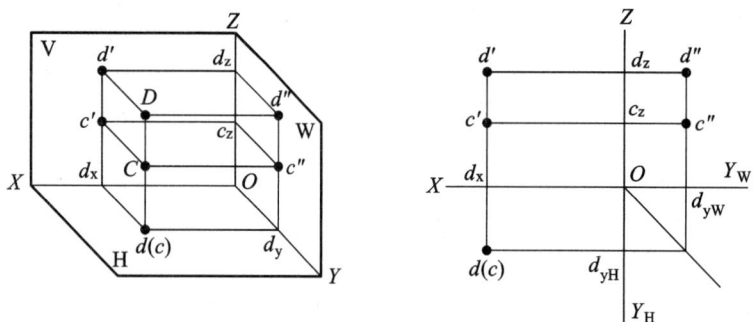

图 2.18　重影点

二、直线的投影

空间两点可以决定一直线，所以只要作出线段两端点的三面投影，连接该两点的同面投影(同一投影面上投影)，即可得空间直线的三面投影。直线的投影一般仍为直线。

空间直线与投影面的相对位置关系有三种：投影面平行线、投影面垂直线和一般位置线。前两种又称为特殊位置线。

1．投影面平行线

只平行于一个投影面，而对另外两个投影面倾斜的直线称为投影面平行线。

投影面平行线又有三种位置：

水平线：平行于水平面的直线；

正平线：平行于正面的直线；

侧平线：平行于侧面的直线。

投影面平行线的特性如表 2.1 所示。直线对投影面所夹的角即直线对投影面的倾角。α、β、γ 分别表示直线对 H 面、V 面和 W 面的倾角。

表 2.1　投影面的平行线

名　称	立体图	投影图	投影特性
水平线 (∥H)			(1) $a'b' \parallel OX$, $a''b'' \parallel OY_W$; (2) $ab = AB$; (3) 反映夹角 β、γ 的大小
正平线 (∥V)			(1) $ab \parallel OX$, $a''b'' \parallel OZ$; (2) $a'b' = AB$; (3) 反映夹角 α、γ 的大小
侧平线 (∥W)			(1) $ab \parallel OY_H$, $a'b' \parallel OZ$; (2) $a''b'' = AB$; (3) 反映夹角 α、β 的大小

总之，投影面的平行线的投影特性为：

(1) 在其平行的那个投影面上的投影反映实长，并反映直线与另两投影面的真实倾角。

(2) 另两个投影面上的投影平行于相应的投影轴。

2．投影面垂直线

垂直于一个投影面，与另外两个投影面平行的直线，称为投影面垂直线。

投影面垂直线也有三种位置：

铅垂线：垂直于水平面的直线；

正垂线：垂直于正面的直线；

侧垂线：垂直于侧面的直线。

投影面垂直线的特性如表 2.2 所示。

表2.2 投影面的垂直线

名 称	立体图	投影图	投影特性
铅垂线 （⊥H）			(1) H 投影为一点，有积聚性； (2) $a'b'\perp OX$，$a''b''\perp OY_W$； (3) $a'b' = a''b'' = AB$
正垂线 （⊥V）			(1) V 投影为一点，有积聚性； (2) $ab\perp OX$，$a''b''\perp OZ$； (3) $ab = a''b'' = AB$
侧垂线 （⊥W）			(1) W 投影为一点，有积聚性； (2) $ab\perp OY_H$，$a'b'\perp OZ$； (3) $ab = a'b' = AB$

总之，投影面的垂直线的投影特性为：

(1) 在其垂直的投影面上，投影必积聚成为一个点。

(2) 另外两个投影，反映线段实长，且垂直于相应的投影轴。

3．一般位置直线

既不平行也不垂直于任何一个投影面，即与三个投影面都处于倾斜位置的直线，称为一般位置直线，如图 2.19 所示。

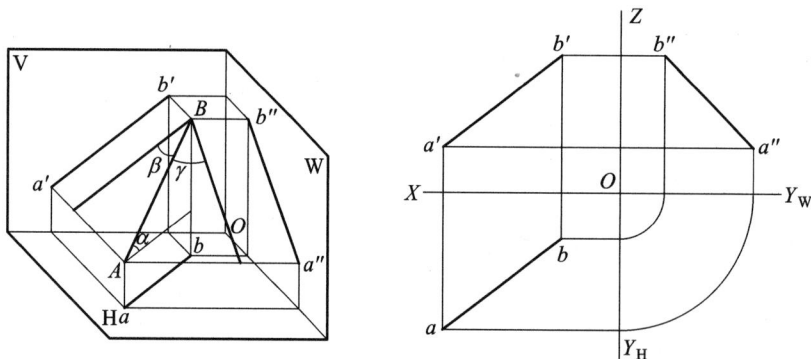

图 2.19 一般位置线

直线 AB 与 H、V 和 W 三投影面的夹角分别用 α、β、γ 表示，因 α、β、γ 都不等于零，所以三个投影都小于线段实长。

三个投影的长度分别为：

$ab = AB\cos\alpha$

$a'b' = AB\cos\beta$

$a''b'' = AB\cos\gamma$

并且直线的投影与投影轴的夹角，也并不反映直线对投影面的倾角。

总之，一般位置线的投影特性为：

(1) 各投影的长度均小于直线本身的实长。

(2) 直线的各投影均不平行于各投影轴。

【**例 2.2**】　分析正三棱锥各棱线与投影面的相对位置关系，如图 2.20 所示。

(1) 棱线 *SB*。*sb* 与 *s′b′* 分别平行于 *OY*$_H$ 与 *OZ*，可确定 *SB* 为侧平线，侧面投影 *s″b″* 反映实长。

(2) 棱线 *AC*。侧面投影 *a″(c″)* 重影，可确定 *AC* 为侧垂线，*a′c′* = *ac* = *AC*。

(3) 棱线 *SA*。三个投影 *sa*、*s′a′*、*s″a″* 对投影轴均倾斜，可判断 *SA* 为一般直线。

其它棱线与投影面的位置关系请读者自行分析。

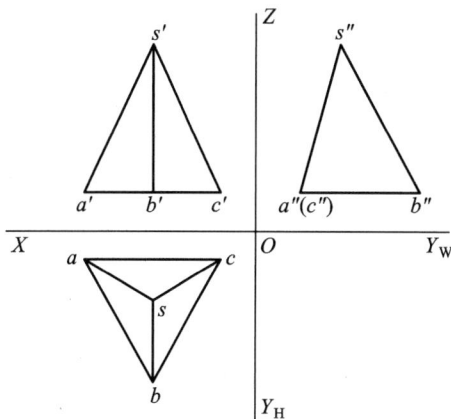

图 2.20　三棱锥各棱线与投影面的位置关系

三、平面的投影

平面对投影面的相对位置有三种：投影面平行面、投影面垂直面和一般位置平面。前两种又称为特殊位置平面。

1．投影面平行面

平行于一个投影面，而垂直于另外两个投影面的平面称为投影面平行面。根据其所平行的投影面不同，可以分为三种：

水平面：平行于水平面的平面；

正平面：平行于正面的平面；

侧平面：平行于侧面的平面。

投影面平行面的特性如表 2.3 所示。

表 2.3　投影面的平行面

名　称	立体图	投影图	投影特性
水平面 (∥H)			(1) H 投影反映实形； (2) V、W 投影分别为平行 *OX*、*OY*$_W$ 轴的直线段，有积聚性
正平面 (∥V)			(1) V 投影反映实形； (2) H、W 投影分别为平行 *OX*、*OZ* 轴的直线段，有积聚性
侧平面 (∥W)			(1) W 投影反映实形； (2) V、H 投影分别为平行 *OZ*、*OY*$_H$ 轴的直线段，有积聚性

总之，投影面的平行面的投影特性为：

(1) 如平面用平面图形表示，则其在所平行的投影面上的投影，反映平面图形的实形。

(2) 在另外两个投影面上的投影均为直线段，有积聚性，且平行于相应的投影轴。

2. 投影面的垂直面

垂直于一个投影面，而倾斜于另外两个投影面的平面称为投影面垂直面。根据其所垂直的投影面不同，可以分为三种：

铅垂面：垂直于水平面的平面；

正垂面：垂直于正面的平面；

侧垂面：垂直于侧面的平面。

投影面垂直面的特性如表 2.4 所示。

表 2.4　投影面的垂直面

名　称	立体图	投影图	投影特性
铅垂面 (⊥H)	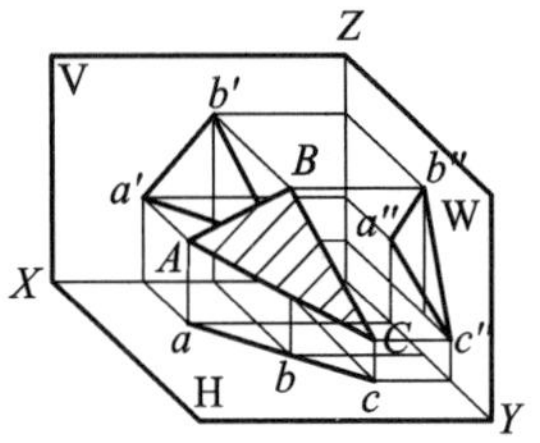	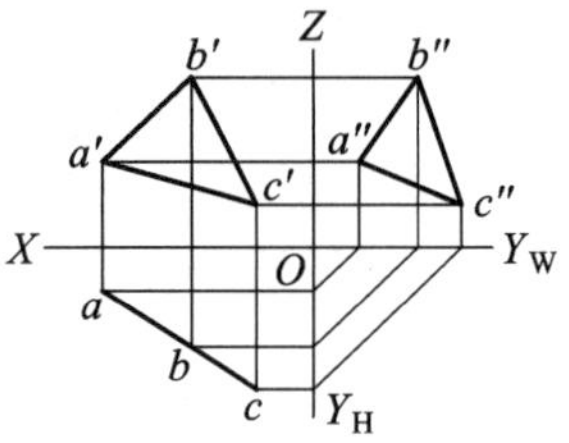	(1) H 投影为斜直线，有积聚性，且反映 β、γ 的大小； (2) V、W 投影不是实形，但有类似性
正垂面 (⊥V)	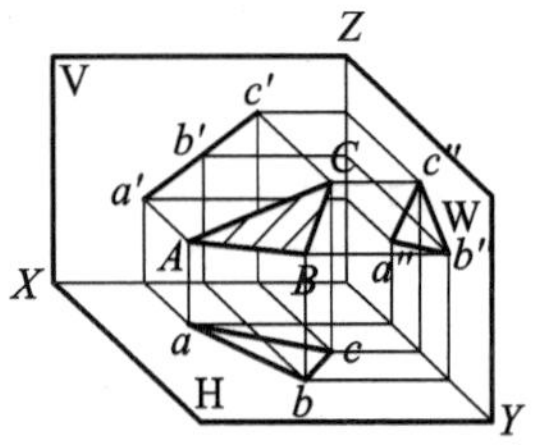	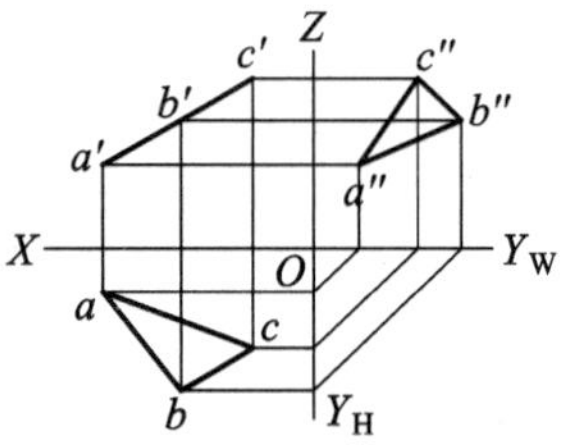	(1) V 投影为斜直线，有积聚性，且反映 α、γ 大小； (2) H、W 投影不是实形，但有类似性
侧垂面 (⊥W)	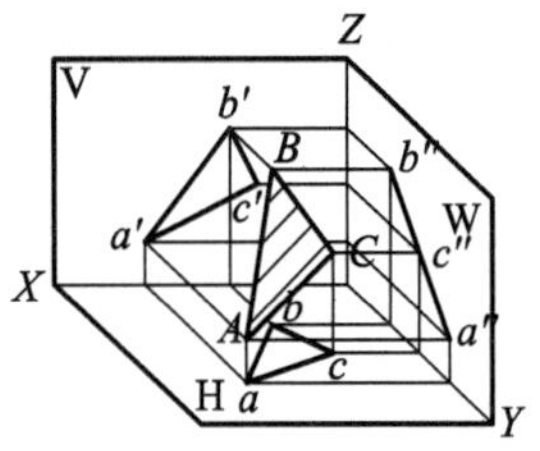	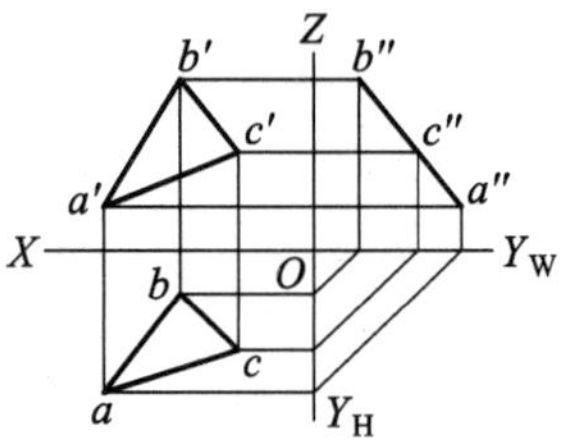	(1) W 投影为斜直线，有积聚性，且反映 α、β 的大小； (2) H、V 投影不是实形，但有类似性

总之，投影面的垂直面的投影特性为：

(1) 在其所垂直的投影面上，投影为斜直线，有积聚性；该斜直线与投影轴的夹角反映该平面对相应投影面的倾角。

(2) 如用平面图形表示平面，则在另外两个投影面上的投影不是实形，但有类似性。

3. 一般位置平面

与三个投影面都倾斜的平面称为一般位置平面，如图 2.21 所示。

一般位置平面和三个投影面既不垂直也不平行，与三个投影面都倾斜，所以，如用平面图形(例如三角形)表示一般位置平面，则它的三个投影均不是实形，但具有类似性。三个投影面上的投影均不能直接反映该平面对投影面的倾角。

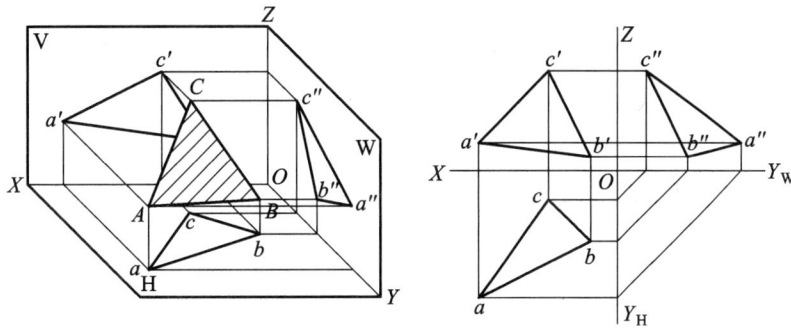

图 2.21　一般位置平面

【例 2.3】　分析正三棱锥各棱面与投影面的相对位置关系，如图 2.22 所示。

(1) 底面 ABC。V 面投影和 W 面投影积聚为水平线，分别平行于 OX 轴和 OY_W 轴，可判断底面 ABC 为水平面，水平投影反映实形。

(2) 棱面 SAB。三个投影都没有积聚性，均为棱面的类似形，可判断 SAB 为一般位置面。

(3) 棱面 SAC。从 W 面投影中的重影点 a″(c″)可知，棱面 SAC 的一边 AC 是侧垂线，并且 SAC 的侧面投影积聚成直线 s″a″(c″)，可判断棱面 SAC 是侧垂面。

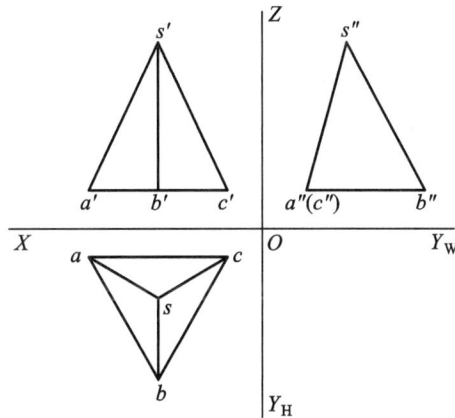

图 2.22　三棱锥各棱面与投影面的位置关系

第3章 形体的表达

3.1 基本形体的投影作图

任何建筑形体都是由一些简单的几何体构成的，即由柱、锥、球等几何体经过叠加或切割而构成。

在工程制图中，通常把棱柱、棱锥、圆柱、圆锥、圆球、环等立体称为基本形体，简称基本体，如图 3.1 所示。掌握基本形体的投影特性和作图方法对今后绘制和识读房屋建筑工程图是十分重要的。

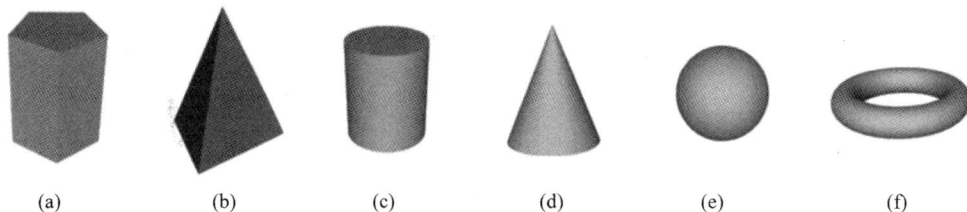

| (a) | (b) | (c) | (d) | (e) | (f) |

图 3.1 基本形体

基本形体有平面体和曲面体两类。

平面体——立体表面全部由平面所围成。最基本的平面立体有棱柱和棱锥。

曲面体——立体表面全部由曲面或曲面与平面所围成。最基本的曲面体有圆柱、圆锥、球、环等。

一、平面体的投影作图

1．棱柱

棱柱是由棱面和上、下底面围成的，相邻棱面的交线称为棱线。棱柱的棱线互相平行。常见的棱柱有三棱柱、四棱柱、五棱柱和六棱柱等。

以正六柱棱为例，分析其投影特性和作图方法。

1) 投影分析

正六棱柱顶面、底面均为水平面，它们的 H 面投影反映实形，V 面及 W 面投影积聚为一直线；前后棱面为正平面，V 面投影反映实形；H 面投影及 W 面投影积聚为一直线；其余棱面均为铅垂面，H 面投影积聚为直线，V 面投影和 W 面投影为类似形，如图 3.2 所示。

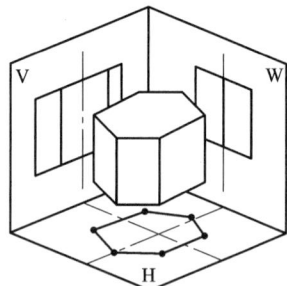

图 3.2 六棱柱投影分析

2) 作图方法

(1) 画出作图基准线。

(2) 画出反映主要形状特性的投影，即水平投影的正六边形，再画正面、侧面投影中的底面积聚性投影。

(3) 按长对正的投影关系及六棱柱的高度画出棱面、棱线和顶面的正面投影，按高平齐、宽相等的投影关系画出侧面投影，如图 3.3 所示。

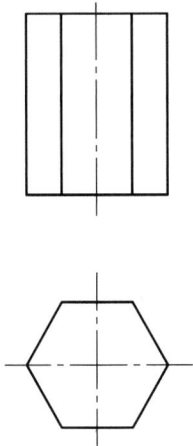

图 3.3　六棱柱投影图

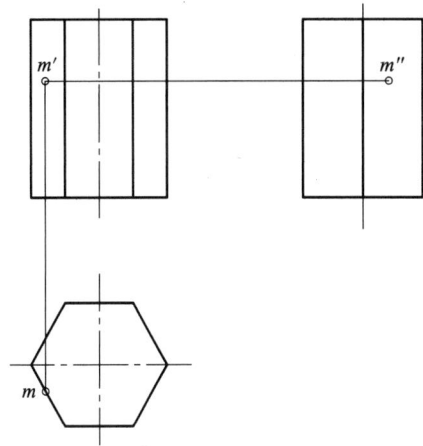

图 3.4　六棱柱表面点的投影

3) 棱柱表面上点的投影

如图 3.4 所示，已知六棱柱表面上点 M 的正面投影 m′，求作另两面投影 m、m″。

求棱柱表面上点的投影的方法为：

(1) 点的位置分析。根据正面投影 m′可以判断出点 M 在六棱柱左前侧棱面上。

(2) 点的投影分析。六棱柱左前侧棱面为正垂面，其水平投影积聚成一条直线，所以点 M 的水平投影必定在这条直线上。

(3) 作图。过 m′作垂线并延长，交六棱柱左前侧棱面水平投影直线于 m，m 即为 M 点的水平投影。利用点的投影规律可求出点 M 的侧面投影 m″。

(4) 可见性判断。点的可见性规定：若点所在的平面的投影可见，点的投影也可见；若点所在的平面的投影积聚成直线，点的投影也可见。

根据这一规定，点 M 在六棱柱左前侧棱面上，该棱面的侧面投影可见，所以点 M 的侧面投影 m″可见；该棱面的水平投影积聚成直线，所以点 M 的水平投影 m 可见。

对于不可见的点的投影需要加括弧表示。

2．棱锥

棱锥由底面和棱面组成。棱锥的棱线交于一点。常见的棱锥有三棱锥、四棱锥和五棱锥。

以正四棱锥为例，分析其投影特性和作图方法。

1) 投影分析

正四棱锥底面为水平面，它的 H 面投影反映实形，V 面及 W 面投影积聚为一直线。前后两面为侧垂面，W 面投影积聚为一直线；H、V 面投影为类似形。左右两面为正垂面，V 面投影积聚为一直线；H、W 面投影为类似形，如图 3.5 所示。

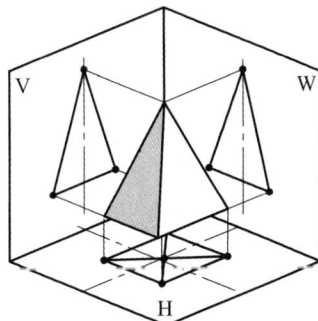

图 3.5　四棱锥投影分析

2) 作图步骤

(1) 画出作图基准线，即底面、正面、侧面投影的对称中心线。

(2) 画出底面的水平投影的外轮廓(矩形)及底面的正面、侧面投影。

(3) 按正四棱锥的高度在正面投影上定出锥顶的投影，按投影规律求出锥顶的水平投影，在正面和水平投影上分别过锥顶与底面各顶点的投影连线，即得四条棱线的投影。由于是正四棱锥，四条棱线的水平投影为矩形的对角线。

(4) 由水平投影、正面投影画出正四棱锥的侧面投影，如图 3.6 所示。

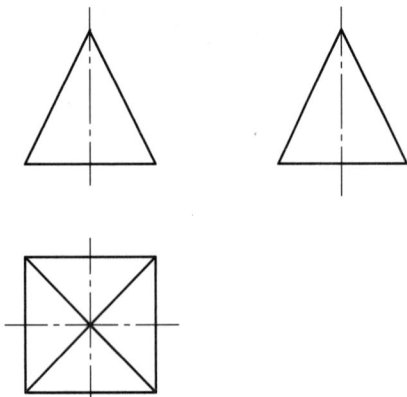

图 3.6 四棱锥投影图 　　　　图 3.7 四棱锥表面点的投影

3) 棱锥表面上点的投影

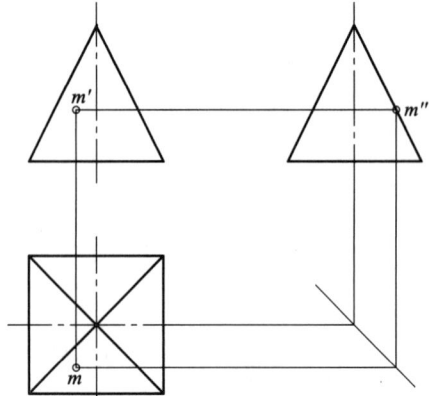

如图 3.7 所示，已知正四棱锥表面上点 M 的正面投影 m'，求作另两面投影 m、m''。

求正四棱锥表面上点的投影的方法为：

(1) 点的位置分析。根据正面投影 m' 可以判断出点 M 在正四棱锥前棱面上。

(2) 点的投影分析。正四棱锥前棱面为侧垂面，其侧面投影积聚成一条直线，所以点 M 的侧面投影必定在这条直线上。

(3) 作图。过 m' 作水平线并延长，交正四棱锥前棱面侧面投影直线于 m''，m'' 即为点 M 的侧面投影。利用点的投影规律可求出点 M 的水平投影 m。

(4) 可见性判断。点 M 在正四棱锥前棱面上，该棱面的侧面投影积聚成直线，所以点 M 的侧面投影 m'' 可见；该棱面的水平投影可见，所以点 M 的水平投影 m 可见。

【例 3.1】 正三棱锥投影作图。

1) 正三棱锥形体分析

正三棱锥由正三角形的底面和三个三角形的棱面组成。

2) 正三棱锥投影分析

正三棱锥底面为水平面，其水平投影是正三角形，反映底面的实形。左、右侧棱面为一般位置面，其三面投影都为三角形；后棱面为侧垂面，其侧面投影积聚成一直线。

3) 作图

(1) 作出底面的水平投影为正三角形，及底面的正面投影和侧面投影。

(2) 求出锥顶的水平投影，由正三棱锥高度作出锥顶的正面投影；在正面投影和水平投影上分别过锥顶与底面各顶点的投影连线，即得三条棱线的投影。

(3) 由水平投影和正面投影画出三棱锥的侧面投影，如图 3.8 所示。

4) 正三棱锥表面点的投影

如图 3.9 所示，已知正三棱锥表面上点 M 的正面投影 m'，求作另两面投影 m、m''。

求正三棱锥表面上点的投影的方法为：

(1) 点的位置分析。根据正面投影 m' 可以判断出点 M 在正三棱锥右侧棱面上。

(2) 点的投影分析。正三棱锥右侧棱面为一般位置面，其三面投影为三个三角形，没有投影特性可以利用。

(3) 作图。采用辅助线方法，将 m' 与锥顶的正面投影 s' 连接并延长，交底面的正面投影于 h'；过 h' 作垂线并延长交底面水平投影于 h 点，连接 h 与锥顶水平投影 s；过 m' 作垂线并延长交 sh 于 m，m 即为点 M 的水平投影。利用点的投影规律可求出点 M 的侧面投影 m''。

(4) 可见性判断。点 M 在正三棱锥右侧棱面上，该棱面的水平投影可见，所以点 M 的水平投影 m 可见；该棱面的侧面投影不可见，所以点 M 的侧面投影 m'' 不可见。

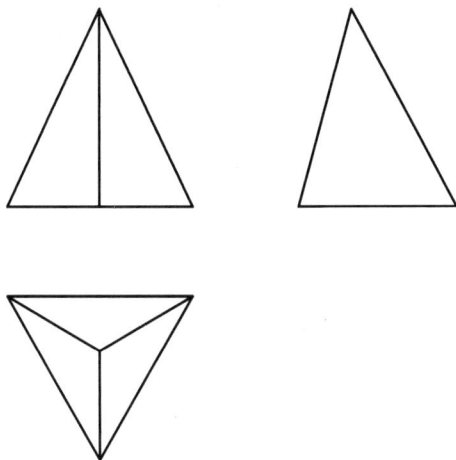

图 3.8 正三棱锥投影图

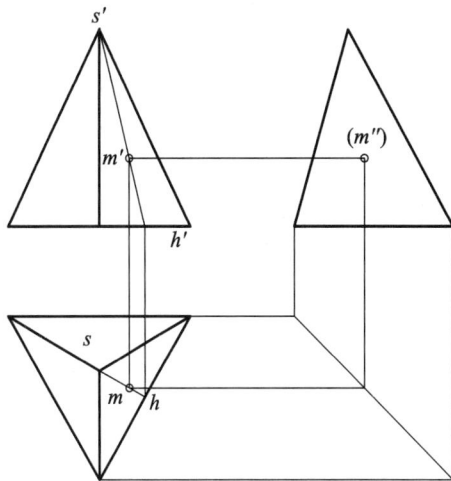

图 3.9 正三棱锥表面点的投影

二、曲面体的投影作图

1. 圆柱

圆柱体由圆柱面与上、下端面围成。圆柱面可看做由一条母线绕平行于它的轴线回转而成，圆柱面上任意一条平行于轴线的直母线称为圆柱面的素线。

1) 投影分析

圆柱顶面、底面均为水平面，它们的水平面投影为反映实形的一个圆，正面及侧面投影积聚为一直线。圆柱面为铅垂面，水平面投影积聚为圆。正面投影中，前、后两半圆柱面的投影重合为一个矩形，矩形的两条竖线分别为圆柱面最左、最右素线的投影，也是圆柱面前、后分界的转向轮廓线的投影。侧面投影中，左、右两半圆柱面的投影重合为一个矩形，矩形的两条竖线分别为圆柱面最前、最后素线的投影，也是圆柱面左、右分界的转向轮廓线的投影，如图 3.10 所示。

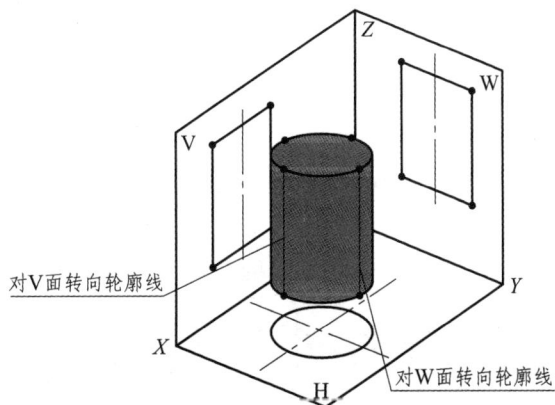

图 3.10 圆柱投影分析

2) 作图方法

(1) 画出圆柱体的各投影的中心线。

(2) 画出形状为圆的水平投影。

(3) 根据圆柱体的高度以及投影关系画出形状为矩形的正面和侧面投影，如图 3.11 所示。

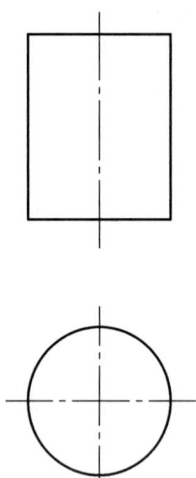

图 3.11　圆柱的投影图　　　　　　图 3.12　圆柱表面点的投影

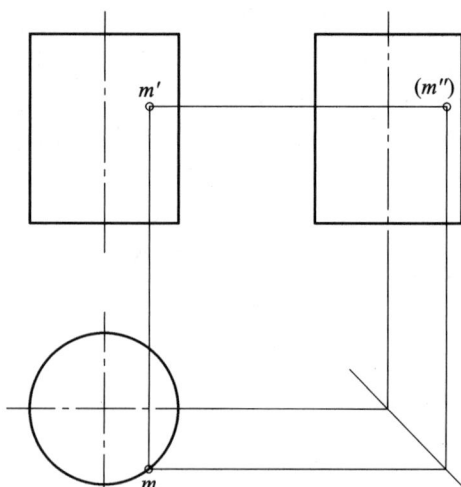

3) 圆柱表面上点的投影

如图 3.12 所示，已知圆柱表面上点 M 的正面投影 m'，求作另两面投影 m、m''。

(1) 点的位置分析。根据正面投影 m' 可以判断出点 M 在圆柱的前、右半圆柱面上。

(2) 点的投影分析。圆柱面为铅垂面，水平投影积聚成一个圆，所以点 M 的水平投影必在圆上。

(3) 作图。过 m' 作垂线并延长，交圆柱面的水平投影圆于 m 点，由于点 M 在前半圆柱面上，所以其水平投影 m 必在圆柱面的水平投影圆的前半圆周上。利用点的投影规律可求出点 M 的侧面投影 m''。

(4) 可见性判断。点 M 在圆柱面上，圆柱面的水平投影积聚成一个圆，所以其水平投影 m 可见；又因为点 M 在右半圆柱面上，所以点 M 的侧面投影 m'' 不可见。

2．圆锥

圆锥体由圆锥面和底面围成。圆锥面可以看做由一条直母线绕与它斜交的轴线回转而成。圆锥面上任意一条与轴线斜交的直母线，称为圆锥面上的素线。

1) 投影分析

圆锥底面为水平面，它的水平面投影为反映实形的一个圆，正面及侧面投影积聚为一直线。圆锥面为一般位置面，水平面投影为圆，与底面的水平投影重合。正面投影由前、后两个半圆锥面的投影重合为一个等腰三角形，三角形的两边分别为圆锥面最左、最右素线的投影，也是圆锥面前、后分界的转向轮廓线的投影。圆锥面的侧面投影由左、右两个半圆锥面的投影重合为一个等腰三角形，三角形的两边分别为圆锥面最前、最后素线的投影，也是圆锥面左、右分界的转向轮廓线的投影，如图 3.13 所示。

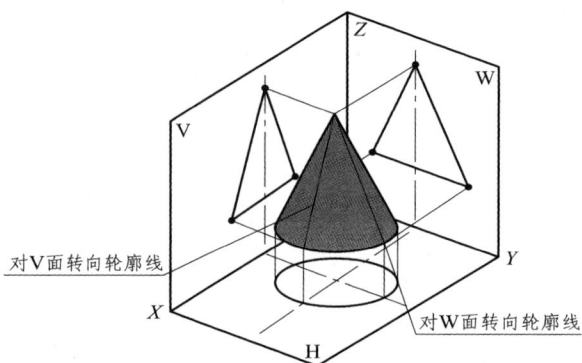

图 3.13　圆锥投影分析

2) 作图步骤

(1) 画出圆锥体各投影的中心线。

(2) 画出形状为圆的水平投影。

(3) 根据圆锥高度以及投影关系画出形状为等腰三角形的正面和侧面投影，如图 3.14 所示。

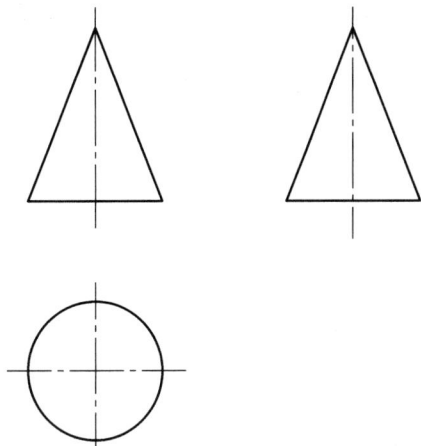

图 3.14　圆锥投影图

3) 圆锥面上点的投影

由于圆锥面的投影没有积聚性，在圆锥面上的特殊点投影可利用点在轮廓线上的特性，直接作出其三面投影，如图 3.15 所示的点 M 的三面投影。而圆锥面上一般位置点的投影须采用作包含该点辅助线的方法求得。通常采用辅助素线或辅助纬圆进行作图。

辅助素线法　圆锥表面的点必落在圆锥面上的某一条素线上，因此可在圆锥面上作一条包含该点的素线，从而确定该点的投影。

如图 3.15，已知圆锥表面上点 N 的正面投影 n'，用辅助素线法求作另两面投影 n、n''。

(1) 点的位置分析。根据正面投影 n' 可以判断出点 N 在前、右半圆锥面上。

(2) 点的投影分析。圆锥面的投影没有积聚性可以利用。

(3) 作图。采用辅助素线法。将 n' 与锥顶的正面投影 s' 连接并延长，交底面的正面投影于 h'；过 h' 作垂线并延长交底面水平投影于 h 点，连接 h 与锥顶水平投影 s；过 n' 作垂线并延长交 sh 于 n，n 即为点 N 的水平投影。利用点的投影规律可求出点 N 的侧面投影 n''。

(4) 可见性判断。点 N 在前、右半圆锥面上，圆锥面的水平投影可见，所以点 N 的水平投影 n 可见；右半圆锥面的侧面投影不可见，所以点 N 的侧面投影 n'' 不可见。

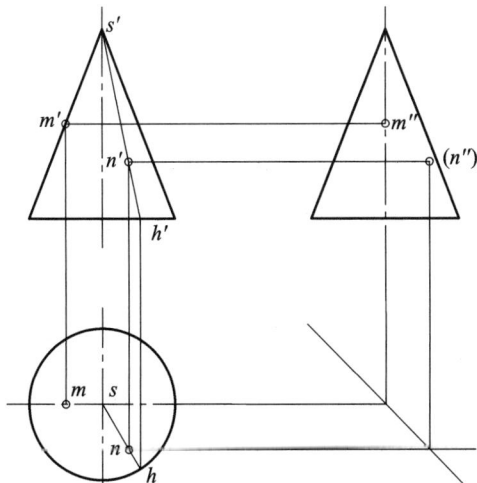

图 3.15　辅助素线法求圆锥表面点的投影　　　　图 3.16　辅助纬圆法求圆锥表面点的投影

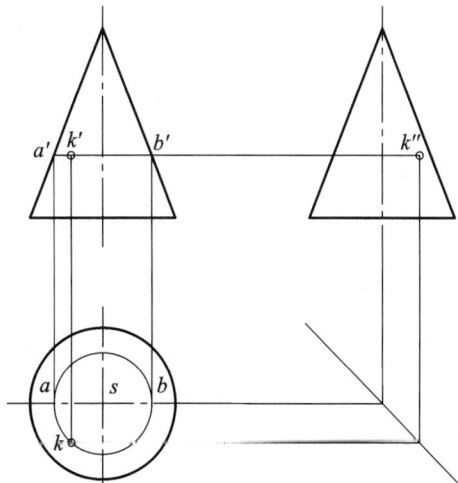

辅助纬圆法　圆锥面上的点必落在圆锥面上的某一纬圆(垂直于圆锥轴线的圆)上，因此可在圆锥面上作一包含该点的纬圆，从而确定该点的投影。

如图 3.16 所示，已知圆锥表面上点 K 的正面投影 k'，用辅助纬圆法求作另两面投影 k、k"。

(1) 点的位置分析。根据正面投影 k' 可以判断出点 K 在前、左半圆锥面上。

(2) 点的投影分析。圆锥面为一般位置面，没有投影特性可以利用。

(3) 作图。采用辅助纬圆法。过 k' 作圆锥面正面投影轴线的垂直线，交圆锥面最左、最右轮廓线正面投影于 a'、b'，a'b' 即为辅助纬圆的正面投影；以锥顶水平投影 s 为圆心，a'b' 为直径，作纬圆的水平投影；过 k' 作垂线并延长，交纬圆水平投影于 k，k 即为点 K 的水平投影。利用点的投影规律可求出点 K 的侧面投影 k"。

(4) 可见性判断。点 K 在前、左半圆锥面上，圆锥面的水平投影可见，所以点 K 的水平投影 k 可见；左半圆锥圆的侧面投影可见，所以点 K 的侧面投影 k" 可见。

3．圆球

球体是由球面围成的。球面是以圆为母线以该圆上任一直径为回转轴旋转而形成的。

1) 投影分析

圆球的三面投影都是等径圆，并且是圆球表面平行于相应投影面的三个不同位置上的最大轮廓圆，如图 3.17 所示。

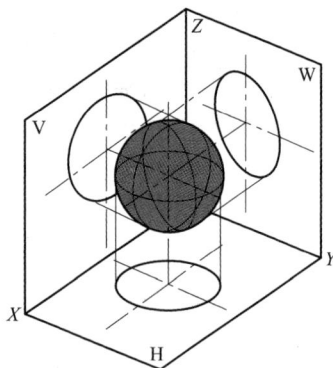

图 3.17　圆球投影分析

2) 作图步骤

(1) 先确定球心的三个投影，过球心分别画出圆球轴线的三面投影。

(2) 在三个投影面上画出三个与圆球直径相等的圆，如图 3.18 所示。

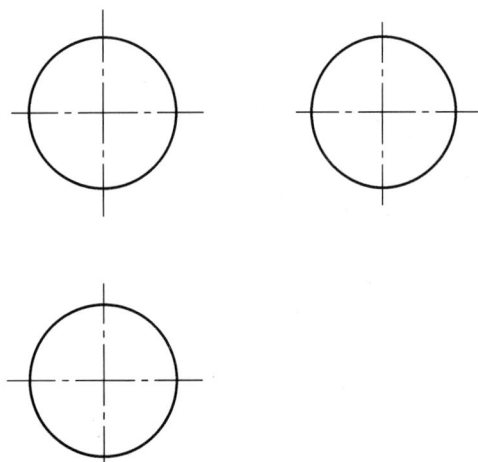

图 3.18　圆球投影图　　　　　　　　　　图 3.19　圆球表面点的投影

3) 圆球表面上点的投影

由于球面的三个投影都没有积聚性，必须用辅助纬圆法求点的三面投影。

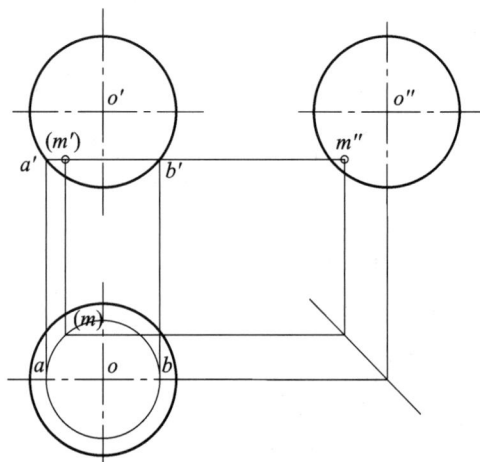

如图 3.19 所示，已知圆球表面点 M 的正面投影 (m')，求作另两面投影 m、m"。

(1) 点的位置分析。根据正面投影(m′)，可以判断出点 M 在后、左、下半球面上。

(2) 点的投影分析。球面的投影没有积聚性可以利用。

(3) 作图。采用辅助纬圆法。过 m′ 作水平线，交球面的正面投影于 a′、b′，a′b′ 即为辅助水平纬圆的正面投影；以球心水平投影 o 为圆心，a′b′ 为直径，作纬圆的水平投影；过 m′ 作垂线并延长，交纬圆水平投影于 m，m 即为点 M 的水平投影。利用点的投影规律可求出点 M 的侧面投影 m″。

(4) 可见性判断。点 M 在后、左、下半球面上，下半圆球面的水平投影不可见，所以点 M 的水平投影 m 不可见；左半圆球面的侧面投影可见，所以点 M 的侧面投影 m″ 可见。

前面用水平辅助纬圆求球表面点的三面投影，当然也可以用正平辅助纬圆或侧平辅助纬圆来求球表面点的三面投影，作图过程读者可自行分析。

3.2　形体表面交线

一、形体表面交线的形成

任何建筑物形体都是由若干基本形体经过切割、叠加或相交构成的组合形体。在组合形体的表面上，经常会出现一些交线，这些交线有些是平面与形体相交产生的，有些则是两个形体相交而形成的。

形体表面交线分两种情况：截交线和相贯线。

1. 截交线

平面与形体相交产生的表面交线称为截交线，如图 3.20 所示。

截平面：假想用来切割形体的平面称为截平面；

截交线：截平面与形体表面产生的交线称为截交线；

截断面：截交线所围成的平面图形称为截断面(简称断面)。

截交线是截平面与形体表面的交线，并且是封闭的平面折线或平面曲线。

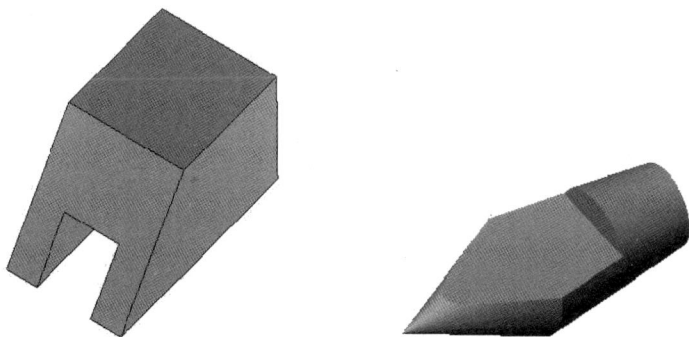

图 3.20　截交线的形成

2. 相贯线

两个形体相交形成的表面交线称为相贯线，如图 3.21 所示。

两形体相交称为相贯，按相贯体表面性质不同，可分为三种情况：两平面体相贯、平面体与曲面体相贯、曲面体相贯。

相贯线是两形体表面共有线，一般情况下，相贯线是封闭的空间折线或空间曲线。

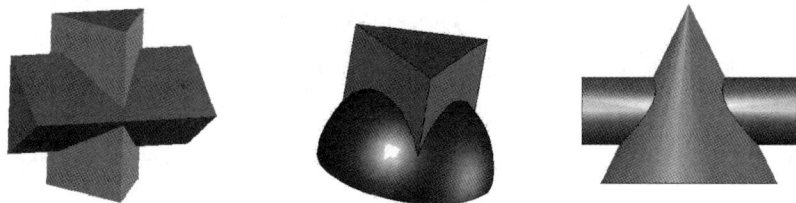

图 3.21 相贯线的形成

二、切割型形体

1. 平面体截交线

1) 平面体截交线的形式

平面体截交线性质：截交线的每条边都是截平面与棱面的交线，即共有性。

平面体截交线形状：平面立体的截交线是一个由直线组成的平面封闭多边形，其形状取决于平面立体的形状及截平面在平面立体上的截切位置，如图 3.22 所示。

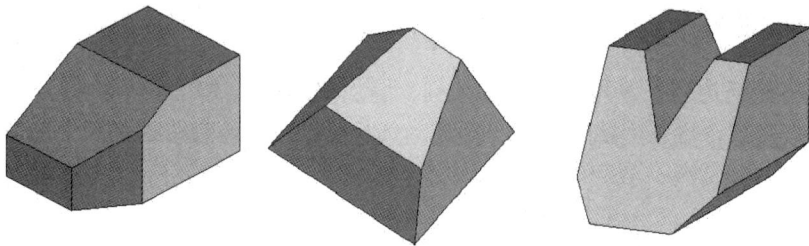

图 3.22 平面体截交线

2) 平面体截交线的画法

求截交线有两种方法：

棱线法：求各棱线与截平面的交点，将截断面上的各点依次连接。

棱面法：求各棱面与截平面的交线。

常用棱线法。

求截交线的步骤如下：

(1) 空间分析。分析截平面与立体的相对位置，以确定截交线的形状。截交线多边形的边数等于截平面截到的棱面数。

(2) 投影分析。分析截平面与投影面的相对位置，以确定截交线的投影特性(积聚性、类似性等)。

(3) 画出截交线的投影。求棱线与截平面的交点，即为截交线的顶点的投影。将同一投影面上相邻两顶点的投影依次连线，即为截交线的投影。

(4) 判断可见性。可见表面上的截交线可见，否则不可见。不可见的截交线用虚线表示。

(5) 完善轮廓线。将物体表面上可见的轮廓线描深，不可见的轮廓线用虚线表示。

3) 平面切割四棱锥

如图 3.23 和图 3.24 所示，已知四棱锥的正面投影和水平投影，用正垂面截切四棱锥，求作切割体的三面投影。

(1) 空间分析。截平面切割四棱锥，截交线为四边形。四边形的四条边分别是截平面与四棱锥各棱面的交线。四边形的四个顶点分别是四棱锥各棱线与截平面的交点。

(2) 投影分析。因截平面是正垂面，所以截交线的正面投影积聚成直线，水平投影和侧面投影都是四边形，只要求得四棱锥的四条棱线与截平面的交点的投影，依次连接即可完成作图。

(3) 作图。作出四棱锥被截切前的侧面投影。

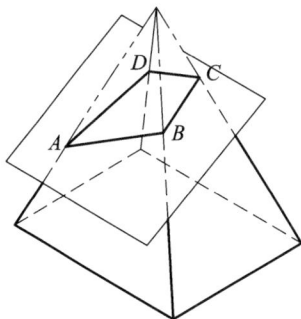

图 3.23　平面截切四棱锥

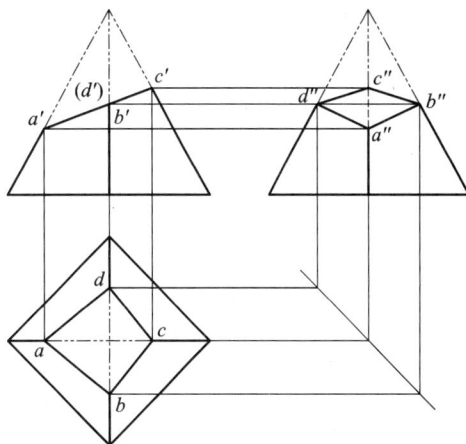

图 3.24　平面截切四棱锥截交线画法

确定截平面与四棱锥最左棱线交点的正面投影为 a'；过 a' 作垂线并延长，交最左棱线水平投影于 a；过 a' 作水平线并延长，交最左棱线侧面投影于 a''。

确定截平面与四棱锥最前棱线的交点的正面投影 b'；过 b' 作水平线并延长，交最前棱线的侧面投影于 b''，由 b' 和 b'' 求出水平投影 b。

同理可求得截平面与四棱锥最右棱线、最后棱线交点的三面投影 c'、d'、c、d、c''、d''。

将截交线顶点的同面投影依次连接起来，即可求得截交线的三面投影。

(4) 可见性判断。截交线的正面投影积聚成一条直线，其它两面投影为类似的四边形，并且都可见。

(5) 完善轮廓线，完成切割体的投影作图。

【例 3.2】　画四棱柱截切后的三面投影图，如图 3.25 所示。

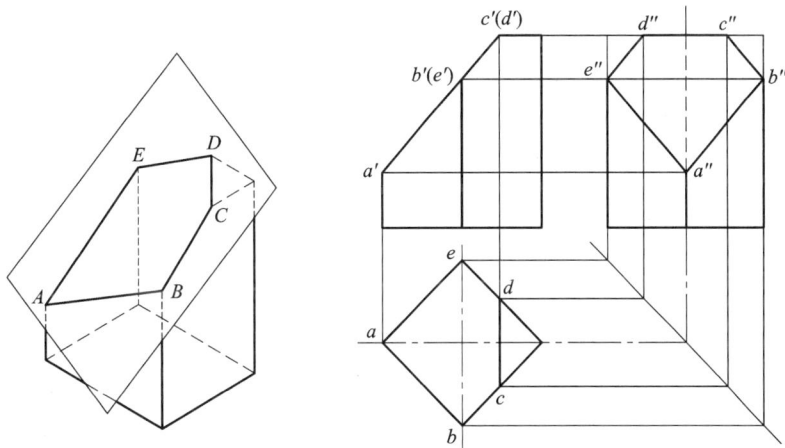

图 3.25　平面截切四棱柱

(1) 空间分析。四棱柱被正垂面截切，截平面与四棱柱的四个棱面及顶面相交，截交线是五边形。五边形的五个顶点分别是截平面与四棱柱的三条棱线以及顶面的两条边线的交点。

(2) 投影分析。截平面是正垂面，则截交线的正面投影积聚成直线。四棱柱的四个棱面为铅垂面，截交线的水平投影与四棱柱的各棱面的水平投影重合。截平面与四棱柱顶面的交线为正垂线，其正面投影积聚为一点，水平投影反映实长。

(3) 作图。首先作出完整四棱柱的侧面投影。因截平面为正垂面，所以截交线的正面投影积聚成直线。可直接找出五边形截交线各顶点的正面投影 a'、b'、c'、d'、e'。

接着确定截平面与最左棱线交点的正面投影 a'，其水平投影与最左棱线的水平投影重合即为 a，由 a' 作水平线并延长，交最左棱线侧面投影于 a''。

同理可求得截平面与最前、最后棱线交点的三面投影 b'、e'、b、e、b''、e''。

截平面与四棱柱顶面的交线为正垂线，确定其正面投影积聚为 $c'(d')$，过 $c'(d')$ 作垂线并延长，交顶面水平投影于 c、d，再按宽相等求其侧面投影 $c''d''$。连接 cd，依次连接 a''、b''、c''、d''、e'' 即可得截交线的水平投影和侧面投影。

(4) 可见性判断。截交线的正面投影积聚成一条直线，其它两面投影为类似的五边形，并且都可见。

(5) 完善轮廓线，完成切割体的投影作图。

2. 曲面体截交线画法

1) 曲面体截交线的形式

曲面体截交线性质：截交线是截平面与曲面体表面的交线，即共有性。

曲面体截交线形状：曲面体截交线一般为封闭的平面曲线，特殊情况下是直线。其形状取决于曲面体表面的形状以及截平面与曲面体轴线的相对位置，如图 3.26 所示。

图 3.26　曲面体截交线

2) 曲面体截交线的画法

(1) 空间分析。明确曲面体的形状，分析截平面与曲面体轴线的相对位置，以确定截交线的形状。

(2) 投影分析。分析截平面与投影面的相对位置，明确截交线的投影特性(积聚性、类似性等)。

(3) 画截交线的投影。画曲面体截交线的基本方法是连点成线法，即求出曲面体表面上若干条素线与截平面的交点的投影，然后光滑连接而成。

当截交线的投影为非圆曲线时，具体作图步骤为：

① 先取特殊点，后取中间点。截交线上的一些能够确定其形状和范围的点，如最高点、最低点、最左点、最右点、最前点、最后点，转向点(即截平面与转向轮廓线的交点，也就是可见与不可见的分界点)等，都为特殊点。

② 顺次光滑地连接各点。

(4) 判断可见性。

(5) 完善轮廓线。

3) 平面截切圆柱体

平面截切圆柱，根据截平面与圆柱轴线的相对位置不同，圆柱上的截交线的形状分为圆、两平行直线、椭圆三种形状，如图 3.27 所示。

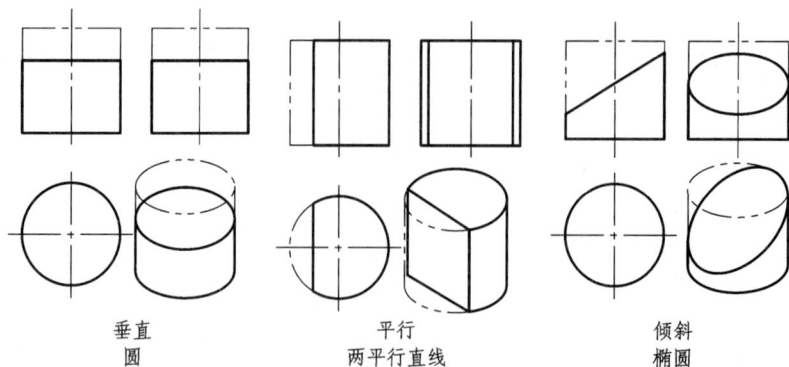

| 垂直 | 平行 | 倾斜 |
| 圆 | 两平行直线 | 椭圆 |

图 3.27　圆柱截交线

以圆柱被正垂面斜切为例，分析其截交线求法，如图 3.28 所示。

(1) 空间分析。圆柱被正垂面斜切时，截交线形状为椭圆。

(2) 投影分析。由于截平面为正垂面，所以椭圆的正面投影积聚成一条直线，水平投影与圆柱面的水平投影重合为圆，侧面投影为类似椭圆。

(3) 作图。圆柱被正垂面斜切时，其正面投影为直线，水平投影为圆，此两投影可不必求，主要是求其侧面投影椭圆。

首先找出截交线椭圆特殊点的水平投影及对应的正面投影：最左、最低点的水平投影 a、正面投影：a'；最前点的水平投影 b、正面投影 b'；最右、最高点的水平投影 c、正面投影 c'；最后点的水平投影 d、正面投影 d'。由上述点的两面投影分别求出对应的侧面投影 a''、b''、c''、d''。

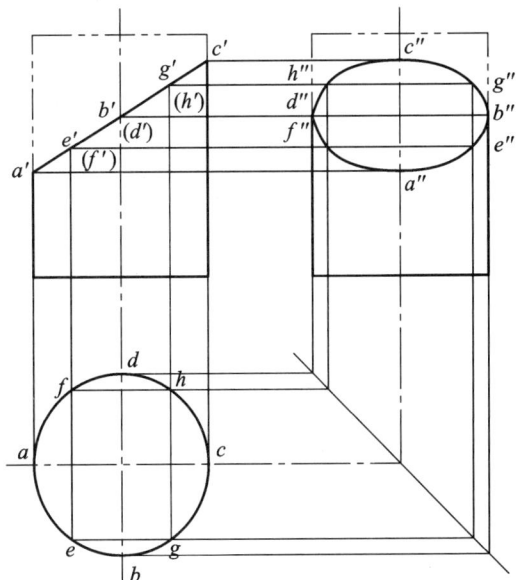

图 3.28 截平面斜切圆柱体

接着补充一般点，在截交线的水平投影上选择 e、f、g、h 四个点(e 与 f、g 与 h 前后对称，e 与 g、f 与 h 左右对称)，过 e 与 f、g 与 h 作垂线并延长，交截平面正面投影于 e'、f'、g'、h'。由上述点的两面投影分别求出对应的侧面投影 e''、f''、g''、h''。

最后依次光滑连接 a''、e''、b''、g''、c''、h''、d''、f''各点，则侧面投影成一椭圆。

(4) 分析轮廓线的可见性。截交线的三面投影均可见。

(5) 完善轮廓线，完成切割体的投影作图。

4) 平面截切圆锥体

平面截切圆锥体，其截交线的形状取决于截平面与圆锥体轴线的相对位置，如图 3.29 所示。

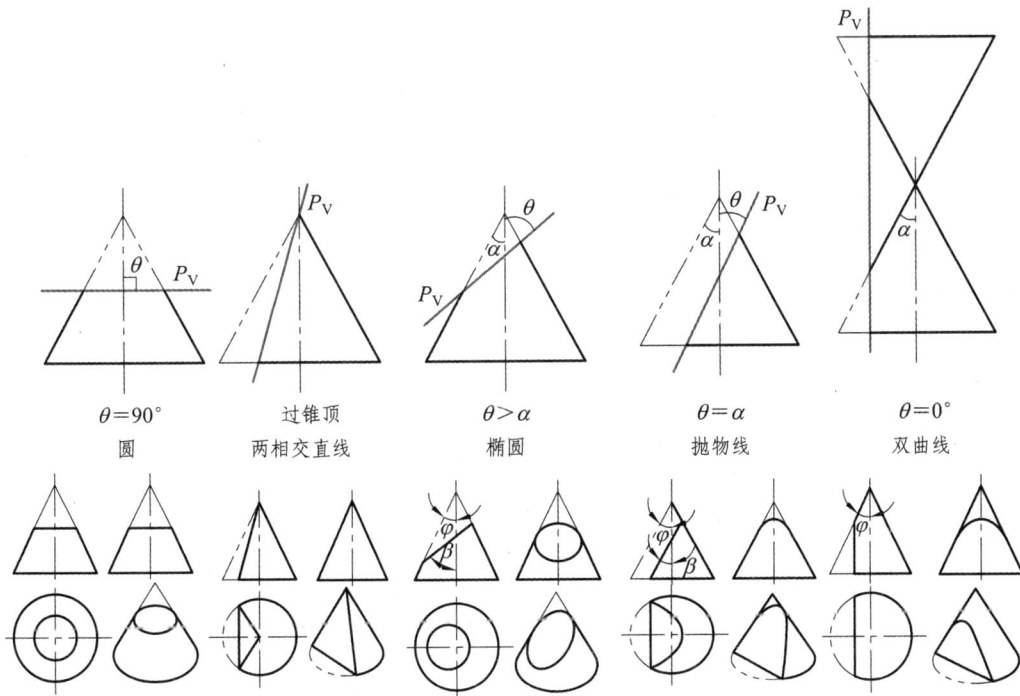

图 3.29 圆锥截交线

如图 3.30 所示，圆锥被侧平面截切，求其三面投影。

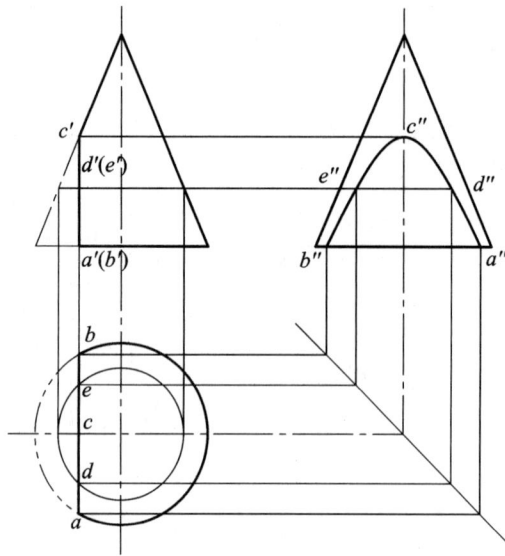

图 3.30　侧平面切圆锥

(1) 空间分析。圆锥体被侧平面截切时，截平面与圆锥轴线平行，截交线形状为半双曲线。

(2) 投影分析。由于截平面为侧平面，所以截交线半双曲线的正面投影积聚成直线，水平投影积聚成直线，侧面投影为半双曲线。

(3) 作图。

首先找出特殊点：确定最前点、最后点的水平投影 a、b，求出其正面投影 a'、b' 和侧面投影 a''、b''；确定最高点的正面投影 c'，求出其水平投影 c 和侧面投影 c''。

接着补充一般点，在截交线水平投影上补充对称的两点 d、e，用纬圆法求出其正面投影 d'、e'，再求出其侧面投影 d''、e''。

最后依次光滑连接 a''、d''、c''、e''、b''各点，截交线侧面投影成一半双曲线。

(4) 判断可见性。截交线的三面投影均可见。

(5) 完善轮廓线，完成切割体的投影作图。

5) 平面截切球

平面截切圆球时，其截交线均为圆。当截平面平行于投影面时，截交线在该投影面上的投影为反映其真实大小的圆，另外两个投影分别积聚成直线。

如图 3.31 所示，圆球被水平面截切，求截交线的三面投影。

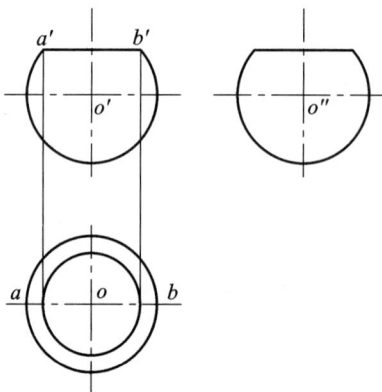

图 3.31　水平面截切球

(1) 空间分析。圆球被水平面截切，其截交线为圆。

(2) 投影分析。球面被水平面截切，水平投影为圆，其它两投影积聚为直线。

(3) 作图。圆球被水平面截切，正面投影积聚为一直线 $a'b'$，以球心水平投影 o 为圆心，$a'b'$ 为直径作截交线水平投影圆；过 $a'b'$ 作水平线并延长，交球的侧面投影，画出截交线的侧面投影。

(4) 判断可见性。截交线的三面投影均可见。

(5) 完善轮廓线，完成切割体的投影作图。

三、相交型形体

两立体相交称为相贯，其表面产生的交线称为相贯线。

相贯线是两形体表面的共有线，相贯线上的点是两形体表面的共有点。

一般情况下，相贯线是封闭的空间折线或空间曲线。

相贯的形式有：平面体和平面体相贯、平面体和曲面体相贯、曲面体和曲面体相贯，如图 3.32 所示。

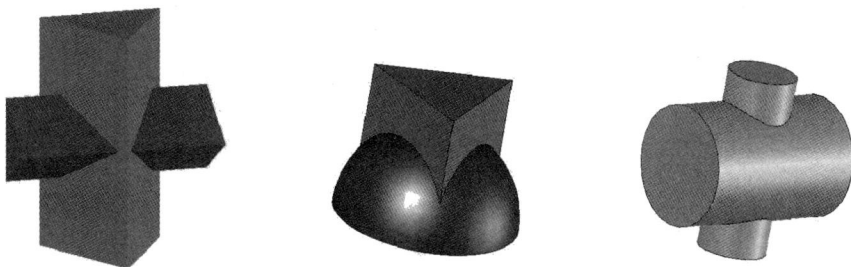

图 3.32　相贯线

1．两平面体的表面交线

两平面体的交线在一般情况下为封闭的空间折线，折线上的每一段分别属于两立体表面的交线，折线上的每个顶点都是一形体上的棱线与另一形体侧面的交点。

求作两平面体的相贯线，实际上是求两平面的交线和直线与平面的交点。

【例 3.3】　求高低房屋相交的表面交线。

高低房屋相交，可看成是两个五棱柱相交，如图 3.33 所示。

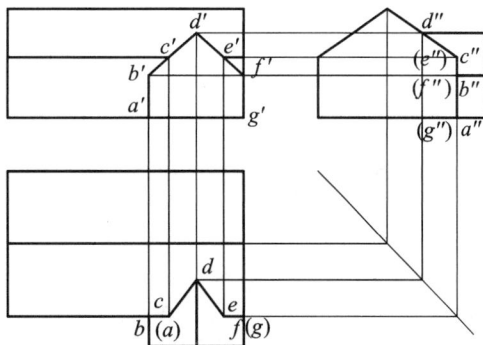

图 3.33　高低房屋的表面交线

(1) 空间分析。由于两个五棱柱的底面(即地面)在同一平面上，所以相贯线是不封闭的空间折线。

(2) 投影分析。两个五棱柱中的一个五棱柱的棱面都垂直于侧面，另一个五棱柱的棱面都垂直于正面，所以相贯线的侧面投影、正面投影与两个五棱柱的侧面投影、正面投影重合，不必求作。只需求作其水平投影。

(3) 作图。确定小五棱柱五条棱与大五棱柱棱面的交点的正面投影与侧面投影分别为 a' 与 a''、b' 与

b''、d'与d''、f'与f''、g'与g''。

再确定大棱柱一条棱与小棱柱棱面的交点的侧面投影与正面投影为c''与c'、e''与e'。

由截交线顶点的两面投影作出对应的水平投影，并依次连接。

(4) 完善轮廓线，完成相贯体的投影作图。

2．两曲面体的表面交线

两曲面体表面的相贯线，一般是封闭的空间曲线，特殊情况下可能是平面曲线或直线，如图 3.34 所示。相贯线上的每个点都是两形体表面的共有点，因此，求作两曲面体的相贯线时，通常是先求出一系列共有点，然后依次光滑连接相邻各点。

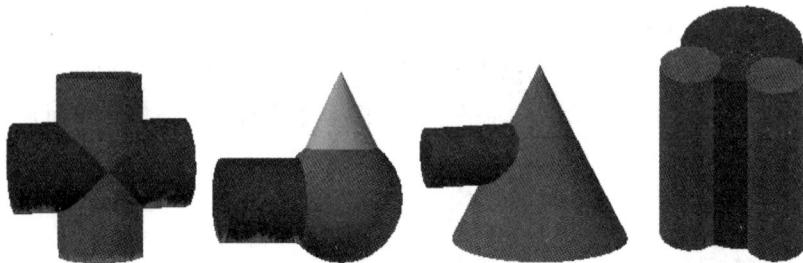

图 3.34　两曲面体的相贯线

1) **两曲面体相贯线性质**

(1) 相贯线是两曲面体表面的共有线，也是两立体表面的分界线，相贯线上的点是两曲面体表面的共有点，同时存在于两形体的表面上。

(2) 相贯线是曲面与曲面之间的交线，通常情况下，相贯线是一条封闭的空间曲线，特殊情况下，相贯线也可能是平面曲线或直线。

2) **两曲面体相贯线的作图**

在视图中画出相贯线的投影，这是一种近似的作图法，首先求出相贯线上一系列点的投影，然后将这些点按照位置顺序依次平滑地连接起来。

具体分为以下几步：

(1) 分析形体的相交特性。

(2) 求出相贯线上特殊点的投影。

(3) 求出相贯线上一定数量的一般点的投影。

(4) 将各点按照位置顺序依次平滑地连接起来，可见的图线画实线，不可见的图线画虚线。

(5) 完成其它相关图线的绘制。

3) **圆柱和圆柱垂直正交**

(1) 形体相交特性分析。直径不同的两圆柱轴线垂直相交，相贯线为前后左右对称的空间曲线，如图 3.35 所示。

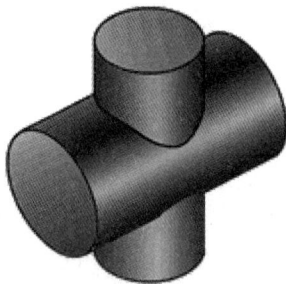

图 3.35　两圆柱垂直正交相贯线

(2) 投影分析。直立小圆柱轴线垂直于水平面，所以水平投影有积聚性，是一个圆；水平大圆柱轴线垂直于侧面，所以侧面投影有积聚性，是一个圆。由于相贯线是两圆柱表面的共有线，所以相贯线的水平投影与小圆柱水平投影重合，侧面投影与大圆柱侧面投影(部分)重合。因此，需求作的仅是相贯线的正面投影。

(3) 作图。方法是表面取点法，如图 3.36 所示。

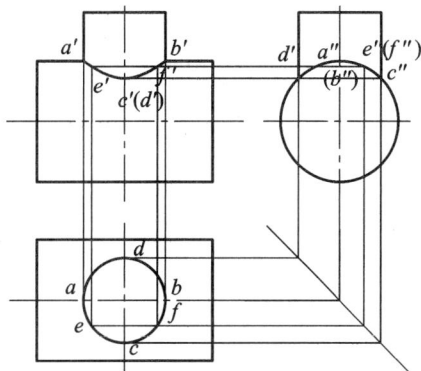

图 3.36　两圆柱垂直正交相贯线画法

① 求特殊点。由投影关系确定相贯线的最左点的水平投影 a、侧面投影 a''，最右点的水平投影 b、侧面投影 b''，最前点的水平投影 c、侧面投影 c''，最后点的水平投影 d、侧面投影 d''。由上述点的两面投影求出其正面投影 a'、b'、c'、d'。

② 求一般点。在相贯线的水平投影上确定两个一般位置点的水平投影 e、f，过 ef 作水平线并延长与 45°辅助线交于一点，再过辅助线的交点作垂线交相贯线的侧面投影于 e'' (f'')；由 e 和 e'' 求得其正面投影 e'，由 f 和 f'' 求得其正面投影 f'

③ 因相贯线前后对称，前半相贯线的正面投影可见，后半相贯线的正面投影与前半相贯线的正面投影重合，所以依次光滑连接各点的正面投影，即可得相贯线的正面投影。

④ 完善轮廓线，完成相贯体的投影。

(4) 相贯情况讨论。

① 两圆柱正交直径相对变化对相贯线的影响。两圆柱正交直径相对变化对相贯线的影响如图 3.37 所示。

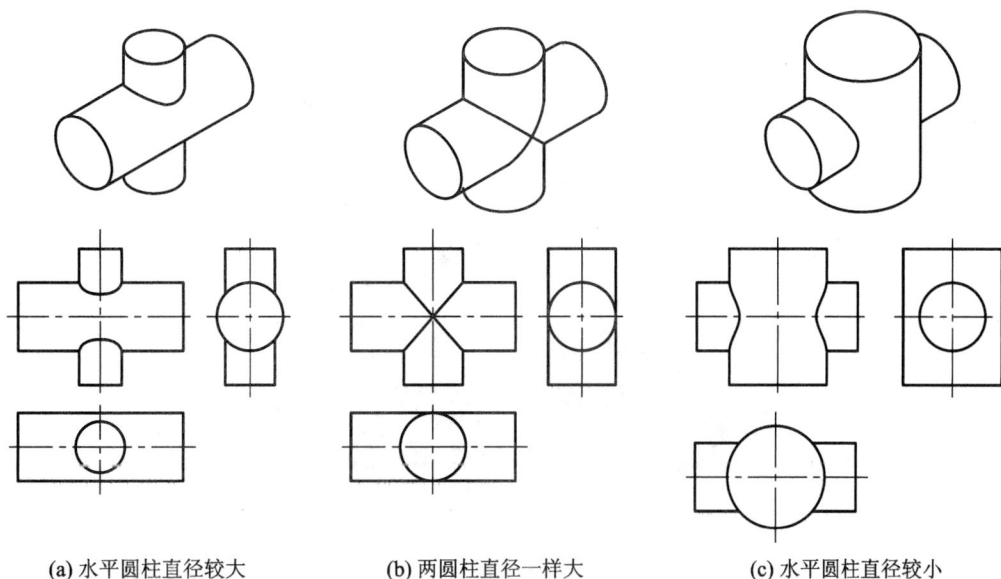

(a) 水平圆柱直径较大　　　(b) 两圆柱直径一样大　　　(c) 水平圆柱直径较小

图 3.37　两圆柱正交直径相对变化对相贯线的影响

② 内、外圆柱相贯。圆柱面相贯有外表面与外表面相贯、外表面与内表面相贯和两内表面相贯三种形式。这三种情况的相贯线的形状和作图方法相同，如图3.38所示。

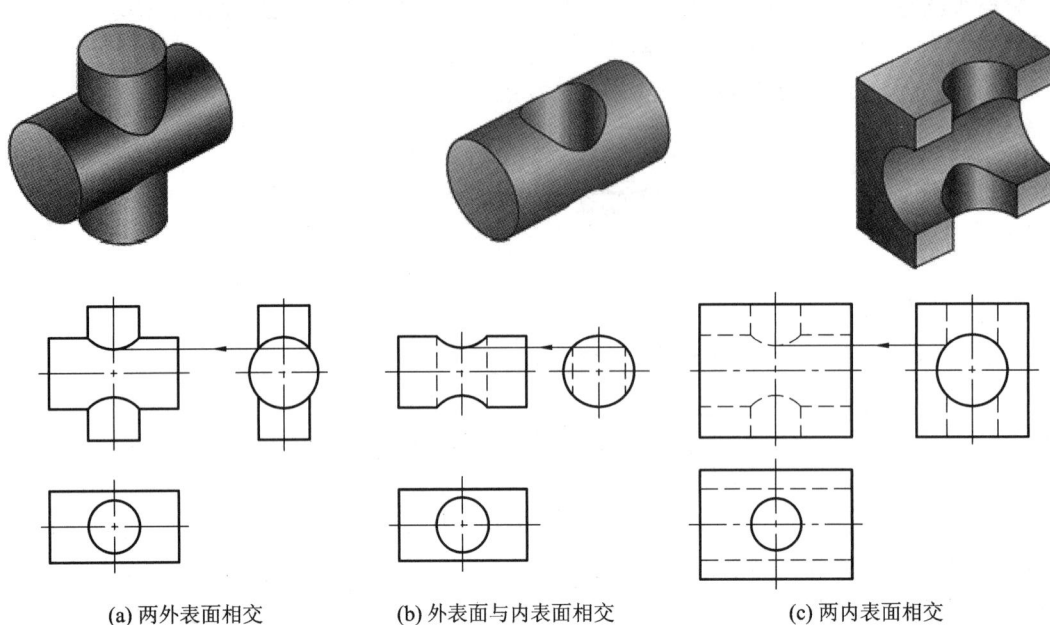

(a) 两外表面相交   (b) 外表面与内表面相交   (c) 两内表面相交

图3.38　内外圆柱相贯

3.3　组合体的构成和投影作图

一、组合体的构成和形体分析

1. 组合体概念

由一些基本形体经过叠加或切割等形式构成的整体称为组合形体，简称组合体。

2. 组合体的构成方式

组合体的构成方式有叠加和切割两种方式。

1) 叠加

叠加是指基本形体之间的叠合、相交、相切等组合方式，如图3.39所示。

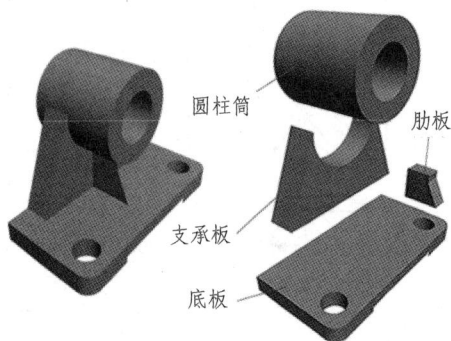

图3.39　叠加式组合体

2) 切割

切割是指基本形体的开槽、控割等除料方式，如图 3.40 所示。

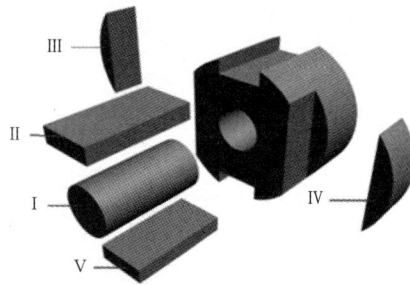

图 3.40　切割式组合体

其中叠加式形体是组合体中最基本的组合形式。

3．基本形体之间的表面连接关系及画法

分析各基本形体之间表面连接关系，是正确绘制组合体投影图的重要环节。

形成组合体的基本形体之间的表面连接关系可归纳为四种基本情况：表面相接平齐、表面相接不平齐、表面相切、表面相交。

1) 表面相接平齐

当叠加后两形体的相邻表面处于同一平面，即两表面相接平齐时，在叠合处不应再画出轮廓线投影，如图 3.41 所示。

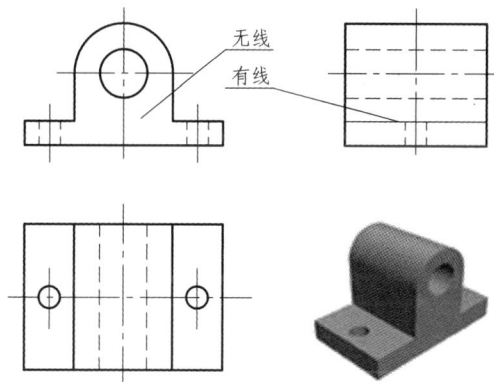

图 3.41　形体表面相接平齐

2) 表面相接不平齐

当叠加后两形体的相邻表面不处于同一平面，即两表面相接不平齐时，在叠合处应画出轮廓线投影，如图 3.42 所示。

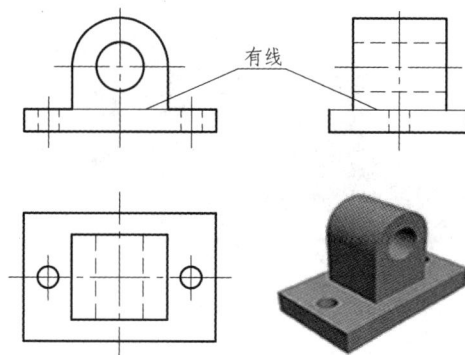

图 3.42　形体表面相接不平齐

3) 表面相切

当平面体与曲面体或两曲面体叠加时，平面与曲面或曲面与曲面表面相切处也不应画出轮廓线投影，如图 3.43 所示。

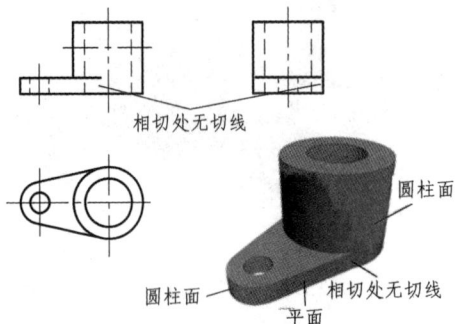

图 3.43　形体表面相切

4) 表面相交

当平面体与曲面体或两曲面体叠加时，平面与曲面或曲面与曲面相交处应画出轮廓线投影，如图 3.44 所示。

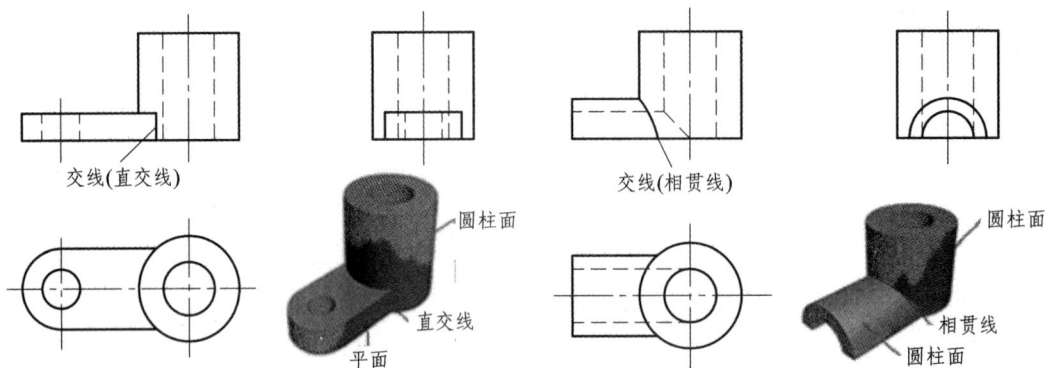

图 3.44　形体表面相交

二、组合体的投影作图

1. 形体分析

形体分析即分析组合体的组合形式，分析各部分的形状、大小和相对位置关系，为画图打下基础。

【例 3.4】 画出如图 3.45 所示的组合体投影图。

图 3.45 所示的组合体——支架，可分解成底板、竖板、凸台三部分，然后又分别进行了挖切。

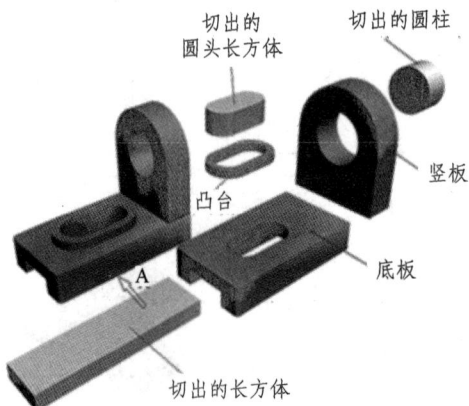

图 3.45　组合体的分解

2．主视图选择

选择主视图的原则是：

(1) 形体特征原则。选择最能反映组合体的形状特征，即反映最大的信息量的视图。

(2) 视图中的虚线要少原则。应使各视图中的虚线尽量少。

(3) 摆平放稳原则。能够使组合体处于一种能摆正，并平稳放置在水平方向上的位置。

按照上述原则，对图 3.45 所示的支架组合体进行主视图选择，通过对三个投射方向的视图进行比较，A 投射方向的视图作为主视图最佳，如图 3.45 所示。

3．画图步骤

(1) 选画图比例和图幅大小，并画出边框和标题栏。

(2) 画出形体长、宽、高三个方向的作图定位基准线。

(3) 画出各组成部分的外部形状。

(4) 画出各组成部分的内部结构及细节形状。

(5) 检查、清理及描深。

具体如图 3.46 所示。

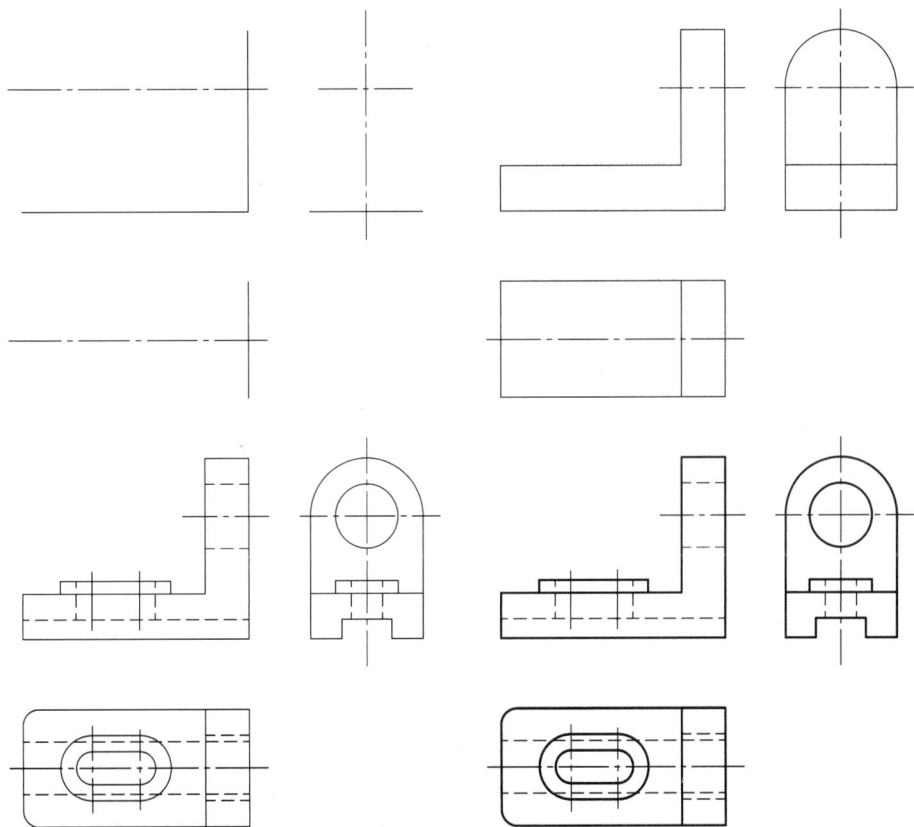

图 3.46　组合体三视图的画法

三、组合体的尺寸标注

1．标注尺寸的基本要求

正确：尺寸标注要符合国家标准；

完整：尺寸标注不重复、不遗漏，能够完全确定出物体各部分的形状、大小和位置；

清晰：尺寸标注有条理、易看。

2. 基本形体、切割形体及相交形体的尺寸标注

1) 基本形体尺寸标注

常见的基本形体有棱柱、棱锥、圆柱、圆锥和球等。图 3.47 所示为一些常见的基本形体尺寸标注的示例。

基本形体的尺寸一般只需标注长、宽、高三个方向的定形尺寸。

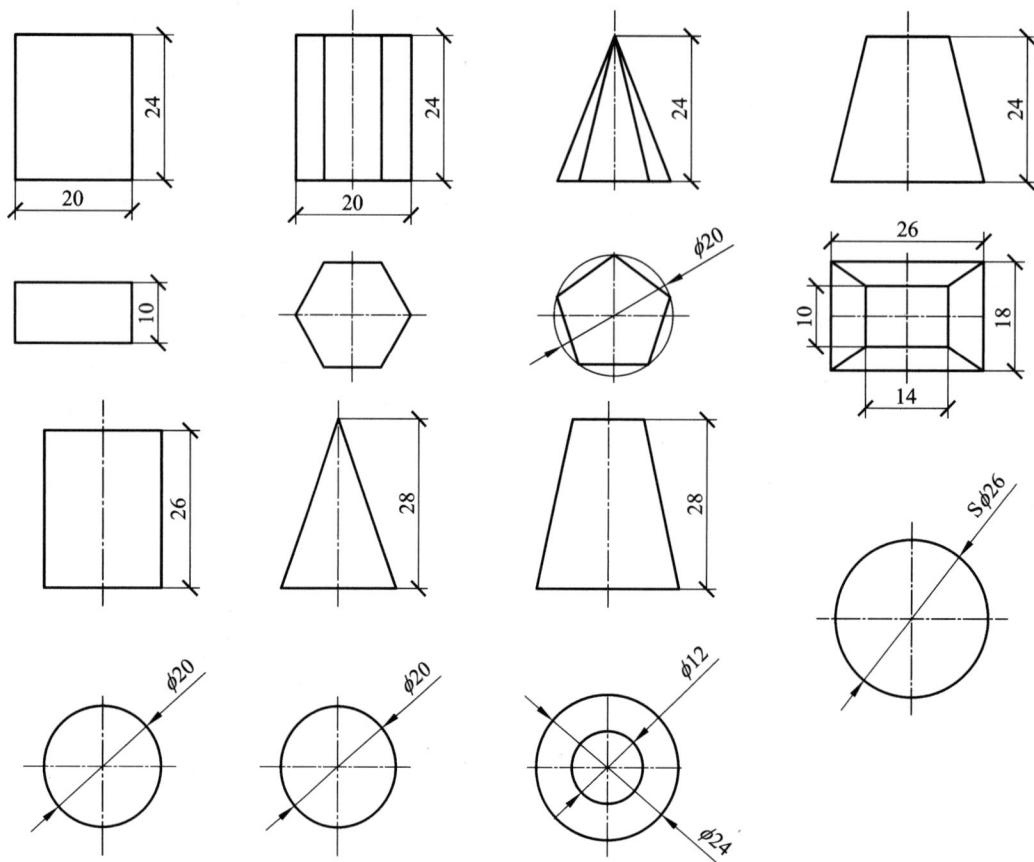

图 3.47　基本形体的尺寸标注示例

2) 切割形体的尺寸标注

图 3.48 所示为一些切割形体尺寸标注的示例。

当标注被截切立体的尺寸时，应标注基本形体的定形尺寸，并标注确定截平面位置的定位尺寸，而不标注截交线的尺寸。

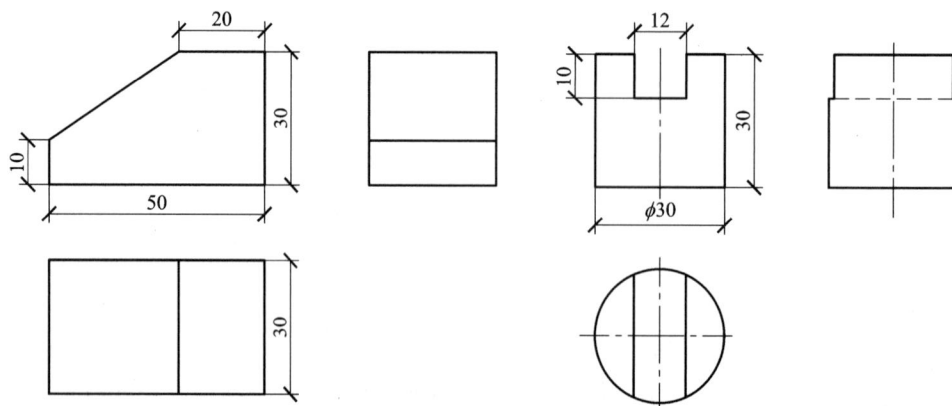

图 3.48　切割形体的尺寸标注示例

3) 相交形体的尺寸标注

图 3.49 所示为一些相交形体尺寸标注的示例。

当标注相交形体的尺寸时，只标注各个参与相交的基本形体的定形尺寸以及确定参与相交的基本形体之间的定位尺寸，而不标注相贯线的尺寸。

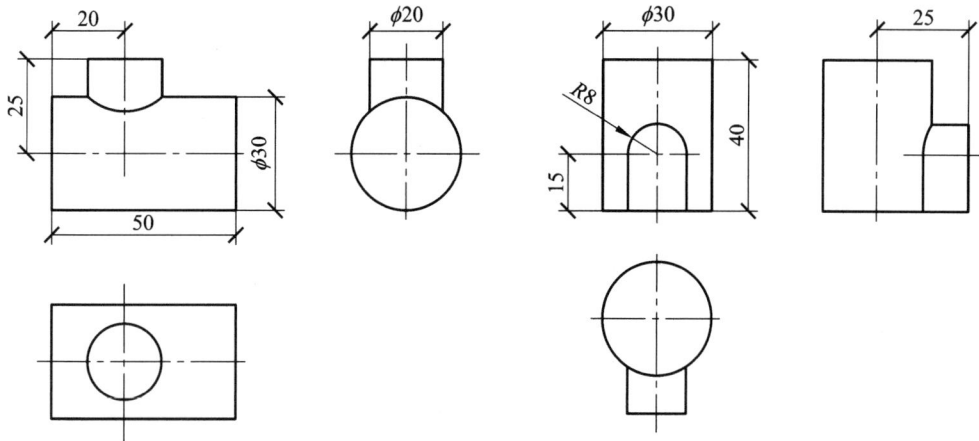

图 3.49　相交形体的尺寸标注示例

3. 标注尺寸步骤

1) 形体分析

形体分析即分析组成组合体的各基本形体的形状、大小和相对位置关系，以便根据各基本形体的特点标注尺寸。

2) 选定尺寸基准

为了确定组合体各部分之间的相对位置的定位尺寸，必须确定尺寸基准。通常选用组合体的对称面、底面、端面、轴线或某个点等几何元素作为尺寸基准，如图 3.50 所示。

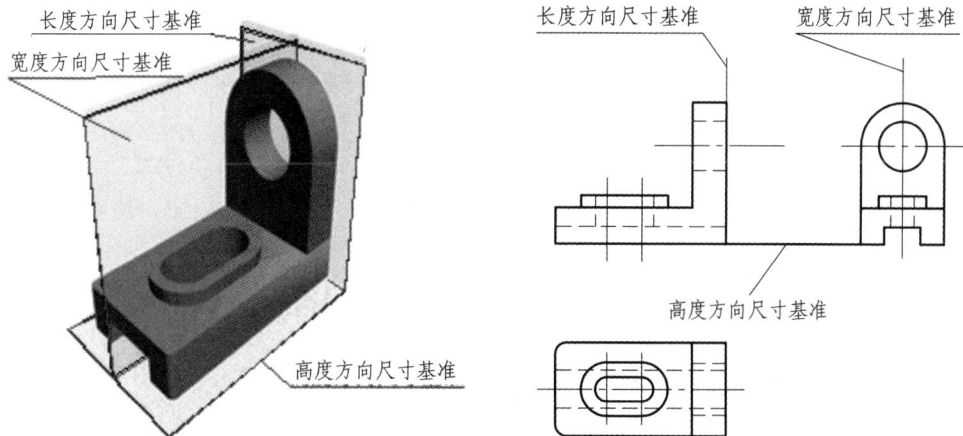

图 3.50　组合体的尺寸基准

3) 分别标注出各部分的定形、定位尺寸

标注组合体各部分的定形尺寸及定位尺寸，如图 3.51 所示。

4) 标注总体尺寸

标注组合体的总长、总宽和总高尺寸。如图 3.51 所示，标注总宽尺寸 36，总长尺寸 72，总高尺寸不必标注。

5) 检查标注是否完整

检查一遍标注尺寸是否完整、清晰。

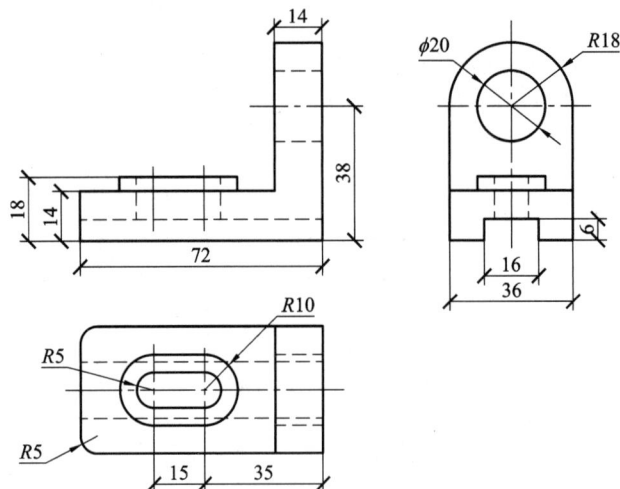

图3.51 组合体的尺寸标注

4．标注尺寸的注意点

(1) 尺寸应尽量标注在形体特征最明显的视图上。如图3.51中R10、R5标注在俯视图上。

(2) 同一基本体的定形和定位尺寸应尽量集中在一个视图上。如图3.51中凸台的定形尺寸和定位尺寸都集中标注在俯视图上。

(3) 平行并列尺寸应小的标注在里面，大的标注在外面，避免尺寸界线交叉，尺寸线间隔一般为7～10 mm。如图3.51中左视图上的16和36标注所示。

(4) 尺寸应尽量标注在实线上，尽量配置在视图外面，直径尽量标注在非圆视图上，而圆柱孔的非圆视图为虚线时，此时其直径尺寸一般注在反映圆的视图上。如图3.51中左视图上的φ20。

四、读组合体视图

读图是根据已经画出的物体投影图，运用正投影规律，想象出组合体的空间形状。读图的基本方法有两种：形体分析法和线面分析法。

在读图时，常以形体分析法为主，即以基本体的投影规律为基础，在投影图上分析组合体各个组成部分的形状和相对位置，然后综合确定组合体的整体形状。

当投影图较复杂时，特别是对于切割式组合体的投影图，可用线面分析法辅助读图。线面分析法是在形体分析法的基础上，运用线、面的空间性质和投影规律，分析物体投影，进行读图的方法。

在读组合体的投影图时，应当具备以下的基础知识：

(1) 熟练掌握三面投影的规律，了解物体长、宽、高尺寸和上、下、左、右、前、后六个方向的对应关系，即"长对正、高平齐、宽相等"的三等规律。

(2) 熟练掌握直线和平面的投影规律，重点掌握投影面垂直面和投影面平行面的投影规律。

(3) 熟练掌握基本形体的投影规律。

读组合体投影图的基本要领：

(1) 将有关投影图联系起来阅读、分析和构思。

一般情况下,物体的一面投影不能确定物体的形状。因此，读图时必须把相关的投影图联系起来，进行分析、构思，才能确定物体的形状。

如图3.52所示，三组图形的水平投影相同，但正面投影不同，它们所表示的物体也就各不相同。

如图3.53所示，三组图形的正面投影和水平投影都

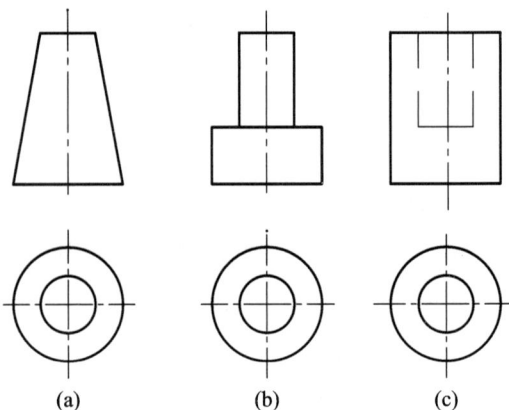

图3.52 两面投影图确定形体

相同，但侧面投影不同，它们所表示的物体各不相同。

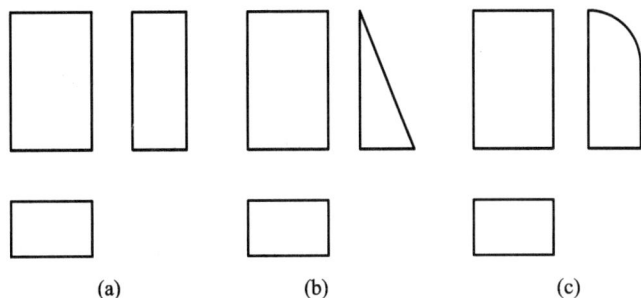

图 3.53　三面投影图确定形体

(2) 掌握投影图上每条图线、线框的含义。

视图是由图线和图线围成的封闭线框所组成的。读图就是研究这些图线和线框表示的是哪些空间几何元素的投影，进而构思想象出视图所表达的形体形状。

① 投影图中的一条线可能代表面和面交线的投影、曲面体轮廓素线的投影、平面或曲面的积聚性投影，如图 3.54 所示。

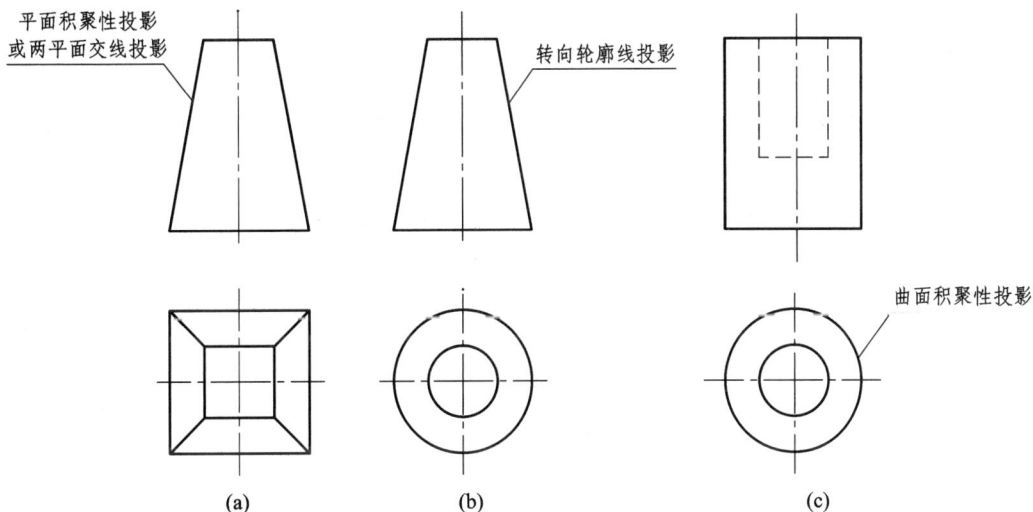

图 3.54　投影图中图线的含义

② 投影图中的一个封闭线框可能代表形体上一个表面(平面、曲面或平面与曲面的组合)的投影，也可能代表形体上孔、洞、槽所形成的投影，如图 3.55 所示。

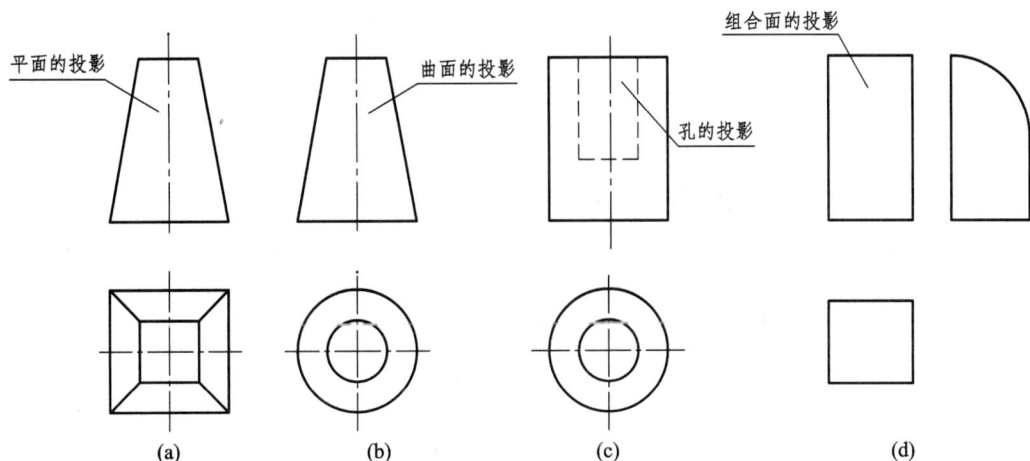

图 3.55　投影图中线框的含义

【例3.5】　试读图3.56(a)所示的组合体投影图，想象其立体形状。

(1) 形体分析。将三个投影图联系起来共同分析可知，已知的组合体左右对称，可将其想象成是由四个基本形体组成的，左右两边各是一个棱柱，中间为两个叠放在一起的大小不同的长方体。

(2) 线面分析。分析侧面投影中的斜线，并对照其水平投影和正面投影，可以看出组合体左右两侧的棱柱是两个长方体分别被切去一个三棱柱所形成，如图3.56(b)所示。

(3) 综合以上的分析结果，可得到组合体的立体图，如图3.56(c)所示。

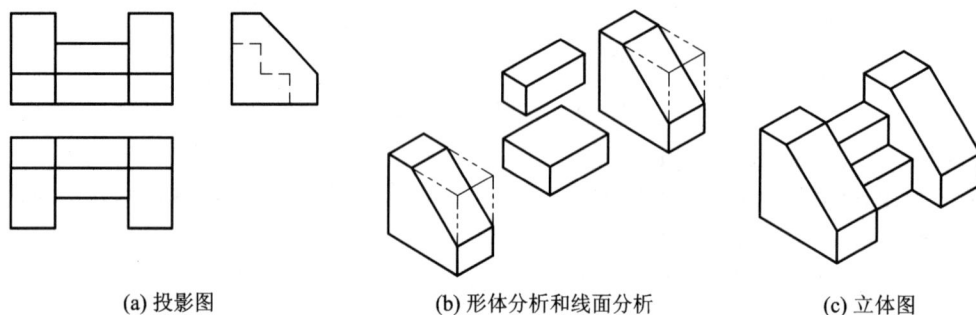

(a) 投影图　　　　　　(b) 形体分析和线面分析　　　　　　(c) 立体图

图 3.56　读组合体的投影图

【例3.6】　如图3.57(a)所示，已知切割式组合体的两面投影，想象其立体形状，补画第三面投影。

(1) 线面分析。如图3.57(b)所示，由已知的两面投影可知，该切割式组合体的表面包括 1′、2′、3′ 三个水平面，均为大小和位置已知的矩形；两个正平面 5′、6′ 均为大小和位置已知的梯形；一个正垂面 4′，其水平投影的形状应与侧面投影的形状类似。

(2) 想象该组合体的立体形状，如图3.57(c)所示。

(3) 综合上述分析结果，补画水平投影，如图3.57(d)所示。

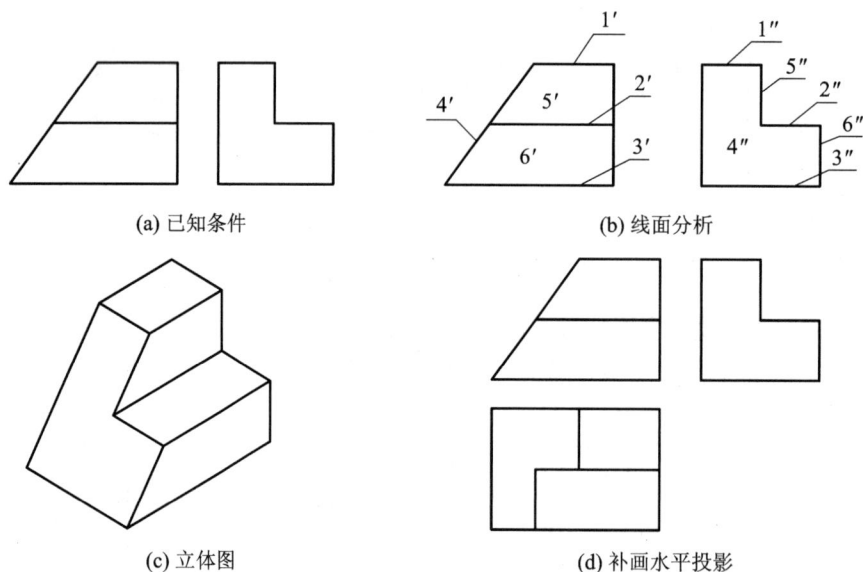

(a) 已知条件　　　　　　　　　(b) 线面分析

(c) 立体图　　　　　　　　　(d) 补画水平投影

图 3.57　读组合体的投影图

第4章　轴测图

4.1　轴测图概述

一、轴测图的概念和形成

图 4.1(a)、(b)所示分别为物体的正投影图和轴测图。正投影图能确定物体的形状和大小，且作图方便，度量性好，但它缺乏立体感，直观性较差。轴测图则形象逼真，富有立体感，但轴测图一般不能反映物体各表面的实际形状，且度量性较差，同时作图较复杂。在工程上常把轴测图作为辅助图样，来说明建筑形体的大致结构与形状。

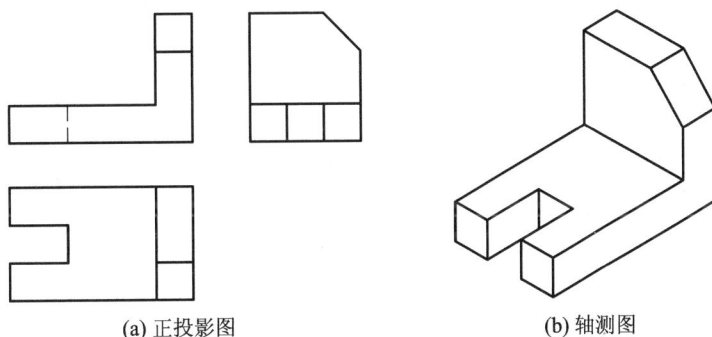

(a) 正投影图　　　　　　　　　　　(b) 轴测图

图 4.1　形体正投影图和轴测图比较

将物体和确定其空间位置的直角坐标系，沿不平行于任一坐标面的方向，用平行投影法将其投射在单一投影面上所得的具有立体感的图形称为轴测投影图，简称轴测图，如图 4.2 所示。

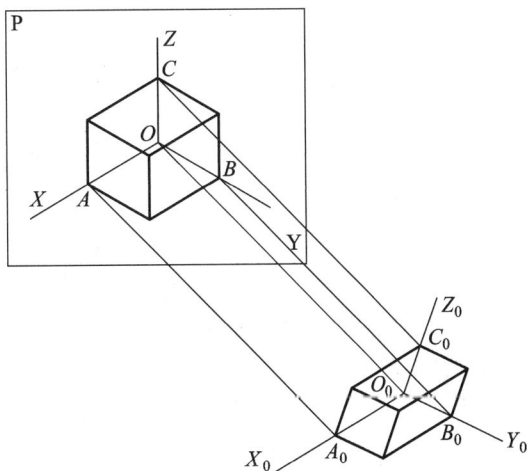

图 4.2　轴测投影图的形成

该单一投影面 P 称为轴测投影面。

建立在物体上的直角坐标轴 O_0X_0、O_0Y_0、O_0Z_0 在轴测投影面上的投影 OX、OY、OZ 称为轴测投影轴，简称轴测轴。

三条轴测轴的交点 O 称为原点。

二、轴间角和轴向伸缩系数

轴间角和轴向伸缩系数是画轴测图的两个主要参数。

1. 轴间角

在轴测投影中，两根轴测轴之间的夹角称为轴间角，如图 4.2 中的 $\angle XOY$、$\angle XOZ$、$\angle YOZ$。

2. 轴向伸缩系统

在轴测投影图中，各轴测轴上的线段长度与相应坐标轴上的线段长度(物体实际长度)之比称为轴向伸缩系数。X、Y、Z 轴上的轴向伸缩系数分别用 p、q、r 表示，即 X 轴的轴向伸缩系数：

$$p = \frac{OA}{O_0A_0}$$

Y 轴的轴向伸缩系数：

$$q = \frac{OB}{O_0B_0}$$

Z 轴的轴向伸缩系数：

$$r = \frac{OC}{O_0C_0}$$

三、轴测图分类

根据投射方向与轴测投影面的相对位置，轴测图分为两类：

正轴测图。投射方向垂直于轴测投影面形成的轴测图，如图 4.2 所示。

斜轴测图。投射方向倾斜于轴测投影面形成的轴测图，如图 4.3 所示。

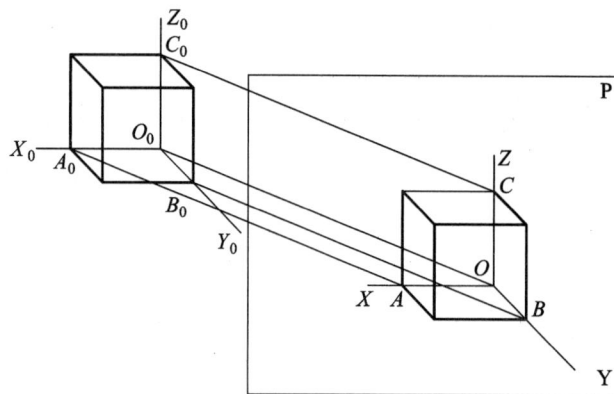

图 4.3　斜轴测图

根据三个轴向伸缩系数是否相等，正轴测图和斜轴测图还可以进一步分为下面三种：

(1) 正(斜)等轴测图，三个轴向伸缩系统都相等，即 $p = q = r$。

(2) 正(斜)二等轴测图，任意两个轴向伸缩系数相等，即 $p = q \neq r$ 或 $p = r \neq q$ 或 $q = r \neq p$。

(3) 正(斜)三轴测图，三个轴向伸缩系数都不相等，即 $p \neq q \neq r$。

在工程中，常用的轴测图是正等轴测图和斜二等轴测图，如图 4.4 所示。

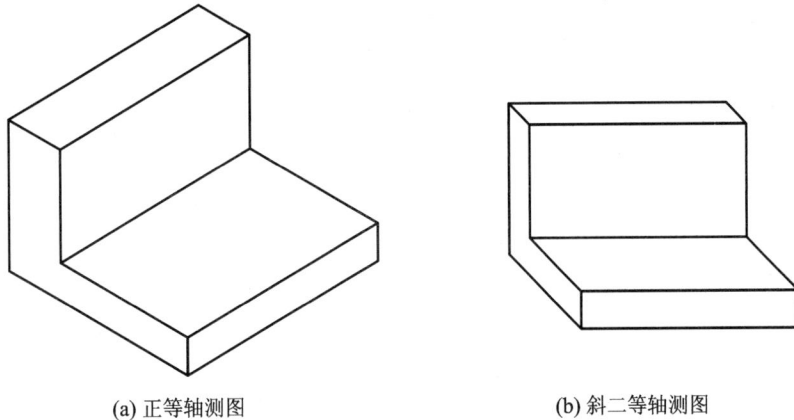

(a) 正等轴测图　　　　　　　　　(b) 斜二等轴测图

图 4.4　工程中常用的轴测图

四、轴测图的投影特性

轴测图具有平行投影的全部性质，其中两项具有特殊意义：

(1) 物体上互相平行的两线段，其轴测投影也平行。

(2) 物体上平行于某坐标轴的线段，其轴测投影的长度为该坐标轴的伸缩系数与该线段长度的乘积。

所以，凡是与坐标轴平行的线段，就可以在轴测图上沿轴测轴方向进行度量和作图。

4.2　正 等 轴 测 图

一、正等轴测图的形成

改变物体和投影面的相对位置，使物体的正面、顶面和侧面与投影面都处于倾斜位置，用正投影法作出物体的投影，即物体斜放用正投影法形成的轴测图即正轴测图。若物体的正面、顶面、侧面与投影面的倾角都相等，则形成的正轴测图为正等轴测图，简称正等测，如图 4.4(a)所示。

二、正等轴测图的投影特性

1. 轴向伸缩系数

正等轴测图三个轴的轴向伸缩系数为

$$p = q = r = 0.82$$

为了作图方便，通常采用简化轴向伸缩系数，即

$$p = q = r = 1$$

2. 轴间角

如图 4.5 所示，正等轴测图的轴间角为

$$\angle XOY = \angle XOZ = \angle YOZ = 120°$$

总之，采用简化的轴向伸缩系统作图时，凡平行于轴测轴的线段，可直接按物体上的相应线段的实际长度量取，不必换算，如图 4.5 所示。

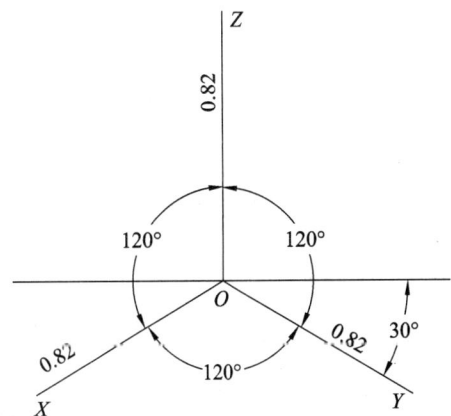

图 4.5　正等轴测图的轴向伸缩系数和轴间角

三、正等轴测图的画法

画平面体轴测图的基本方法是坐标法，即按坐标关系画出物体上各个顶点或线段端点的轴测投影，然后连成物体的轴测投影图。但在实际作图中，还应根据物体的形状特点的不同而灵活采用其它不同的作图方法，如切割法、叠加法。

1．坐标法

正等轴测图的基本作图方法是坐标法。

作图时，先确定物体上的空间直角坐标系，画出轴测轴；再按立体表面上各顶点或线段的端点坐标，画出其轴测投影，然后分别连线，完成轴测投影图。

【例4.1】 已知正六棱柱的正面投影和水平投影，画出其正等轴测图。

作图步骤：

(1) 正六棱柱的前后、左右对称，将坐标原点 O_0 定在顶面六边形的中心，以六边形的中心线为 X_0 轴和 Y_0 轴，垂直方向为 Z_0 轴。这样便于直接作出顶面六边形各顶点的坐标，从顶面开始作图，如图4.6(a)所示。

(2) 画出轴测轴 X 轴、Y 轴和 Z 轴，如图4.6(b)所示。

(3) 由于 a_0 和 d_0 在 X_0 轴上，可直接量取并在轴测轴上作出 a、d；根据顶点 b_0 的坐标值 x_b 和 y_b，作出其轴测投影 b；作出 b 点与 X 轴、Y 轴对应的对称点 c、e、f，如图4.6(b)所示。

(4) 连接 a、b、c、d、e、f，即为六棱柱顶面六边形的轴测图，如图4.6(c)所示。

(5) 由顶点 a、b、c、f 向下画出高度为 h 的可见轮廓线，得底面各顶点，如图4.6(d)所示。

(6) 连接底面各点，擦去作图辅助线，描深，完成正六棱柱正等轴测图，如图4.6(e)所示。

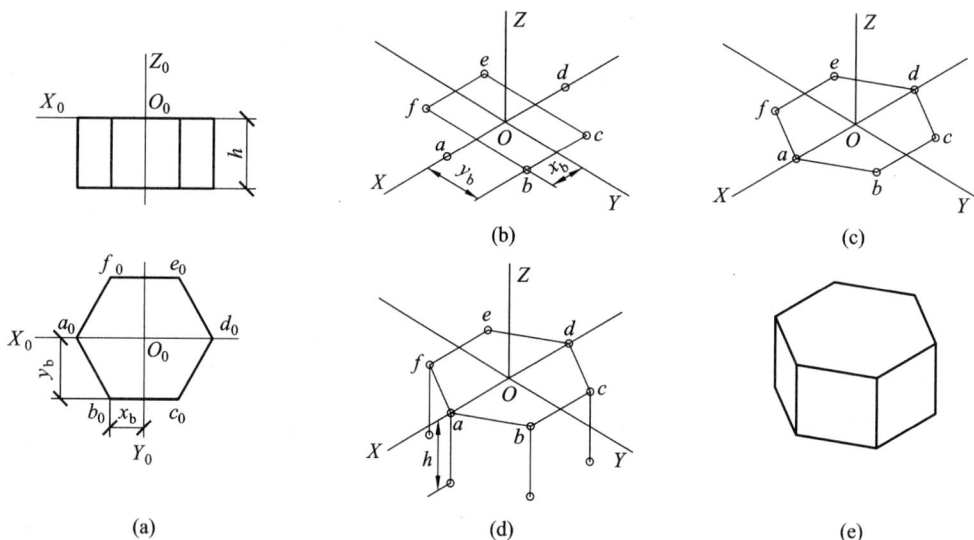

图4.6 正六棱柱的正等轴测图的画法

由作图可知，因轴测图只要求画可见轮廓线，不可见轮廓线一般不要求画出，所以常将坐标原点取在形体顶面上，直接画出可见轮廓，使作图简化。

2．叠加法

叠加法是通过形体分析，将叠加式的组合体分解成多个基本形体，再依次按其相对位置逐个画出，最后完成组合体轴测图的方法。

【例4.2】 已知四坡顶的房屋模型三面投影图，画出其正等轴测图。

分析：读懂三视图，想象房屋模型的形状，由图4.7(a)看出：这个房屋模型是由屋檐下的四个墙面形成的长方体和四坡屋面的屋顶组合而成的。因此，可用叠加法画其轴测图。

作图步骤:

(1) 选定坐标轴,如图 4.7(a)所示。

(2) 画出轴测轴,如图 4.7(b)所示。

(3) 根据尺寸 x_1、y_1、z_1 画出房屋下部长方体,如图 4.7(b)所示。

(4) 四坡屋面的屋顶是左右、前后对称的。可先用尺寸 y_1 的一半和 x_2 作出屋脊线两个端点在长方体顶面上的投影。然后,用尺寸 z_2 作出两个端点,连出屋脊线。最后,分别再与长方体顶面的四个顶点连成四坡屋面的屋顶。至此完成了四坡屋面的正等轴测图,如图 4.7(c)所示。

(5) 擦去作图辅助线,描深,完成房屋模型的正等轴测图,如图 4.7(d)所示。

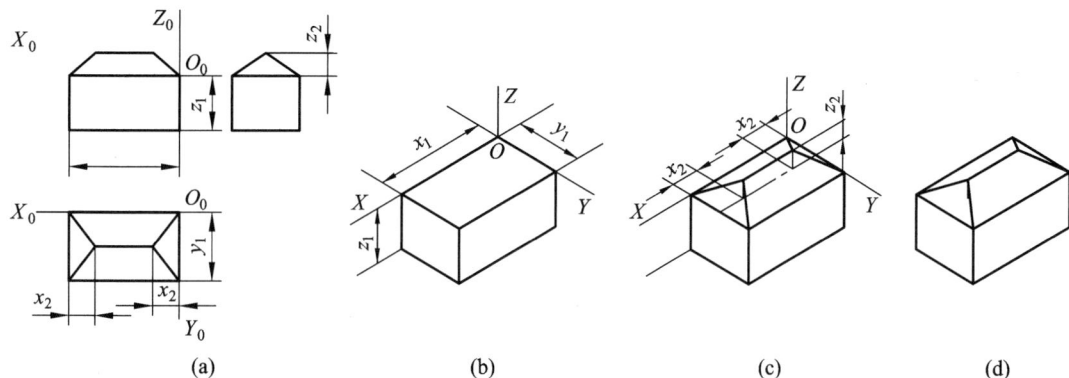

图 4.7 四坡顶房屋模型的正等轴测图的画法

3. 切割法

切割法适合于画由基本形体经过切割而得到的形体,它以坐标法为基础,先画出基本形体的轴测投影,然后把应该去掉的部分切去,从而得到所需的轴测图。

【例 4.3】 已知某切割体的三面投影图,画出其正等轴测图。

作图步骤:

(1) 确定坐标轴和原点 O_0,经形体分析,将坐标原点定在切割体右、下、后方,如图 4.8(a)所示。

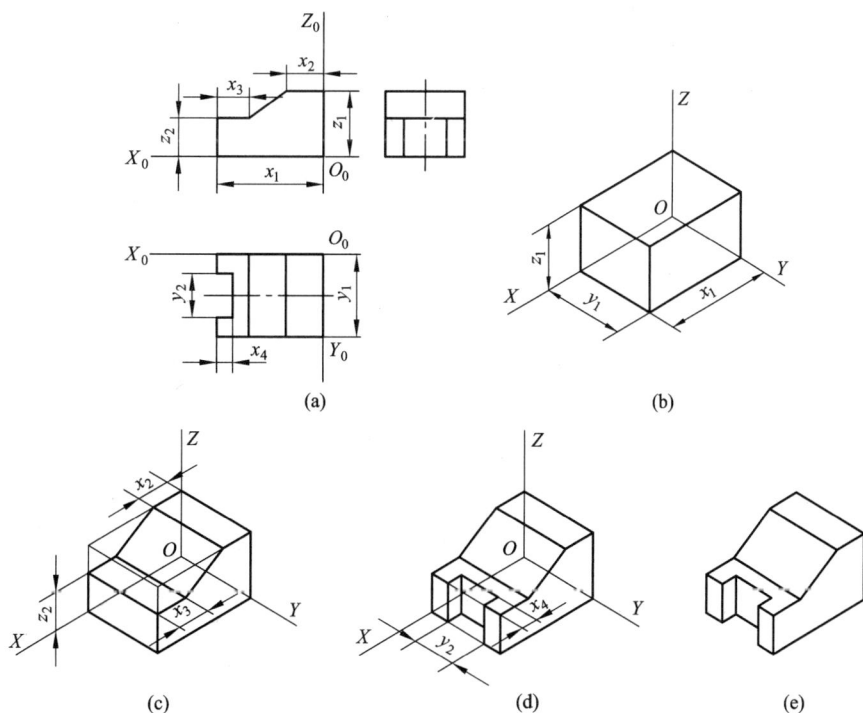

图 4.8 切割体的正等轴测图的画法

(2) 画出轴测轴，如图 4.8(b)所示。

(3) 根据尺寸 x_1、y_1、z_1，画出未切割前的长方体轴测图，如图 4.8(b)所示。

(4) 根据尺寸 x_2、x_3、z_2，画出切去左上角后的形体轴测图，如图 4.8(c)所示。

(5) 根据尺寸 x_4、y_2，画出切去凹槽后的形体轴测图，如图 4.8(d)所示。

(6) 擦去作图辅助线，描深，完成切割体的正等轴测图，如图 4.8(e)所示。

四、平行于坐标面的圆的正等轴测图画法

根据正投影原理，当圆所在平面平行于投影面时，其投影仍为圆，而当圆所在平面倾斜于投影面时，它的投影为椭圆。在轴测投影中，除了斜二等轴测投影中有一个面不发生变形外，一般情况下圆的轴测投影是椭圆。

1. 椭圆长、短轴的方向

当圆平行于不同的坐标面时，其轴测投影椭圆的长短轴方向也不同，如图 4.9 所示。

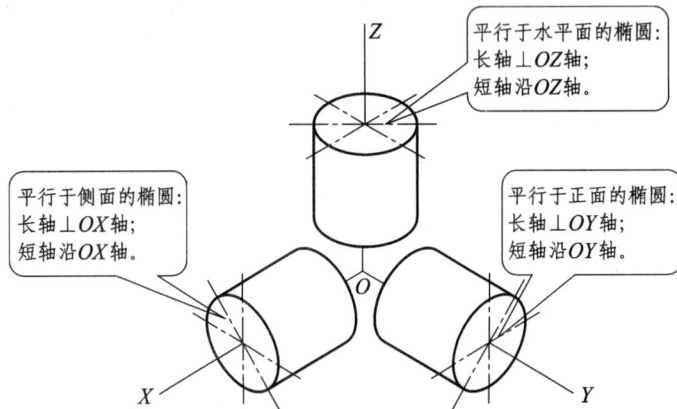

图 4.9　平行于坐标面的圆的正等轴测图

2. 圆的正等轴测投影——椭圆的画法

【例 4.4】　圆柱的轴测投影图画法。

分析：直立圆柱体的轴线垂直于水平面，顶面与底面是两个与水平面平行且大小相同的圆，在轴测图中均为椭圆。

作图步骤：

(1) 确定坐标轴和原点，将坐标轴原点定在圆柱顶面上，如图 4.10(a)所示。

(2) 作圆柱顶面的外切正方形，得切点 a_0、b_0、c_0、d_0，如图 4.10(a)所示。

(3) 作轴测轴，如图 4.10(b)所示。

(4) 由 a_0、b_0、c_0、d_0 画出其轴测投影 a、b、c、d，并过这四个点分别作 X、Y 轴测轴的平行线，得外切正方形的轴测菱形，如图 4.10(b)所示。

(5) 过菱形顶点 O_1、O_2，连接 O_1d 和 O_2a 得交点 O_3，连接 O_1c 和 O_2b 得交点 O_4，则 O_1、O_2、O_3、O_4 各点即为作近似椭圆四段圆弧的圆心，如图 4.10(c)所示。

(6) 以 O_1 为圆心，O_1c 为半径作圆弧 cd，以 O_2 为圆心，O_2a 为半径作圆弧 ab，以 O_3 为圆心，O_3d 为半径作圆弧 da，以 O_4 为圆心，O_4b 为半径作圆弧 bc，这四段圆弧即组成了圆柱顶面的轴测椭圆，如图 4.10(d)所示。

以上画椭圆的方法称为四心近似法。

(7) 将该椭圆的四个圆心沿 Z 轴向下平移圆柱高度的距离，确定底面椭圆的四个圆心，作出底面椭圆，如图 4.10(d)所示。

(8) 作两个椭圆的垂直公切线，将不可见的轮廓线及作图辅助线擦除，并加深轮廓线，即可得圆柱

体的正等轴测图，如图 4.10(e)所示。

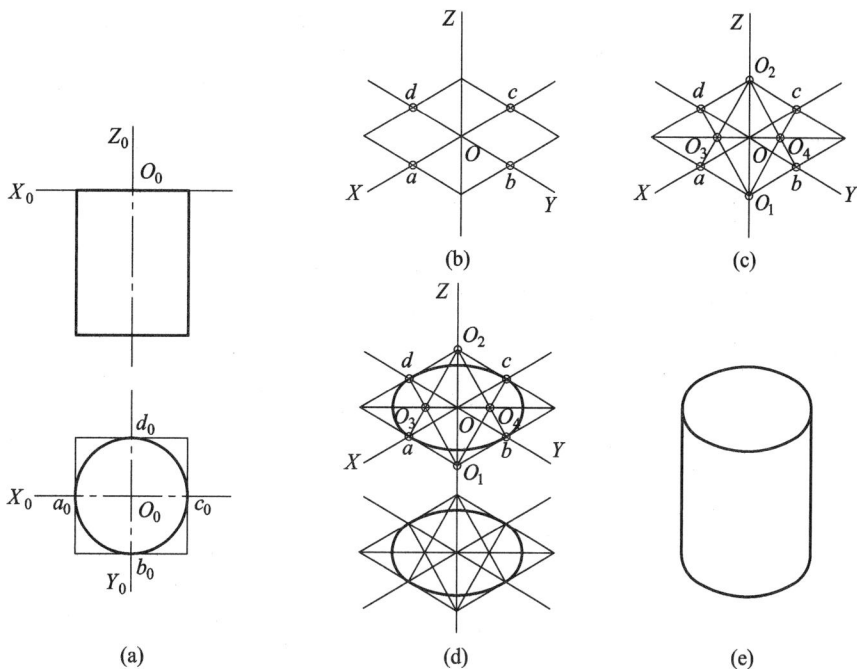

图 4.10　圆柱体正等轴测图的画法

3. 圆角的画法

【例 4.5】　圆角平板的轴测投影图画法。

分析：平行于坐标面的圆角是圆的一部分。特别是常见的四分之一圆周的圆角，其正等轴测图恰好是近似椭圆的四段圆弧中的一段。

作图步骤：

(1) 确定坐标轴和原点，将坐标轴原点定在圆角平板的顶面右、后角上，并作出圆角切点 a_0、b_0、c_0、d_0，如图 4.11(a)所示。

(2) 作出轴测轴，如图 4.11(b)所示。

(3) 作出不带圆角平板的轴测投影图，并根据圆角的半径 R，在平板上顶面相应的菱线上作出切点 a、b、c、d，如图 4.11(b)所示。

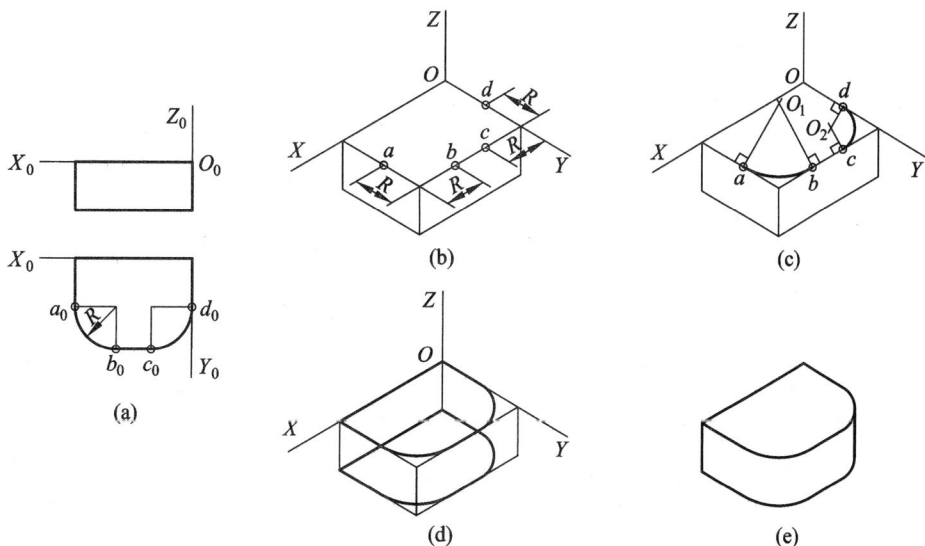

图 4.11　圆角板正等轴测图的画法

(4) 过切点 a、b 分别作相应菱线的垂线，得交点 o_1；同样，过 c、d 分别作相应菱线的垂线，得交点 o_2。以 o_1 为圆心，o_1a 为半径作圆弧 ab；以 o_2 为圆心，o_2c 为半径作圆弧 cd，即得平板顶面两圆角的轴测投影图，如图 4.11(c)所示。

(5) 作出平板顶面上相应直线段的轴测投影，即完成圆角平板顶面的轴测图。将圆心 o_1、o_2 下移平板的厚度，再用与顶面圆弧相同的半径分别作两圆弧，并作出有关直线段，即完成圆角平板底面的轴测图，如图 4.11(d)所示。

(6) 在平板右端作上、下两个小圆弧的公切线，将不可见的轮廓线及作图辅助线擦除，并加深轮廓线，即可得圆角平板的正等轴测图，如图 4.11(e)所示。

4.3 正面斜二等轴测图

一、正面斜二等轴测图的形成

不改变物体与投影面的相对位置，改变投射线的方向，使投射线与投影面倾斜，用斜投影法作出物体的投影，即物体正放，用斜投影法形成的轴测图称为斜轴测图。为作图方便，通常轴测投影面平行于 $X_0O_0Z_0$ 坐标面，即正面，则形成正面斜二等轴测图，如图 4.3 所示。

二、正面斜二等轴测图的投影特性

1. 轴向伸缩系数

正面斜二等轴测图 X 轴、Z 轴方向的轴向伸缩系数为
$$p = r = 1$$
正面斜二等轴测图 Y 轴方向的轴向伸缩系数为
$$q = 0.5$$

2. 轴间角

如图 4.12 所示，正面斜二等轴测图的轴间角为
$$\angle XOZ = 90°，\angle XOY = \angle YOZ = 135°$$

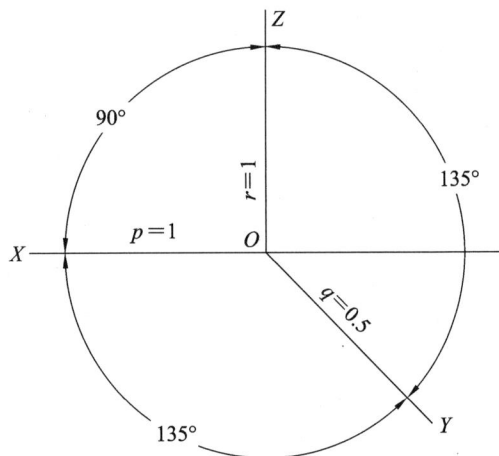

图 4.12　斜二等轴测图的轴向伸缩系数与轴间角

三、正面斜二等轴测图的画法

在正面斜二等轴测图中，物体上平行于 XOZ 坐标面(即正面)的直线和平面图形，都反映实长和实形。例如，平行于坐标面 XOZ 圆的正面斜二等轴测图仍为大小相同的圆，平行于坐标面 XOY 和 YOZ 的圆的正面斜二等轴测图是椭圆。

所以，当物体上有较多的圆和曲线平行于坐标面 XOZ 时，采用正面斜二等轴测图作图比较方便。

说明：当物体两个面上有圆时，一般不用正面斜二等轴测图，而采用正等轴测图。

【例 4.6】 已知支架的两面投影图，画出其斜二等轴测图。

作图步骤：

(1) 确定坐标轴和原点。将坐标原点定在支架前表面圆心上，如图 4.13(a)所示。

(2) 画轴测轴，如图 4.13(b)所示。

(3) 以 O 为圆心，OZ 为对称线按实际尺寸画出支架的正面投影，即支架前表面的轴测图，如图 4.13(c)所示。

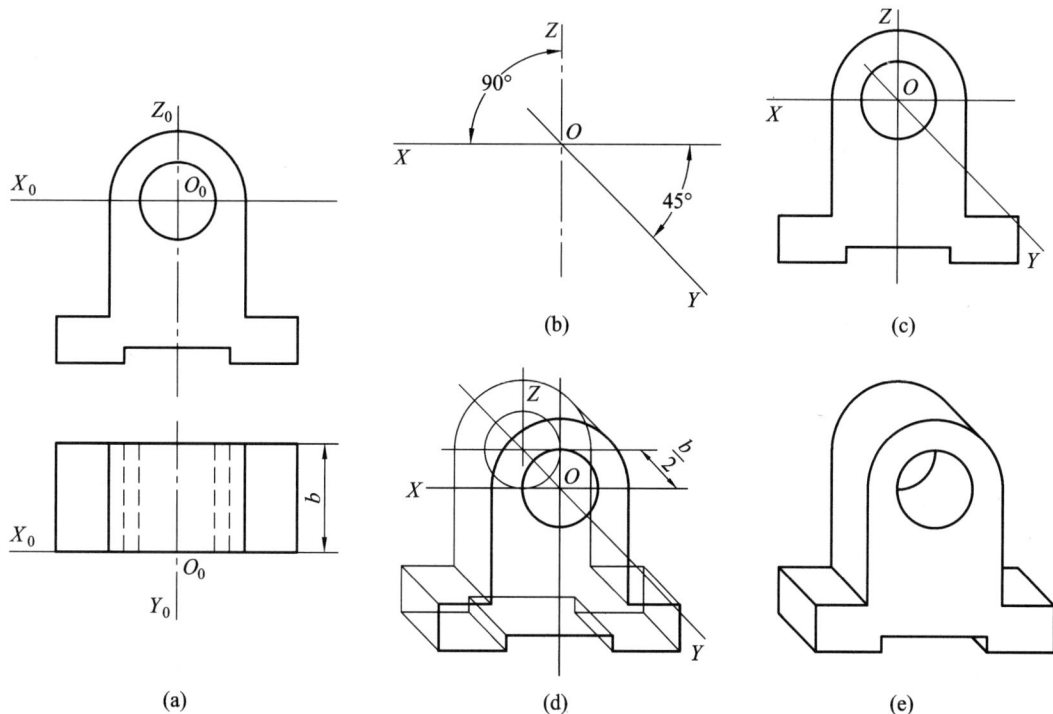

图 4.13　支架斜二等轴测图的画法

(4) 在 OY 轴上，自 O 点量取支架宽度尺寸 b 的一半处取一点作为圆心，再重复上一步的做法，作出支架后表面的轴测图，并画出上部圆的公切线以及与 OY 轴平行的轮廓线，如图 4.13(d)所示。

(5) 将不可见的轮廓线及作图辅助线擦除，并加深轮廓线，即可得支架的斜二等轴测图，如图 4.13(e)所示。

说明：在正面斜二等轴测图中，轴测轴 OX、OZ 分别为水平线和垂直线，OY 轴根据投射方向确定，可由右向左投射，也可由左向右投射，以能较清楚地显示物体形状来选择投射方向。如图 4.14 所示的台阶，如果选择由右向左投射，台阶的有些表面被遮或显示不清楚，而选择由左向右投射，台阶的每个表面都能表达清楚。

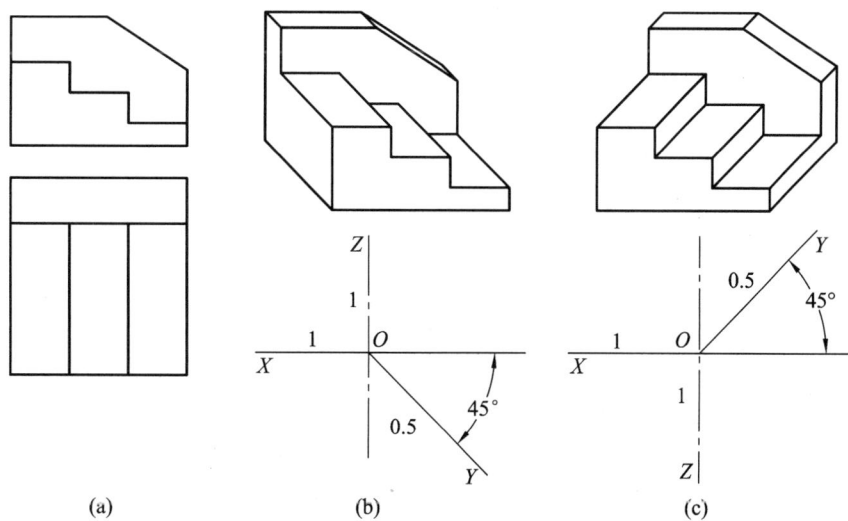

图 4.14　台阶的斜二等轴测图

第5章 建筑形体的表达方法

5.1 视 图

一、六面基本视图

将物体按正投影法向投影面投射所得到的投影称为视图。

对于形状简单的形体，一般用三个视图就可以表达清楚。但房屋建筑形体比较复杂，各个方向的外形变化很大，采用三个视图难以表达清楚，需要四个、五个甚至六个视图才能完整表达其形状结构。

前面已经学习了形体的三面正投影，是从形体的正上方、正前方、正左方分别向 H、V、W 三个投影面进行投影。而对于一个物体来说可有上、下、前、后、左、右六个基本投射方向，相应的有六个基本投影面，即在原有的 H、V、W 三个投影面基础上再增加 H_1、V_1、W_1 三个新投影，这样就有了六个基本投影面分别垂直于六个基本投射方向，形成一个六投影面体系，如图 5.1 所示。

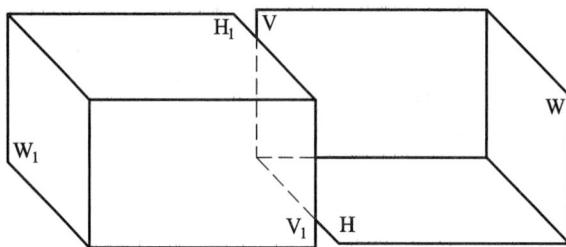

图 5.1 六投影面体系

相应的，将物体向六投影面体系进行正投影所得到的六个投影图，称为形体的六面基本视图，如图 5.2 所示。

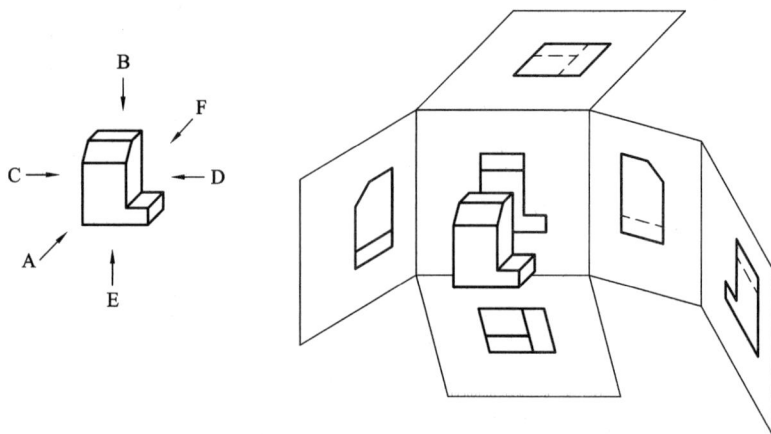

图 5.2 形体的六面基本视图

将形体向六个基本投影面进行投射，可得到六个基本视图，即主视图、俯视图、左视图、右视图、仰视图、后视图。

(1) 主视图。由前向后进行投影(从 A 方向进行投射)所得的视图。

(2) 俯视图。由上向下进行投影(从 B 方向进行投射)所得的视图。

(3) 左视图。由左向右进行投影(从 C 方向进行投射)所得的视图。

(4) 右视图。由右向左进行投影(从 D 方向进行投射)所得的视图。

(5) 仰视图。由下向上进行投影(从 E 方向进行投射)所得的视图。

(6) 后视图。由后向前进行投影(从 F 方向进行投射)所得的视图。

将六个视图都展开在 V 面所在的平面上，便得到六个基本视图的排列位置，如图 5.3 所示。

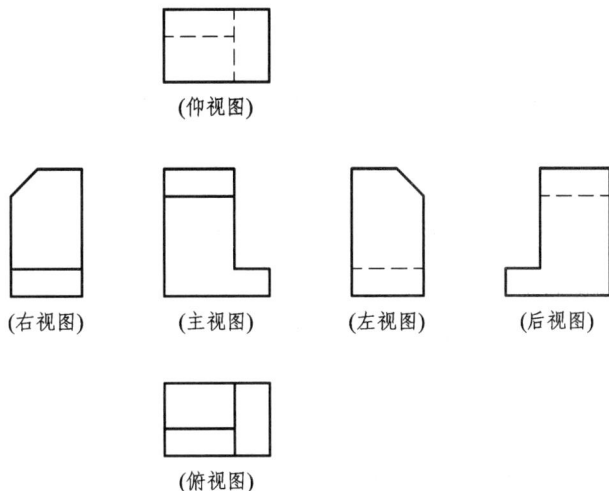

图 5.3　六面基本视图

同三面视图一样，六个基本视图之间仍然保持着内在的投影联系，即"长对正，高平齐，宽相等"的三等规律。即主视图、俯视图、仰视图、后视图四个基本视图等长；主视图、左视图、右视图、后视图四个基本视图等高；俯视图、仰视图、左视图、右视图四个基本视图等宽。

在建筑图样中六个基本视图称为正立面图、平面图、左侧立面图(简称左立面图)、背立面图、底面图、右侧立面图(简称右立面图)，如图 5.4 所示。

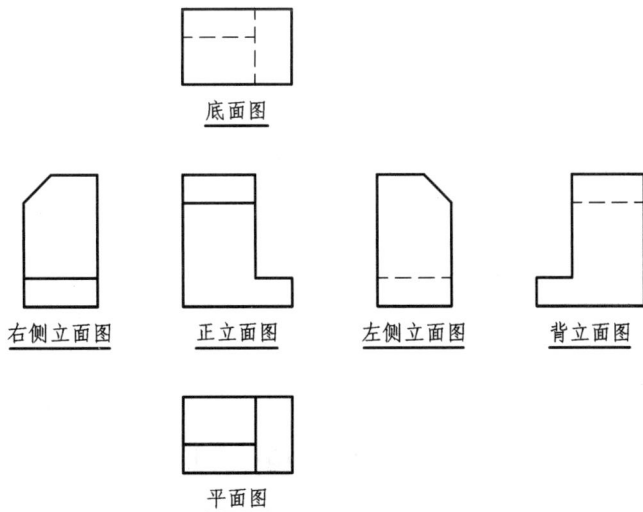

图 5.4　建筑物的六面基本视图

二、视图配置

通常把反映物体信息量最多的那个立面作为物体的正立面，同时应在物体处于工作位置、加工位置或安装位置的情况下选定正立面，并按正投影法画出物体的正立面图，再根据实际需要画出物体其它的视图。在完整、清晰表达物体形状的前提下，应使物体的视图数量越少越好，尽量减少虚线的使用，并避免不必要的重复表达。

在表达建筑物的形体时，一般应优先考虑选用正立面图、平面图、左立面图三个基本视图，然后再考虑使用其它基本视图。

在实际工作中，当在同一张图纸上绘制同一个物体的六个基本视图时，按图 5.4 所示的位置配置视图时，则可不标注各视图的名称；但为了合理地利用图纸，可根据需要重新配置视图的位置。但一般情况下，不能改变正立面图、平面图和左立面图的相对位置。

重新布置视图时每个视图一般应标注图名。图名宜注在视图的下方或一侧，并在图名下用粗实线绘一条横线，其长度应以图名所占长度为准，如图 5.5 所示。

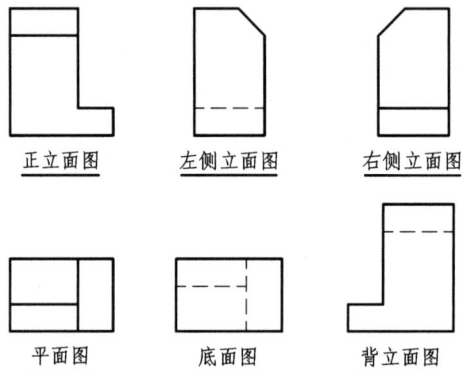

图 5.5 建筑物六面基本视图的非顺序布置

虽然形体可以用六个基本视图来表达，但实际上要画哪几个视图应视具体情况而定。图 5.6 为某一栋房屋的视图表达方案。

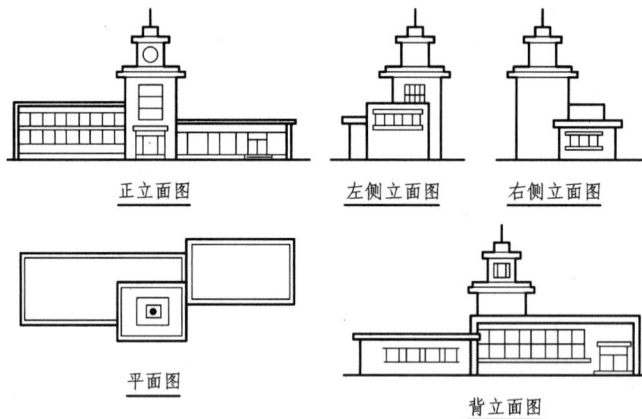

图 5.6 某建筑物的视图表达方法

5.2 剖 面 图

在绘制和识读建筑形体的视图时，由于建筑物的内外形状都比较复杂，视图中往往有较多虚线，会给读图、绘图和标注尺寸都带来不便。剖面图的表达方法可直接表达形体内部的形状。

一、剖面图的概念和形成

为了清晰地表达物体的内部结构形状，假想用一个剖切平面在形体的适当位置将其剖开，移去剖切平面与观察者之间的部分形体，把原来不可见的内部结构变为可见，最后将剩余的部分投影到投影面上，这样得到的投影图称为剖面图，如图 5.7 所示。

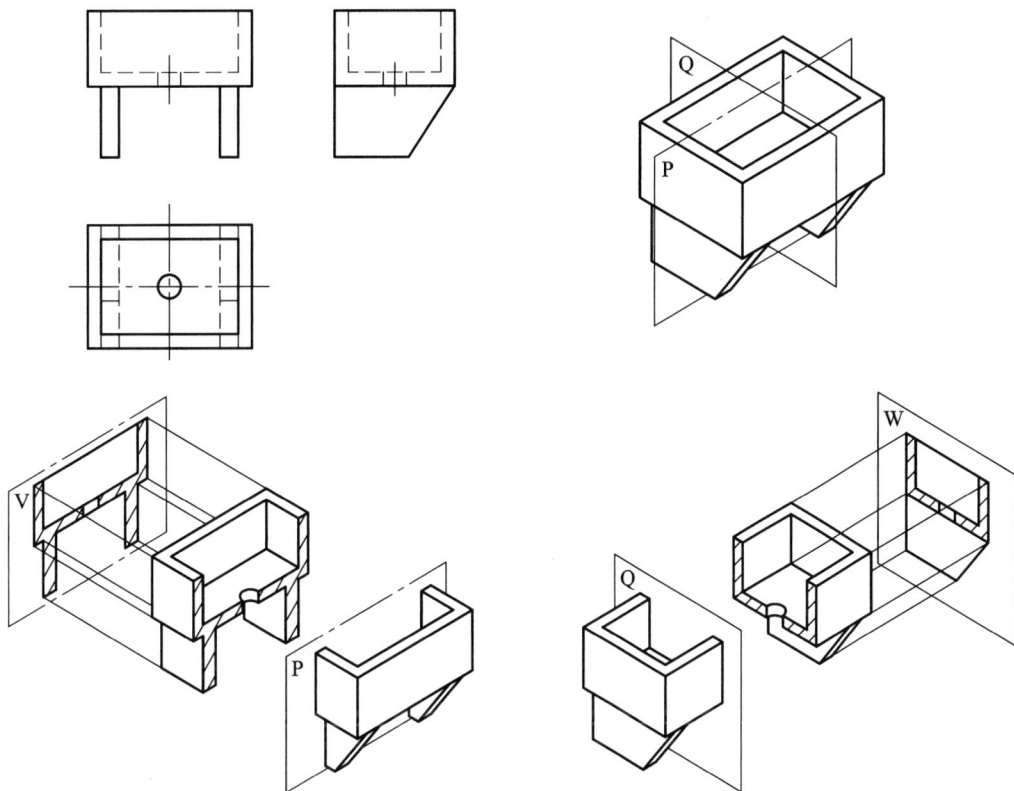

图 5.7 剖面图的形成

二、剖面图的画法

1. 剖面图的标注

剖面图本身不能反映剖切平面的位置，所以应在其它视图上标注出剖切符号。剖切面的标注由剖切符号及编号组成，如图 5.8 所示。

1) 剖切符号

剖切符号包括剖切位置线和投射方向线。剖切位置线表示剖切平面的位置，用粗实线表示，长度约 6～10 mm。投射方向线应垂直于剖切位置线，也画粗实线，长度约 4～6 mm。剖切符号不应于图面上的其它图线相接触。

2) 剖切符号的编号

剖切符号的编号用阿拉伯数字表示，数字应写在投射方向线的端部，按顺序由左到右、从下到上连续编排，编号一律用数字水平书写。

剖切位置线需要转折时，为了避免其在转折处与其它图线发生混淆，应在转角处的外侧加注与该符号相同的编号。

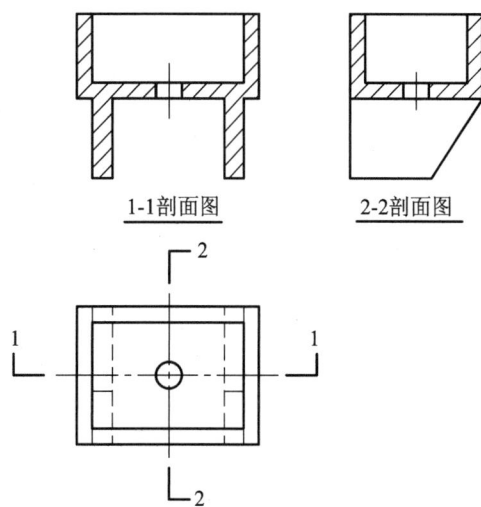

图 5.8 剖面图的画法

剖面图如与被剖切图样不在同一张图纸内，可在剖切位置线的另一侧注明其所在图纸的图纸号。

3) 剖面图名称

在剖面图下方，应书写与剖切符号编号对应的剖面图名称作为图名，剖面图名称为剖切符号的编号加上"剖面图"，并在图名下方画一等长的粗实线。

2. 剖面图的线型要求和剖面图图例

1) 剖面图的线型要求

剖面图除应画出剖切面剖切到部分的图形外，还应画出沿投射方向看到的部分。被剖切面切到的部分的轮廓线用粗实线表示，剖切面没有切到，但沿投射方向可以看到的部分，用中实线绘制，不可见的轮廓线在剖面图中一般不需要画出。

2) 材料图例

为了使绘制的剖面图清晰，在图中应区分剖切到的截面和看到的部分，所以画剖面图时，在剖切面剖切到的实体的截断面上应画出相应的材料图例。材料图例应符合国家标准的规定。常用的建筑材料图例如表 5.1 所示。当不指明材料种类时，可用同方向、等间距的 45°细实线(称为剖面线)来表示。剖面线的间距一般为 2～6 mm。绘图时，同一个组合体或建筑形体的各个剖面图中，剖面线的方向、间距应保持一致。

表 5.1　常用建筑材料图例

序号	名　　称	图　　例	备　　注
1	自然土壤		包括各种自然土壤
2	夯实土壤	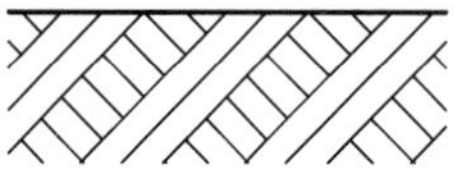	
3	砂、灰土		
4	毛石	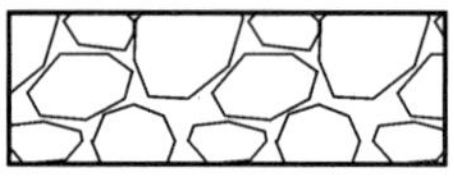	
5	普通砖	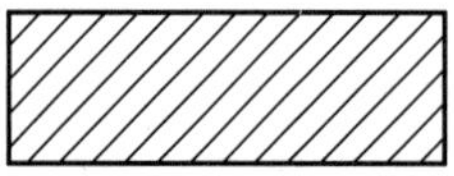	包括实心砖、多孔砖、砌块等砌体。断面较窄不易画出图例线时，可涂红，并在图纸备注中加注说明，画出该材料图例
6	饰面砖	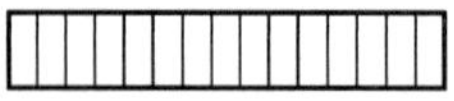	包括铺地砖、马赛克、陶瓷锦砖、人造大理石等
7	混凝土	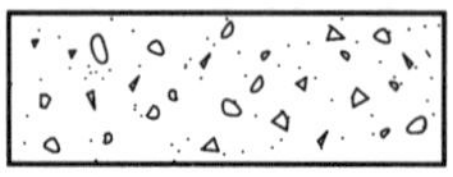	(1) 本图例指能承重的混凝土及钢筋混凝土； (2) 包括各种强度等级、骨料、添加剂的混凝土； (3) 在剖面图上画出钢筋时，不画图例线； (4) 断面图形小，不易画出图例线时，可涂黑
8	钢筋混凝土		

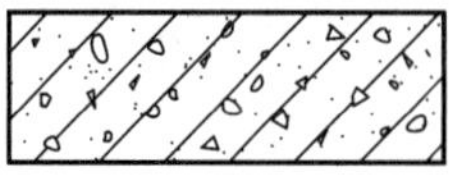

续表

序号	名　称	图　例	备　注
9	木材		(1) 上图为横断面，左上图为垫木、木砖或木龙骨； (2) 下图为纵断面
10	金属		(1) 包括各种金属； (2) 图形小时，可涂黑
11	玻璃		包括平板玻璃、磨砂玻璃、夹丝玻璃、钢化玻璃、中空玻璃、夹层玻璃、镀膜玻璃等
12	粉刷		本图例采用较稀的点

3. 剖面图的作图步骤

(1) 确定剖切方案。即确定剖切平面的位置和数量。首先，绘制剖面图时应选择适当的剖切位置，使剖切后画出的图形能确切、全面地反映所要表达部分的真实形状，一般剖切平面应平行于投影面，且通过形体的对称面或孔的轴线。其次，应根据形体的复杂程度确定需要画几个剖面图，一般较简单的形体可不画或少画几个剖面图，而较复杂的形体则应多画几个剖面图来反映其内部的复杂结构。

(2) 画出剖切符号和编号。剖切平面位置确定后，应在视图的相应位置上画出剖切符号并进行编号。

(3) 改画有关视图。先画出断面图形，再画出断面后的可见轮廓线。

(4) 画材料图例。在断面内画出材料图例或剖面线。

(5) 标出剖面图的名称。根据剖切的不同位置，在相应的剖面图的下方中间位置标注剖面图名称。

(6) 整理检查。擦去多余的图线，加粗有关图线，检查正确无误后完成作图。

三、剖面图的种类

1. 剖面图的种类及用途

1) 全剖面图

假想用一个平行投影面的剖切平面将形体全部剖开后画出的图形称为全剖面图，如图 5.9 所示。

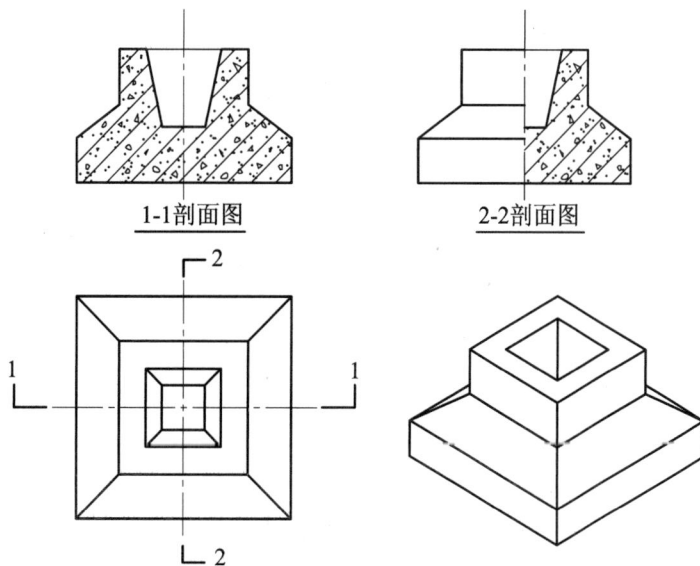

图 5.9　全剖面图和半剖面图

2) 半剖面图

当形体具有对称平面时，在垂直于该平面的投影面上投影所得到的图形，可以对称中心线为界，一半画成视图，以表达形体的外形，另一半画成剖面图，以表达形体的内部结构，这种由半个视图和半个剖面图组合而成的图形称为半剖面图，如图 5.9 所示。

在绘制半剖面图时，应注意以下几点：

(1) 半剖面图和半外形视图应以对称轴线作为分界线，对称轴线画成细点画线。

(2) 半剖面图一般应画在水平对称轴线的下侧或垂直对称轴线的右侧。

(3) 半剖面图一般不画剖切符号。

3) 局部剖面图

将形体局部地剖开所得到的图形称为局部剖面图。剖切处用波浪线分开，如图 5.10 所示。

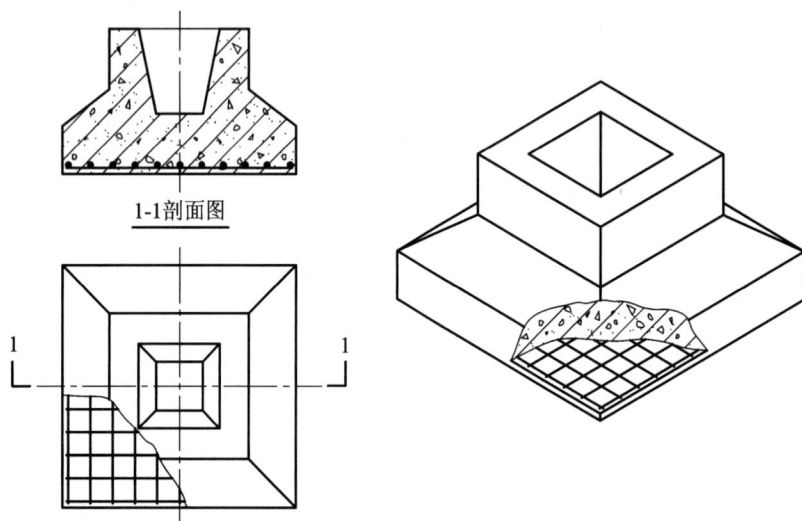

图 5.10　局部剖面图

对于建筑结构层的多层构造可用一组平行的剖切面按构造层次逐层局部剖切，所形成的局部剖面图称为分层局部剖面图。这种方法常用来表达房屋的地面、墙面、屋面等处的构造。画分层剖切的剖面图时，应按层次以波浪线将各层隔开，如图 5.11 所示。

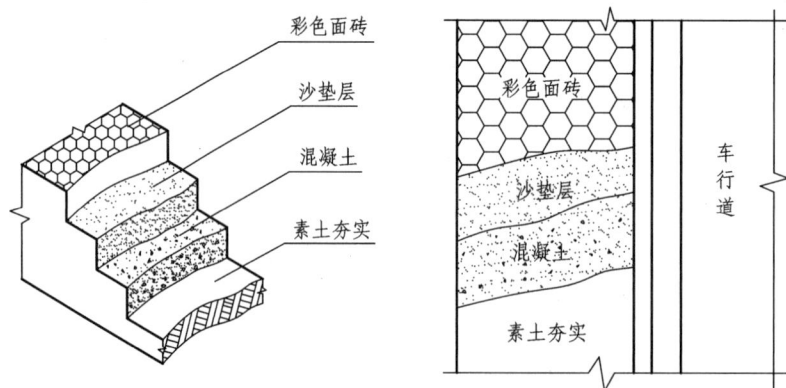

图 5.11　分层局部剖面图

绘制局部剖面图或分层剖切的局部剖面图，应注意以下几点：

(1) 画局部剖面图或分层局部剖面图时，不需要进行剖切面的标注，在局部剖切部分画出物体内部结构和断面材料图例，其余部分仍画外形视图。

(2) 外形与剖切部分以及几个剖切部分之间,是以波浪线为分界线的,波浪线不应与任何图线重合,也不应超出形体轮廓线之外。

2. 剖面图常用的剖切方法

1) 单一剖

每次只用一个剖切面剖切,但必要时可多次剖切同一个形体的剖切方法称为单一剖,所得到的剖面图称为单一剖面图,如图 5.12 所示。

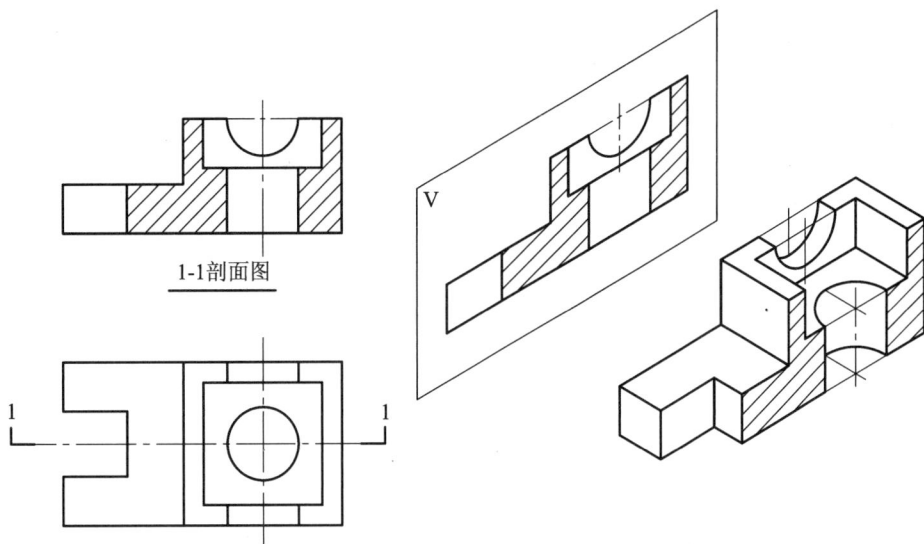

图 5.12　单一剖面图

2) 阶梯剖

用两个或两个以上平行的剖切平面剖切称为阶梯剖,所得到的剖面图称为阶梯剖面图,如图 5.13 所示。

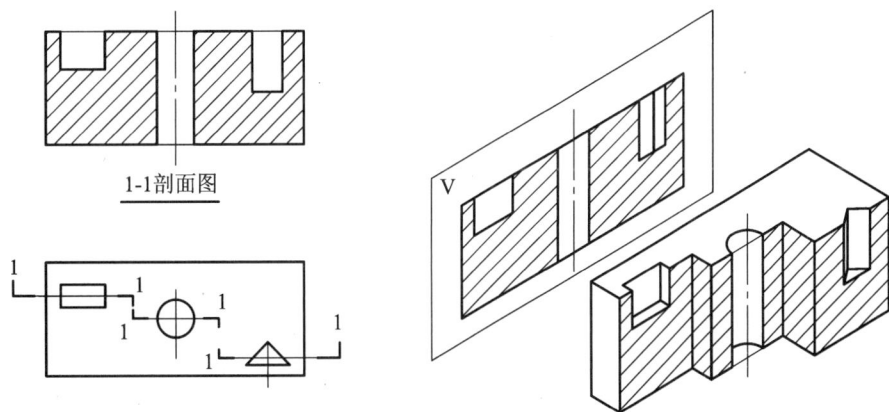

图 5.13　阶梯剖面图

绘制阶梯剖面图时,应注意以下几点:

(1) 剖切位置线的转折处用两个端部垂直相交的粗实线画出,并应在每个转角的外侧标注与剖面图剖切符号相同的编号。

(2) 剖切是假想的,在阶梯剖面的转折处,不画分界线。

3) 旋转剖

用两个或两个以上相交的剖切平面剖切,称为旋转剖,所得到的剖面图称为旋转剖面图或展开剖面图,如图 5.14 所示。

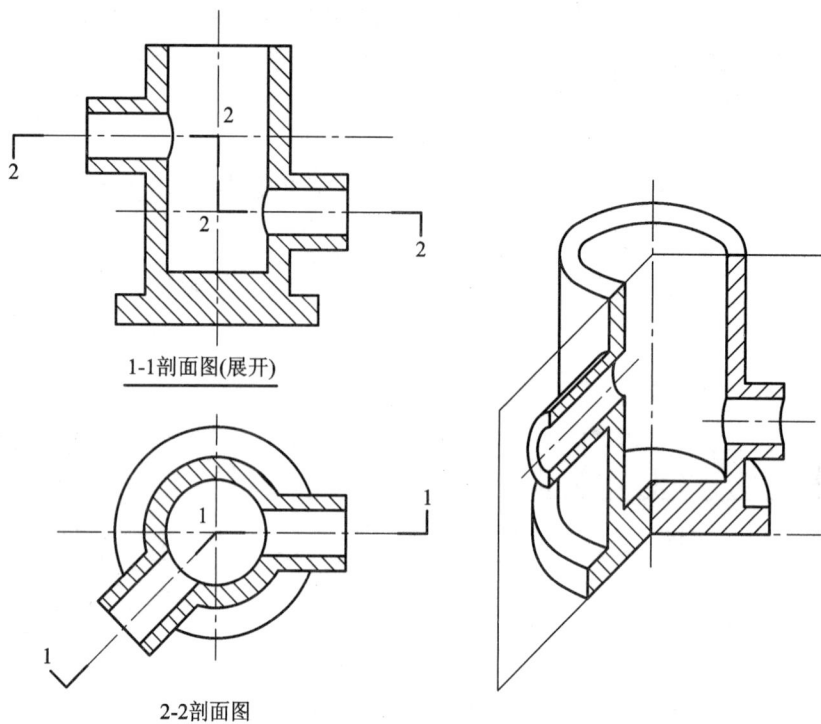

1-1剖面图(展开)

2-2剖面图

图 5.14　旋转剖面图

绘制旋转剖面图时，应注意以下几点：

(1) 两个相交剖切平面的交线必须垂直于某一投影面，并且两个剖切平面中必须有一个剖切平面与投影面平行。

(2) 不能画出剖切平面转折处的交线。

(3) 剖面图中应进行标注，即在剖切面的起始处、转折处和终止处用剖切位置线表示出剖切面的位置，并用投射方向线表明剖切后的投影方向，然后标注出相应的编号。

(4) 旋转剖面图按先旋转再投射的方法绘制，图名后应加注"展开"字样。

5.3　断　面　图

为了表达清楚建筑形体的某一截面的形状、尺寸和材料，只需把剖切平面剖到的部分表示出来，而未剖切到的部分不需画出，这就需要用断面图来表达。

一、断面图的概念和形成

假想用一个平行于某投影面的剖切平面剖切开形体，仅将截得的图形向与之平行的投影面投射，所得的图形称为断面图，简称断面，如图 5.15 所示。

断面图常用来表示建筑形体中梁、板、柱等某一部位的断面形状及大小，需单独绘制。

二、断面图的画法

1. 断面图的标注

断面图的标注包括剖切符号、编号及断面图的名称，如图 5.15 所示。

1) 断面图剖切符号和编号

断面图的剖切符号只画剖切位置线，表示剖切面的位置，也用粗实线表示，长度约 6～10 mm。

剖切符号的编号用阿拉伯数字表示，按顺序连续编排，并应注写在剖切位置线一侧，编号所在的一侧，即表示该断面的投射方向。

2) 断面图名称

断面图的名称，用编号注写在相应的断面图的下方，不必书写"断面图"三个字，并在图名下面画一条等长的粗实线。

3) 断面图的线型要求和图例

假想用剖切平面将形体在某处切断，仅画出该剖切平面切到部分的图形。断面图的轮廓线用粗实线绘制。

在断面图中，剖切平面剖切到的实体部分应画出相应的材料图例。材料图例按照建筑制图国家标准的规定执行，与剖面图中的材料图例一样。

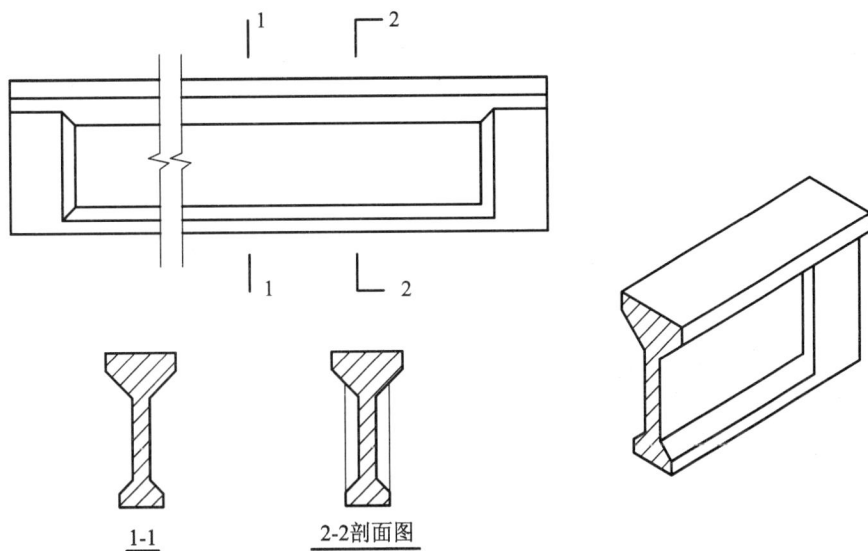

图 5.15 断面图的形成和画法

2. 断面图和剖面图的区别

断面图与剖面图一样，也是用来表达形体的内部结构形状的，两者的区别在于：

(1) 断面图与剖面图的形成方式不同。剖面图是形体剖切之后剩下部分的投影，是"体"的投影。断面图是形体剖切之后断面的投影，是"面"的投影。

(2) 断面图与剖面图的剖切符号的标注不同。剖面图用剖切位置线、投射方向线和编号来表示。断面图则只画剖切位置线与编号，用编号的注写位置来代表投射方向，即编号注写在剖切位置线哪一侧，就表示向哪一侧投射。

(3) 断面图与剖面图中剖切平面的数量不同。剖面图可用两个或两个以上的剖切平面进行剖切，并可以发生转折。断面图的剖切平面通常只能是单一的，且不允许转折。

(4) 断面图与剖面图的作用不同。剖面图用于表达形体的内部形状和构造，一般用于建筑施工图。断面图用于表达构件的某一局部的断面形状，主要用于结构施工图。

(5) 断面图和剖面图的命名方法不同。剖面图的名称为剖面编号加"剖面图"三个字，而断面图的名称仅为剖面编号，不需要注写断面图字样。

3. 断面图的作图步骤

(1) 确定剖切方案。即确定剖切平面的位置和数量。

(2) 画出剖切符号。剖切平面位置确定后，在所要表达形体截面处，画出剖切位置线。

(3) 注写剖切符号的编号。在剖切位置线的一侧注写剖切符号的编号，编号用阿拉伯数字按顺序编写，其所在一侧表示该断面剖切后的投射方向。

(4) 改画有关视图。画出断面图形。

(5) 画材料图例。在断面内画出材料图例或剖面线。

(6) 标出断面图的名称。在断面图的下方中间位置处标注断面图名称。

(7) 整理检查。擦去多余的图线，加粗有关图线，检查正确无误后完成作图。

三、断面图的种类

断面图主要用来表示形体某一局部截断面的形状。根据断面图布置位置的不同，断面图可分为移出断面图、中断断面图和重合断面图三种。

1) 移出断面图

布置在形体视图之外的断面图，称为移出断面图。移出断面图的轮廓线应用粗实线绘制，可以放大比例，以便于清楚地表达截面的形状和标注尺寸，布置在剖切线的延长线上或其它适当的位置，如图 5.16 所示。

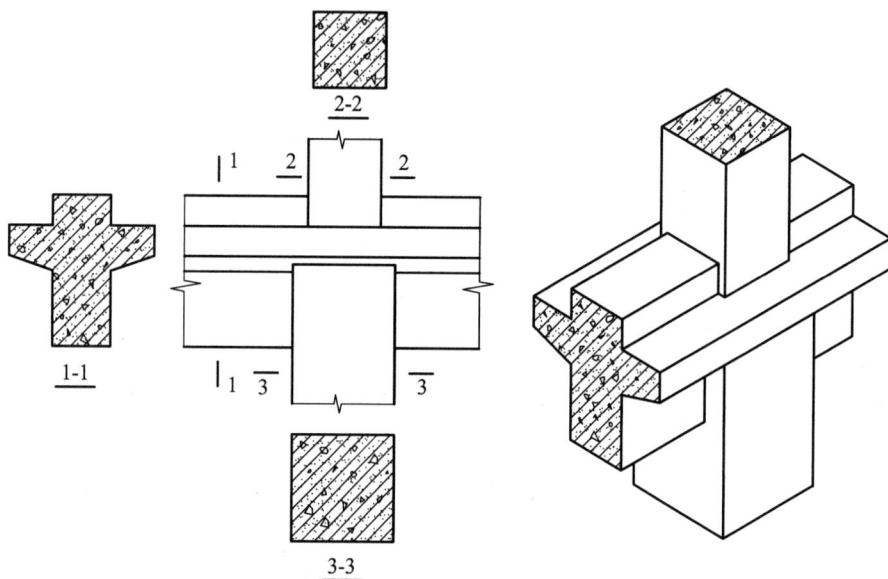

图 5.16　移出断面图

2) 中断断面图

把物体剖切后所形成的断面图画在视图轮廓线的中断处，称为中断断面图。中断断面图适用于等截面长杆件。中断断面图不需要进行标注，如图 5.17 所示。

图 5.17　中断断面图

3) 重合断面图

将断面图按与原视图相同的比例，并旋转 90° 后直接绘制在物体视图轮廓线之内的断面图称为重合断面图。

重合断面图的轮廓线可能是闭合的；也可能是不闭合的，此时应在断面轮廓线的内侧加画 45° 细斜线图例符号。

为了表达明显，重合断面图的轮廓线在建筑制图中一般采用比视图轮廓线粗的实线绘制。当视图中的轮廓线与重合断面图重叠时，视图中的轮廓线仍应连续画出，不可间断。

重合断面图一般不加任何标注，只需在断面图内或断面图轮廓的一侧画出材料图例或剖面线；当断面尺寸较小时，可将断面图涂黑，如图 5.18 所示。

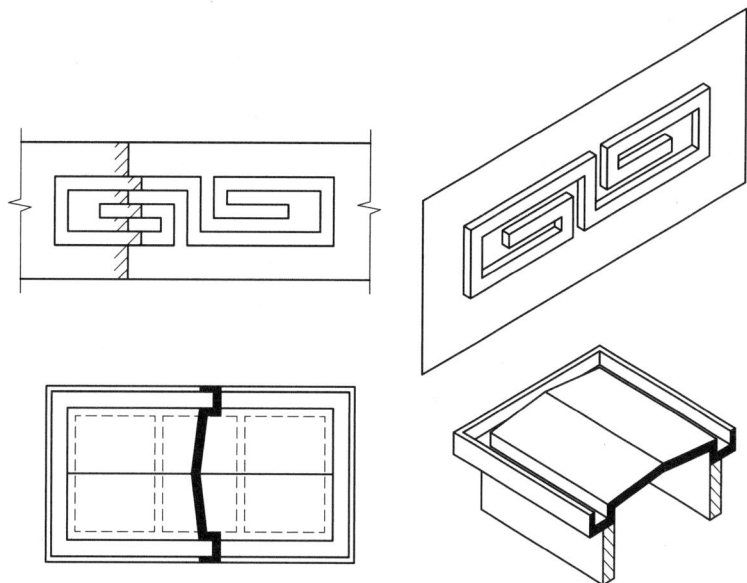

图 5.18　重合断面图

5.4　简　化　画　法

为了提高绘图的效率，在不影响生产和施工的前提下，国家标准规定了一些将视图适当简化处理的方法，即简化画法。

一、对称图形的简化画法

1. 用对称符号表示

构配件的视图有一条对称线时，可只画该视图的一半；视图有两条对称线时，可只画该视图的四分之一，并画出对称符号。

对称符号由对称线和两端的两对平行线组成。对称线用细点画线绘制；平行线用细实线绘制，其长度为 6～10 mm，两平行线的间距为 2～3 mm，平行线在对称线两侧的长度应相等，两端的对称符号到图形的距离也应相等，如图 5.19 所示。

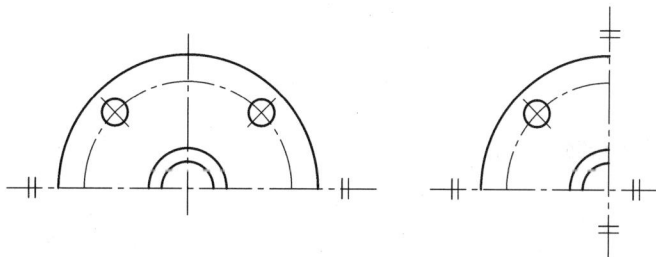

图 5.19　用对称符号绘制对称图形的简化画法

2. 不用对称符号表示

物体对称时，对称图形也可稍超出其对称线，即略大于对称图形，此时可不画对称符号，而在超出对称线部分画上折断线，或画波浪线，如图 5.20 所示。

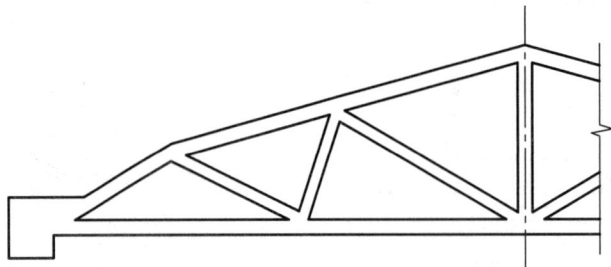

图 5.20 不用对称符号绘制对称图形的简化画法

二、连续排列的多个相同结构的省略画法

建筑物或构配件的图样中，如果图上有多个完全相同而且连续排列的结构要素，可以仅在视图的两端或适当位置画出部分结构要素的完整形状，其余部分用中心线或中心线交点来确定它们的位置即可。如连续排列的结构要素少于中心线交点，则其余部分应在相同结构要素位置的中心线交点处用小圆点表示，如图 5.21 所示。

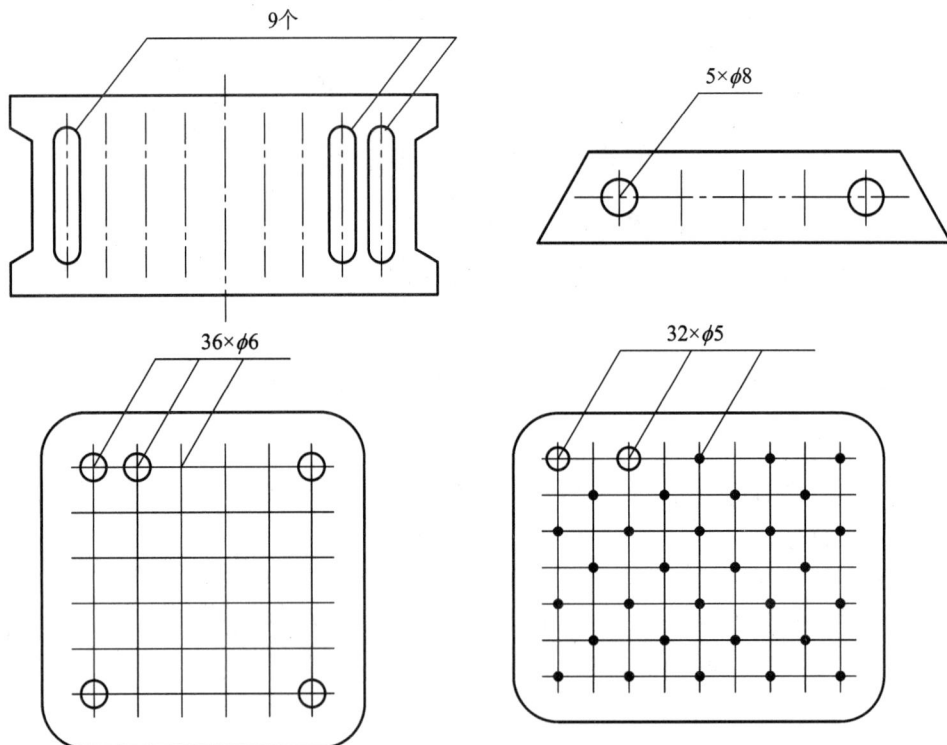

图 5.21 相同要素的省略画法

三、较长构件的折断省略画法

对较长的构件，如沿长度方向的形状相同，或按一定规律变化，可采用折断省略画法。即假想将物体中间一段去掉，两端靠拢后画出。在断开处应画上折断线，折断线两端应超出图形轮廓 2～3 mm，如图 5.22 所示。

采用折断省略画法时应注意：在对构件进行尺寸标注时，虽然视图采用了断开的画法，其长度尺寸数值仍应标注构件的真实长度，即全长。

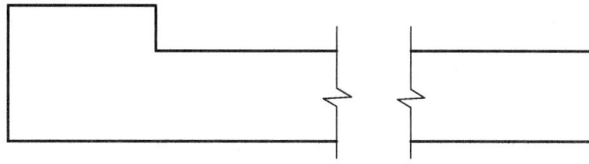

图 5.22　长构件的折断省略画法

四、局部不同的简化画法

一个构配件如与另一个构配件仅部分不相同，该构配件可只画不同部分，但应在两个构配件的相同部分与不同部分的分界线处，分别绘制连接符号。连接符号用折断线绘制，且两个连接符号应对准在同一位置线上，如图 5.23 所示。

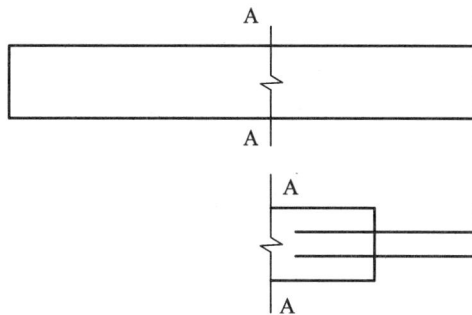

图 5.23　局部不同的简化画法

第6章　建筑施工图

6.1　建筑施工图概述

一、建筑施工图的产生

根据正投影原理，按建筑图样的规定画法，设计时把想象中的房屋全貌及各个细部用图样画出，即得到房屋建筑图。

建造房屋需要经历设计和施工两个过程。房屋建筑的设计一般分为两个阶段，即初步设计和施工图设计。对于大型、比较复杂的建筑工程，为了使工程技术和各专业工种之间很好地协调衔接，还需要在初步设计与施工图设计之间插入一个技术设计阶段，形成三个设计阶段。

1. 初步设计阶段

(1) 根据建设单位提出的设计任务，明确要求，收集资料，进行调查研究。

(2) 提出初步设计方案，然后初步绘制出草图，并拟定设计概算和设计说明等。

(3) 提交给建设单位，共同进一步研究、修改和报批。

2. 技术设计阶段

在初步设计的基础上，协调各专业工种之间的关系，为施工图设计提供比较详细的资料，做好准备。

3. 施工图设计阶段

对已批准的初步设计方案进行详细设计。设计内容包括各专业工程施工中需要的尽可能详尽的信息，包括全套工程图纸的设计和相配套的有关说明，主要为平面图、立面图、剖面图和设计说明等。

在满足施工要求及协调各专业之间关系后最终完成设计，形成一套完整正确的房屋施工图样，这套图样称之为房屋建筑工程施工图，简称建筑施工图。建筑施工图将作为工程施工、预算、竣工验收和结算的依据。

二、建筑施工图的种类和编排顺序

1. 建筑施工图的种类

建筑施工图按照其内容和专业工种的不同，分为建筑施工图、结构施工图和设备施工图。

1) 建筑施工图(简称"建施")

建筑施工图是表示建筑物的总体布局、外部造型、内部布置、细部构造与内外装饰等的图样，包括建筑总平面图、建筑平面图、建筑立面图、建筑剖面图和建筑详图。

建筑施工图主要用来作为施工放线、浇(砌)筑工程主体、装饰及施工组织设计和编制预算等的依据。

2) 结构施工图(简称"结施")

结构施工图是表示建筑物各承重构件(如基础、承重墙、柱、梁、板、屋架等)的布置、形状、尺寸、材料、构造及其相互关系的图样。

结构施工图包括基础平面图、结构平面图和构件详图。

结构施工图主要用来作为施工放线、挖基坑(槽)、浇(砌)筑基础、安装构件等及编制预算和施工组织设计的依据。

3) 设备施工图(简称"设施")

设备施工图包括给水排水施工图、暖通空调施工图和电气施工图等。

设备施工图主要表示管道的布置和走向、构件做法和加工安装要求；电气线路走向及安装要求等。

2. 建筑施工图的编排顺序

建筑施工图的编排顺序是：图纸目录、设计总说明、建筑施工图、结构施工图、设备施工图。

图纸目录说明该套图纸有几类，各类图纸又分为几张，每张图纸的图名、图幅大小和符号；若采用标准图，应写出所使用的标准图的名称、所在的标准图集和图号或页码。图纸目录的主要目的是便于查找图纸。

设计总说明中应说明施工图的设计依据，本工程项目的设计规模和建筑面积，本项目的相对标高与总图的绝对标高的对应关系及室内外用料说明、装修做法等。

建筑施工图、结构施工图、设备施工图属于专业工种的施工图。

各专业工种的施工图一般包括基本图和详图两部分。基本图表示全局性的内容；详图表示某些构配件和局部细节构造等详细情况。

各专业工种的施工图应按图纸内容的主次关系系统地进行编排。通常是基本图在前，详图在后；总体图在前，局部图在后；主要部分图在前，次要部分图在后；布置图在前，构件图在后；先施工的图在前，后施工的图在后。例如建筑施工图的编排顺序是：图纸目录、设计说明、建筑总平面图、建筑平面图、建筑立面图、建筑剖面图和建筑详图。

3. 建筑施工图的图示特点

(1) 建筑施工图中的各图样主要用正投影法绘制。建筑施工图是根据正投影原理和形体的各种表达方法绘制的。

(2) 建筑施工图一般采用小比例绘制。房屋建筑都比较大，图纸幅面相对较小，所以建筑平面图、立面图、剖面图都采用小比例绘制，对于无法表达清楚的构配件采用大比例的建筑详图绘制。

(3) 建筑施工图中采用国家制图标准规定的一系列相应的符号和图例，如定位轴线符号、标高符号、建筑材料图例。为了加快设计和施工进度，提高设计和施工质量，把各种常用、大量的房屋建筑及建筑构配件，按国家标准的规定，并根据不同的规格，设计编制出成套的施工图，以供选用，这样的图样称为标准图或通用图。将其装订成册即为标准图集或称为标准图册，如《安全防范系统设计与安装》国家建筑标准设计图集。标准图集的使用范围限制在图集批准单位所在的地区。

三、识读建筑施工图的注意事项

一套完整的建筑施工图，根据其复杂程度，图纸数量有所不同。当识读建筑施工图时，必须按合理的方法进行，应注意以下几点：

1. 总体了解

(1) 先看图纸目录、设计说明和总平面图，对照目录检查图纸是否齐全。

(2) 收集齐相关的标准图集。

(3) 识读平面图、立面图、剖面图，在头脑中建立起建筑物的立体模型。

2. 依次识读

根据施工的先后顺序进行识读，如基础、墙体(或框架)、楼层结构布置、建筑的构造与装饰，依次识读有关图纸。

3. 相互对照

(1) 建筑平面图、建筑立面图和建筑剖面图对照识读。

(2) 建筑施工图和结构施工图对照识读。

(3) 建筑施工图与设备施工图以及相关联的任意两个图之间的对照识读。

4. 重点细读

根据工种的不同，将有关专业施工图再有重点地仔细读一遍，对重点部位和关键部位要仔细读图，把握细节，并将遇到的问题记录下来，及时向设计部门反映。

四、房屋建筑施工图中的常用符号

在建筑施工图中经常会用到一些符号，主要有：定位轴线、标高符号、索引符号、详图符号、对称符号、连接符号、指北针等。

1. 定位轴线

1) 定位轴线作用

定位轴线用来确定房屋主要承重构件位置，它是标注尺寸的基线。

凡承重构件，如墙、柱、梁、屋架等主要承重构件都应画出轴线以确定其位置。

2) 定位轴线的标注

(1) 定位轴线应用细单点长画线绘制。

(2) 定位轴线应编号，编号应注写在定位轴线端部的圆内。圆应用细实线绘制，直径为 8 mm，详图可增至 10 mm。定位轴线圆的圆心，应在定位轴线延长线或延长线的折线上。

(3) 平面图上定位轴线的编号，一般应标注在图样的下方与左侧，当平面图布置较复杂时，根据需要可标注在图样的四周。

横向轴线编号应用阿拉伯数字，从左至右顺序编号。

竖向轴线编号应用大写拉丁字母，从下至上顺序编号。拉丁字母的 I、O、Z 不得用作轴线编号，以免与数字 1、0、2 混淆。当字母数量不够使用时，可增用双字母或单字母加数字注脚，如 AA、BA……YA 或 A1、B1……Y1，如图 6.1 所示。

(4) 两个轴线之间，对于某些次要构件的定位轴线，可用附加轴线的形式表示。附加轴线的编号，应以分数形式表示，分母表示前一个轴线的编号，分子表示附加轴线的编号(用阿拉伯数字按顺序编号)，如图 6.2 所示。

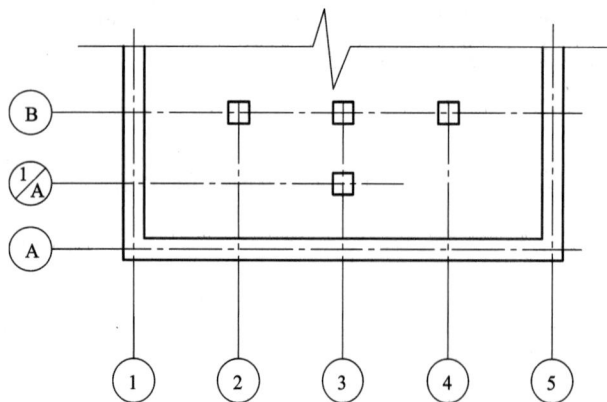

图 6.1　定位轴线的编号顺序

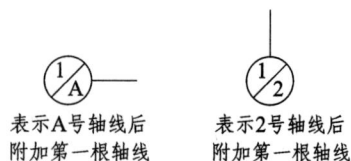

图 6.2　附加定位轴线的编号

(5) 一个详图适用于几个轴线时，应同时注明各有关轴线的编号。如图 6.3 所示。

图 6.3　详图的轴线编号

2. 标高符号

1) 标高的作用

标高是标注建筑物高度方向的一种尺寸形式。

2) 标高的分类

标高分为绝对标高和相对标高。绝对标高是以青岛外黄海平均海平面为零点，以此为基准的标高。在实际施工中，用绝对标高不方便，因此，习惯上常用将房屋底层的室内主要地面高度定为零点的相对标高，比零点高的标高为"正"，比零点低的标高为"负"。在施工设计总说明中，应说明相对标高和绝对标高之间的联系。

3) 标高的精度

标高数字均以米"m"为单位。平面图、立面图、剖面图的标高符号，用相对标高，保留三位小数；总平面图的室内、室外标高符号，用绝对标高，保留两位小数。

4) 标高符号的标注

(1) 在图样中，标高符号用符号加注尺寸数字表示，如图 6.4 所示。

(2) 标高符号用细实线绘制，符号中的三角形为直角等腰三角形。

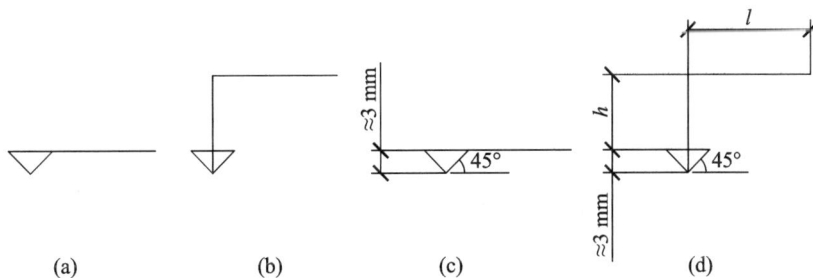

l—取适当长度注写标高数字；*h*—根据需要取适当高度

图 6.4　标高符号

(3) 总平面图室外地坪标高符号，宜用涂黑的三角形表示，如图 6.5 所示。

(4) 标高符号的尖端应指到被注高度的位置，尖端一般应向下，也可向上。标高数字应注写在标高符号的上侧或下侧，如图 6.6 左图所示。

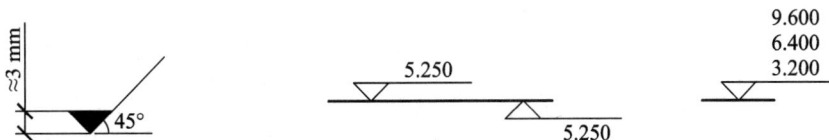

图 6.5　总平面图室外地坪标高符号　　图 6.6　标高的指向及同一位置注写多个标高的数字

(5) 常以房屋的底层室内地面作为零点标高。零点标高应注写成±0.000，零点标高以上为"正"，标高数字前不必注写"+"号，零点标高以下为"负"，标高数字前必须注写"−"号。

(6) 在图样的同一位置需表示几个不同标高时，标高数字可并列标注，如图 6.6 右图所示。

3. 索引符号

1) 索引符号的作用

在房屋建筑图中某一局部或构配件需要另见详图时，应以索引符号索引。用索引符号可以清楚地表示出详图的编号、详图所在图纸的编号，以方便查找构件详图，如图6.7所示。

2) 索引符号的标注

(1) 索引符号是由直径为8～10 mm的圆和水平直径组成的，圆及水平直径应以细实线绘制。

(2) 索引出的详图，如与被索引的图样不在同一张图纸上，应在索引符号上半圆中用数字注明详图编号，下半圆中用数字注明详图所在图纸编号。索引出的详图，如与被索引的图样同在一张图纸内，应在索引符号上半圆中用数字注明详图编号，并在下半圆中间画一段水平细实线。索引出的详图，如采用标准图，应在索引符号水平直径的延长线上加注该标准图集的编号，如图6.7所示。

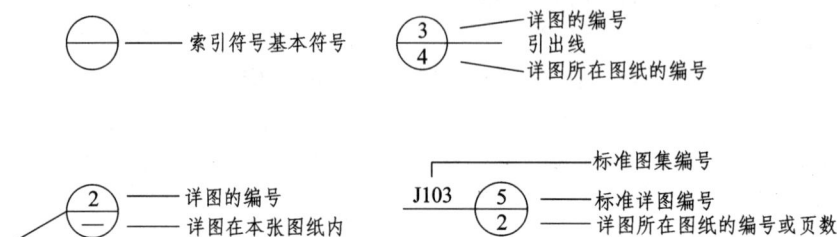

图6.7 索引符号

(3) 引出线一端指在要画详图的地方，引出线另一端应与索引符号中的水平直径相连接。引出线用细直线绘制，宜采用水平方向的直线，或与水平方向成30°、45°、60°、90°夹角的直线，或经上述角度再折为水平线。

(4) 当索引符号用于索引剖面详图时，应在被剖切的部位绘制剖切位置线，并以引出线引出索引符号，引出线所在的一侧应为投影方向，如图6.8所示。

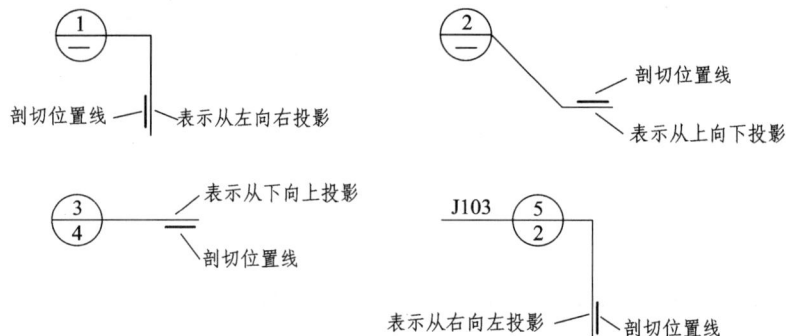

图6.8 用于索引剖面详图的索引符号

4. 详图符号

1) 详图符号的作用

详图符号表示详图的位置与编号，如图6.9所示。

2) 详图符号的标注

(1) 详图符号以直径为14 mm的粗实线圆绘制。

(2) 详图与被索引的图样同在一张图纸内时，应在详图符号内用数字注明详图的编号。

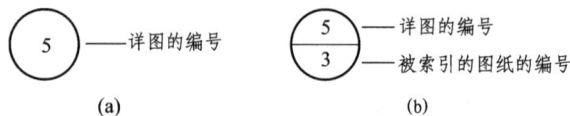

图6.9 详图符号

(3) 详图与被索引的图样不在同一张图纸内时，应用细实线在详图符号内画一水平直径，在上半圆中注明详图编号，在下半圆中注明被索引的图纸的编号。

5. 其它符号

1) 对称符号

对称符号由对称线和两端的两对平行线组成。

对称线用细单点长画线绘制；平行线用细直线绘制，其长度宜为 6~10 mm，每对的间距宜为 2~3 mm，对称线垂直平分于两对平行线，两端超出平行线宜为 2~3 mm，如图 6.10(a)所示。

2) 连接符号

连接符号应以折断线表示需连接的部位。两部位相距较远时，折断线两端靠图样处一侧应标注大写字母表示的连接编号。两个被连接的图样应用相同的字母编号，如图 6.10(b)所示。

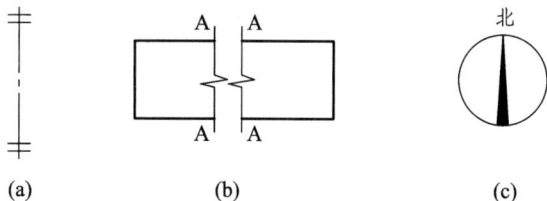

图 6.10 对称符号、连接符号和指北针

3) 指北针

指北针用细实线绘制，圆的直径为 24 mm。指针尾部的宽度宜为 3 mm，指针头部应注"北"或"N"字。需用较大直径绘制指北针时，指针尾部的宽度宜为直径的 1/8，如图 6.10(c)所示。

6.2 建筑总平面图

一、建筑总平面图概念

1. 建筑总平面图的形成

将新建筑物周围一定范围内的原有和拆除的建筑物、构筑物连同其周围的地形物，用水平投影方法和相应的图例所画出的图样，称为建筑总平面图(或称总平面布置图)，简称总平面图或总图。建筑总平面图是新建房屋在建筑用地范围内的总体布局图。图 6.11 所示为某学校学生宿舍总平面图。

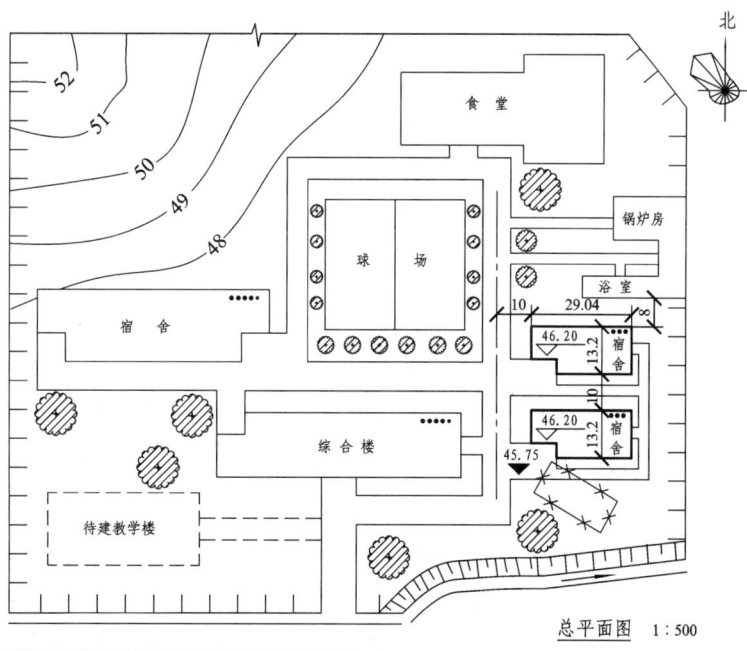

图 6.11 某学校学生宿舍总平面图

2. 建筑总平面图的作用

建筑总平面图表明新建房屋的平面轮廓形状、层数、位置和朝向，以及周围环境、地貌地形、标高、道路和绿化的布置。

总平面图是新建房屋的施工定位以及绘制水、电、煤气等管线平面布置图的依据。

二、建筑总平面图图示内容和读图要点

下面以图 6.11 为例说明建筑总平面图所表示的内容和读图要点。

1. 比例

建筑总平面图需要表达的范围较大，所以总平面图通常采用 1∶500 或 1∶1000 等小比例绘制。工程实践中，由于各地方国土管理部门提供的地形图一般采用 1∶500 的比例，故总平面图的比例常用 1∶500。

从图 6.11 可以看出，其比例为 1∶500。

2. 图例和线型

由于总平面图采用较小的比例绘制，有些图示内容不能按真实形状表示，也难以用文字注释表达清楚，所以均按国标规定的图例画出。当标准图例不够用时，也可自编图例，但应加以说明。

从图例可知，新建房屋的外形轮廓线用粗实线表示；新建道路、桥涵、围墙等用中实线表示；计划扩建的房屋用中虚线表示；原有的房屋、道路等用细实线表示；要拆除的建筑物用细实线表示，并在其细实线上打叉。

从图 6.11 可以看出，坐落在学校东南面的是要新建的学生宿舍，而综合楼、食堂、浴室、锅炉房及坐落在学校西面的学生宿舍是原有建筑，教学楼是计划待建的建筑，在学校东南角有一要拆除的建筑物。

3. 新建房屋的位置、平面轮廓形状和总体尺寸

总平面图上的建筑物应注写名称和层数。当图样比例较小或图面无足够位置注写名称时，用编号列表标注。在建筑物图形内右上角用小圆点或数字表示层数。

从图 6.11 可以看出，新建学生宿舍南北共 2 幢，每幢三层。

总平面图应标注新建建筑物的总长和总宽，通过标注新建建筑物与原有建筑物或道路的间距来确定新建建筑物的位置，还要标注新建道路的宽度等。

从图 6.11 可以看出，新建学生宿舍总长 29.04 米，总宽 13.20 米。新建学生宿舍的位置是这样确定的：以原有道路为依据，新建学生宿舍的西墙与原有道路平行，且与道路中心线相距 10 米；新建北面一幢的学生宿舍的北墙与原有浴室的南墙平行，且相距 8 米；两幢新建学生宿舍间相距 10 米。

4. 坐标标注

在大范围和复杂地形的总平面图中，为了保证施工放线正确，往往以坐标来标注建筑物、道路或管线的位置。总平面图上的坐标网有测量坐标与建筑坐标两种。坐标网格应以细实线表示，一般画成 100 m × 100 m 或 50 m × 50 m 的方格网，如图 6.12 所示。

测量坐标网是由国家或地区测绘确定的，应画成交叉十字线，坐标代号宜用"X、Y"表示，X 轴方向为南北方向，Y 轴方向为东西方向。

建筑坐标网则由建筑物的设计者自己制定的，应画成网格通线，自设坐标代号宜用"A、B"表示，A 轴相当于测量坐标网中的 X 轴，B 轴相当于测量坐标网中的 Y 轴。

坐标值为负数时，应注"－"号，为正数时，"+"号可以省略。

总平面图上有测量坐标和建筑坐标两种坐标网时，应在附注中注明两种坐标网的换算公式。

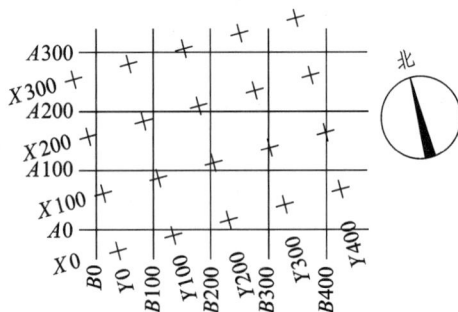

图 6.12 坐标网格

在图 6.11 中，因新建学生宿舍的位置是用与已有道路和原有建筑的相对距离来确定的，所以没有标注新建学生宿舍的坐标。

5.　地形、周边环境与道路、绿化布置

当地形起伏较大时，总平面图上还应画出等高线，以表明地形的变化、雨水排除的方向等。

从图 6.11 可以看出，整个学校的地势是西北高东南低。学校大门在南面，出大门是校外道路，学校东南角上有一条小河与外界分隔。

6.　标高

总平面图中的坐标、标高、距离以米为单位。坐标以小数点后标注三位，不足以 "0" 补齐；标高、距离以小数点后两位标注，不足以 "0" 补齐。

建筑物应以接近地面处的±0.000 标高的平面作为总平面。

总平面图中标注的标高为绝对标高。

从图 6.11 可以看出，新建学生宿舍的室外地面绝对标高为 45.75 m，室内底层主要地面相对标高为±0.000 m 处的绝对标高为 46.20 m，室内底层主要地面高出室外地面 0.45 m。

7.　朝向和风向

总平面图按上北下南、左西右东方向绘制。

总平面图上绘有指北针或风玫瑰图表示建筑物朝向和风向。风玫瑰图也称为风向频率玫瑰图。

风由外面吹向建设区域中心的方向称为风向。风向频率是指在一定时间内某一方向出现风向的次数与总观察次数的百分比。

风向频率是用风向频率玫瑰图(简称风玫瑰图)表示的，一般用十六个方向长短线来表示该地区常年风向频率。其中，粗实线表示全年风向频率，细实线表示冬季风向频率，虚线表示夏季风向频率，有剪头的方向为北方。在风向频率玫瑰图中所表示的风向，是从外面吹向该地区中心的。

从图 6.11 可以看出，新建学生宿舍及其它建筑的朝向均是坐北朝南，学校地区的常年风向以西北风为主。

三、总平面图中常用的图例

总平面图中常用的图例见表 6.1。

表 6.1　总平面图中的常用图例

序号	名　称	图　例	备　注
1	新建建筑物	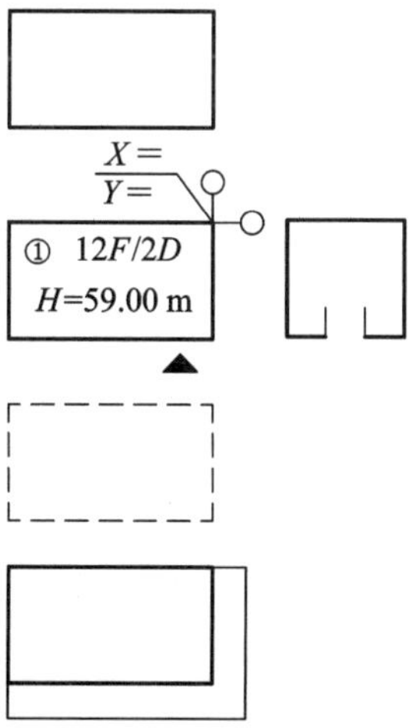 $X=$ ／ $Y=$ ① 12F/2D $H=59.00$ m	(1) 新建建筑物以粗实线表示与室外地坪相接处±0.00 外墙定位轮廓线； (2) 建筑物一般以 ±0.00 高度处的外墙定位轴线交叉点坐标定位，轴线用细实线表示，并标明轴线号； (3) 根据不同设计阶段标注建筑物编号，地上、地下层数，建筑物高度，建筑物出入口位置(两种表示方法均可，但同一图纸采用一种表示方法)； (4) 地下建筑物以粗虚线表示其轮廓； (5) 建筑物上部(±0.00 以上)外挑建筑用细实线表示
2	原有建筑物		用细实线表示
3	计划扩建的预留地或建筑物		用中粗虚线表示

序号	名称	图例	备注
4	拆除的建筑物		用细实线表示,线上打叉
5	铺砌场地		
6	敞棚或敞廊		
7	围墙及大门		
8	坐标	1. $X=105.00$ $Y=425.00$ 2. $A=105.00$ $B=425.00$	(1) 表示地形测量坐标系; (2) 表示自设坐标系
9	填挖边坡		
10	室内地坪标高	151.00 (± 0.00)	数字平行于建筑物书写
11	室外地坪标高	143.00	室外标高也可采用等高线
12	新建的道路		"R=6.00"表示道路转弯半径;"107.50"为道路中心交叉点设计标高,两种表示方法均可, 同一图纸采用一种表示方法;"100.00"为变坡点之间的距离,"0.30%"表示道路坡度,箭头方向表示坡向
13	原有道路		
14	计划扩建的道路		
15	拆除的道路		
16	人行道		
17	桥梁		用于旱桥时应注明
18	雨水口		
19	消火栓井		
20	绿化		表示常绿阔叶乔木

6.3　建筑平面图

一、建筑平面图的概念

1. 建筑平面图的形成

假想用一水平剖切平面，沿着房屋各层门窗洞口处将房屋剖开，移去剖切平面以上部分，向水平投影面作正投影所得的水平投影图，称为建筑平面图，简称平面图。

建筑平面图应包括被剖切到的断面、可见的建筑物构造和必要的尺寸、标高内容等。

2. 建筑平面图的作用

建筑平面图反映房屋的形状、大小及房间的布置，墙、柱的位置，门窗的类型和位置等。

建筑平面图是施工放线、砌墙、安装门窗、预留孔洞、室内装修及编制预算、施工备料等工作的重要依据。

3. 建筑平面图的命名

若一幢多层房屋的各层布置都不相同，应画出各层的建筑平面图。建筑平面图通常以层次来命名，如底层平面图、二层平面图。若有两层或更多层的平面布置相同，这几层可以合用一个建筑平面图，称为某两层或某几层平面图，如第二、第三层平面图。三、四、五层平面图，也可以称为标准层平面图。

二、建筑平面图图示内容和读图要点

图 6.13 为某学校学生宿舍底层平面图，下面以此为例说明建筑平面图所表示的内容和读图要点。

1. 图名、比例、朝向

建筑平面图的比例一般采用 1∶100。

底层平面图要画出指北针，表示建筑的朝向。

从图 6.13 可以看出，此平面图为底层平面图，比例 1∶100，学生宿舍坐北朝南。

2. 平面布局

平面图表明房屋的平面形状，房间的布置、名称编号，房屋的出入口，门窗的位置及编号，走廊、楼梯和电梯，室外的台阶、拦板、散水、雨水管、阳台、雨篷等。

从图 6.13 可以看出，底层南面有六个房间，北面也有六个房间，南北房间中间是过道。学生宿舍主出入口在西南面，东面有一个次出入口。学生宿舍主出入口进门有一个大厅，大厅北面是楼梯，大厅西面是漱洗间和厕所。主、次出入口前都有台阶。

3. 定位轴线

定位轴线用来确定房屋各承重构件，如承重墙、柱等的位置。从左到右按横向编号 1、2、3……从下到上按竖向编号 A、B、C……

定位轴线之间的距离，横向称为"开间"，竖向称为"进深"。

从图 6.13 可以看出，图中横向定位轴线共 9 个，即 1～9；竖向定位轴线共 5 个，即 A～E，再加一根附加定位轴线 1/A。南面房间的开间为 3600 mm，进深为 5400 mm；北面房间的开间也是 3600 mm，但进深为 4500 mm。

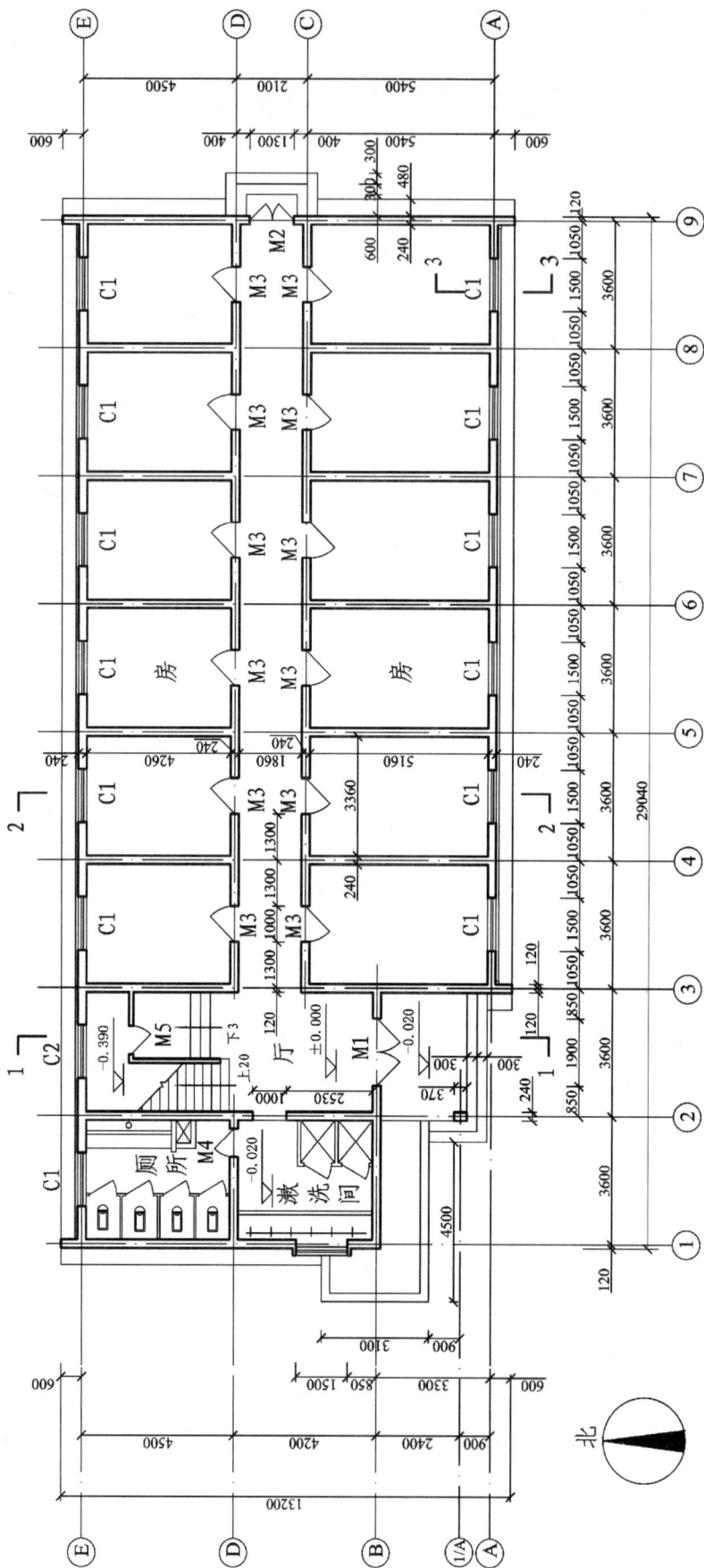

底层平面图 1:100

图 6.13 某学校学生宿舍底层平面图

4. 图线

在平面图中，凡剖切到的墙、柱的断面轮廓用粗实线(1b)表示。砖墙一般不画图例，钢筋混凝土柱和墙的断面通常涂黑。

没有剖到的可见轮廓线，如窗台、楼梯、阳台等用中粗线(0.7b)表示。

5. 标高

标高要以 m(米)为单位注出室外地面、各层地面、楼面的标高以及有高度变化部位的标高。

从图 6.13 可以看出，底层室内地面标高为 ±0.000 m，主出入口外台阶标高为 −0.020 m，漱洗间和厕所地面的标高为 −0.020 m。

6. 尺寸标注

平面图中的尺寸分为外部尺寸和内部尺寸两部分。

1) 外部尺寸

为了便于读图和施工，外部尺寸一般标注三道尺寸，即：

第一道尺寸：总体尺寸，表示房屋外轮廓的总尺寸，即外墙的一端到另一端墙边的总长、总宽尺寸。

第二道尺寸：定位轴线尺寸，表示轴线之间的距离，反映墙、柱子之间的间距。

第三道尺寸：细部尺寸，表示门、窗洞口宽度尺寸和门、窗间墙体的宽度尺寸，以及细小部分的构造尺寸。

另外，室外台阶(或坡道)的尺寸，可单独标注。

2) 内部尺寸

标注出不同类型各房间的净长、净宽尺寸，室内的门窗洞的大小，墙体厚度等尺寸。

从图 6.13 可以看出，学生宿舍总长 29040 mm，总宽 13 200 mm。横向定位轴线间距离都是 3600 mm，竖向定位轴线 A～B 间距离为 3300 mm，A～C 间距离为 5400 mm，C～D 间距离为 2100 mm，D～E 间距离为 4500 mm。底层东南面第一个房间的窗洞的宽度为 1500 mm，窗洞侧壁距离 8、9 轴线各 1050 mm。

南面房间内东西方向净宽 3360 mm，南北方向净长 5160 mm；房间门洞宽 1000 mm，门洞侧壁距离两边定位轴线各 1300 mm。

底层内、外墙体厚度均为 240 mm。

7. 图例

平面图中的门窗和楼梯等按规定的图例绘制。

门窗的代号分别为 M 和 C，代号后面注写编号，如 M1、M2 和 C1、C2 等，同一编号表示同一类型即样式、大小、材料、做法均相同的门窗。如果门窗的类型较多，可单列门窗表(或直接画在平面图上)，表中列出门窗的编号、尺寸和数量等内容。至于门窗的具体做法，则要查阅门窗的构造详图。

楼梯在 2 轴线和 3 轴线之间，楼梯的构造比较复杂，另见样图。

从图 6.13 可以看出，底层的门共有主出入口大门 M1、次出入口门 M2、房间门 M3、厕所门 M4 和楼梯间储藏室门 M5 等五种类型；窗户共有房间窗户 C1、楼梯间窗户 C2 两种类型。

8. 有关符号

在底层平面图中，必须在需要绘制剖面图的部位画出剖切符号。

从图 6.13 可以看出，剖切位置有三个，即 1—1、2—2、3—3，对应三个剖面图，它们都是用侧平面进行剖切。1—1 剖切位置在台阶、主出入口、大厅、楼梯处，2—2 剖切位置在南房间、过道、北房间处，剖切后都是从右向左投影；3—3 剖切位置在窗洞、墙壁处，剖切后从左向右投影。

在需要另画详图的局部和构件处，画出索引符号。

图 6.14 为学生宿舍二层平面图，读者可按上面介绍的方法自行识读。

屋顶平面图表示屋顶外形，如屋顶的形状、交线以及屋顶线的标高等。

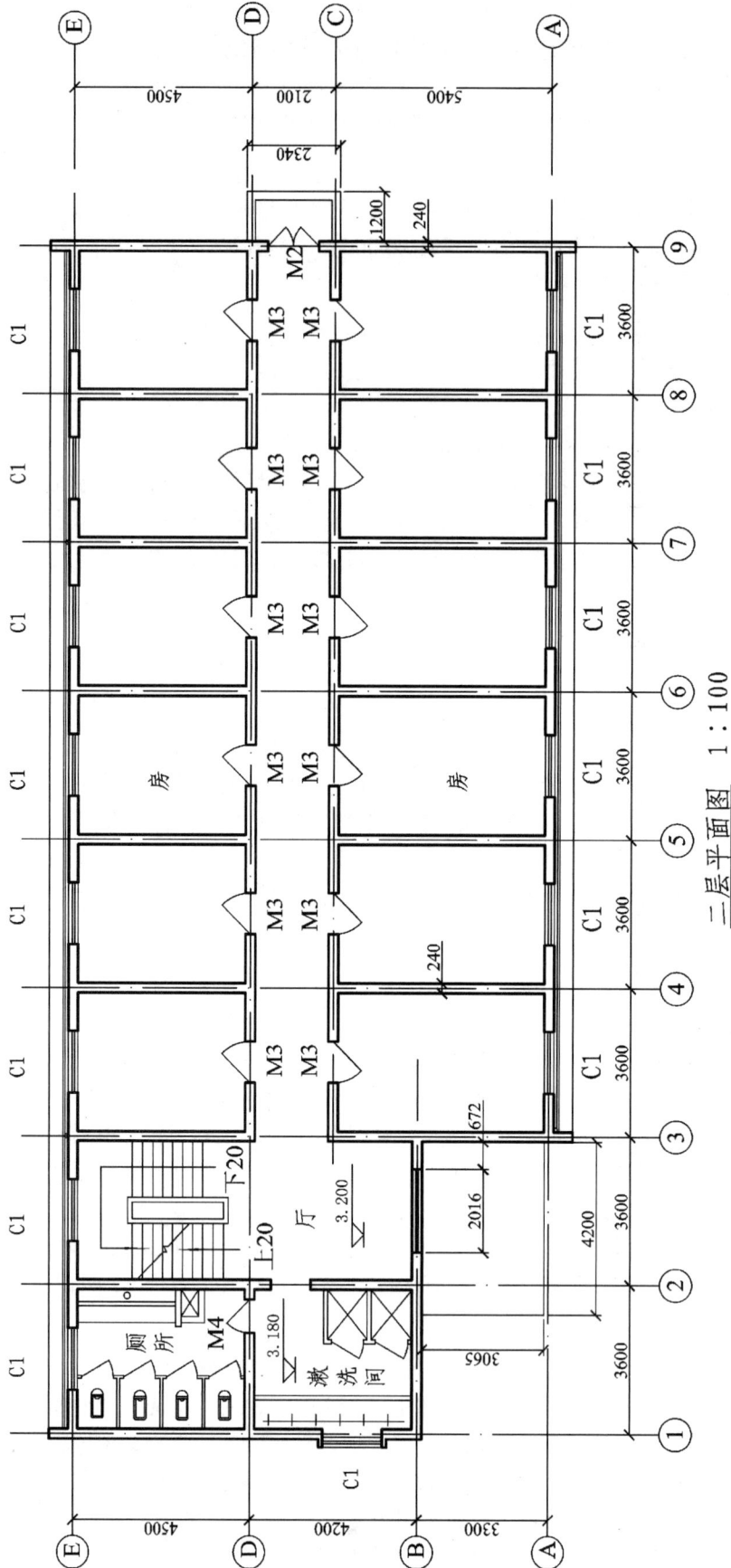

二层平面图　1∶100

图 6.14　某学校学生宿舍二层平面图

三、平面图中常用的图例

在建筑平面图、立面图、剖面图中常用的建筑构配件图例如表 6.2 所示。

表 6.2 建筑工程图常用的构造及配件图例

序号	名　称	图　例	备　注
1	墙体	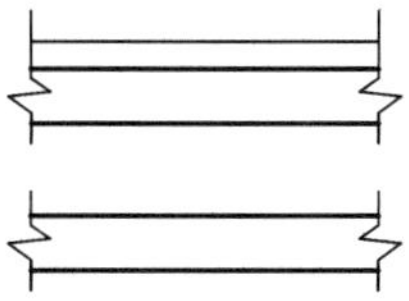	(1) 上图为外墙，下图为内墙。 (2) 外墙细线表示有保温层或有幕墙
2	楼梯	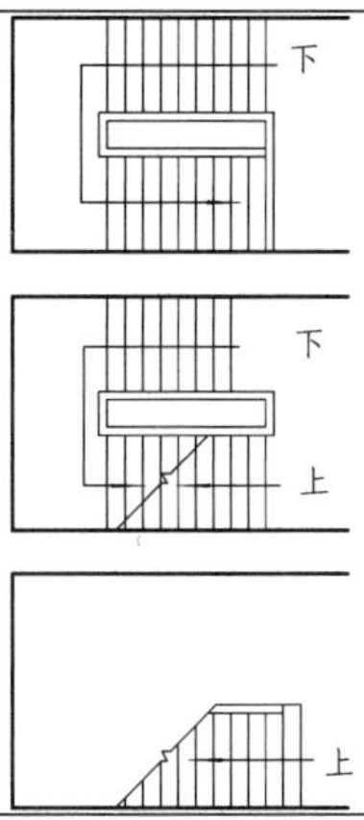	(1) 上图为顶层楼梯平面图，中图为中间层楼梯平面图，下图为底层楼梯平面图。 (2) 需设置靠墙扶手或中间扶手时，应在图中表示
3	坡道	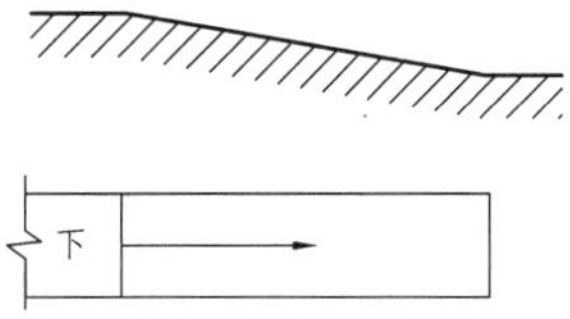	长坡道
		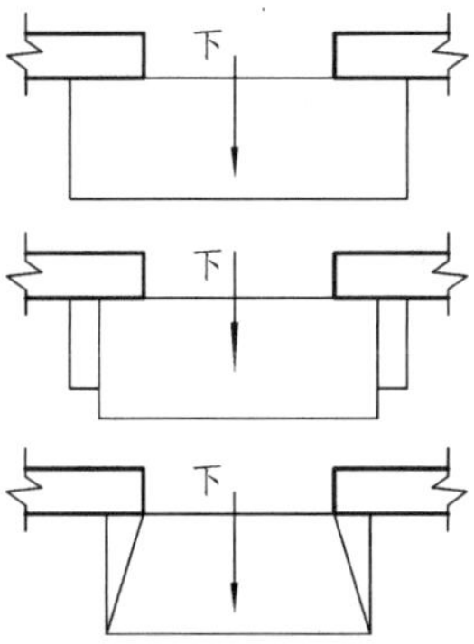	上图为两侧垂直的门口坡道，中图为有挡墙的门口坡道，下图为两侧找坡的门口坡道
4	台阶	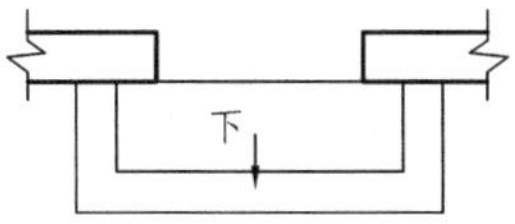	
5	检查口		左图为可见检查口，右图为不可见检查口
6	孔洞		阴影部分也可填充灰度或涂色代替
7	空门洞	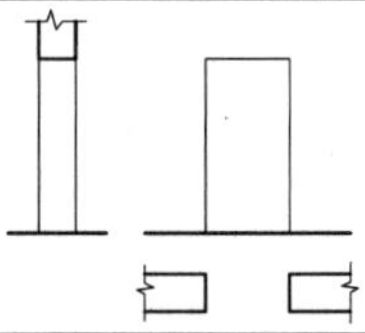	

续表

序号	名称	图　例	备　注
8	单面开启单扇门（包括平开或单面弹簧）	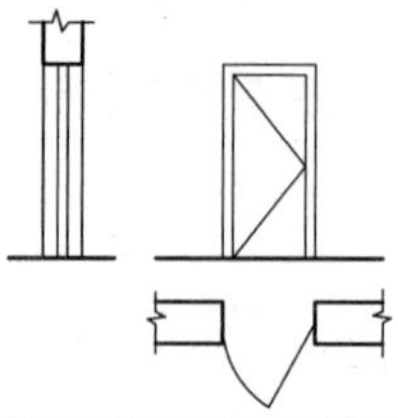	(1) 门的名称代号用 M 表示。 (2) 平面图中，下为外，上为内；门开启线为 90°、60° 或 45°，开启弧线宜绘出。 (3) 立面图中，开启线实线为外开，虚线为内开。开启线交角的一侧为安装合页一侧。开启线在建筑立面图中可不表示，在立面大样图中可根据需要绘出 (4) 剖面图中，左为外，右为内。 (5) 附加纱窗应以文字说明，在平、立、剖面图中均不表示。 (6) 立面形式应按实际情况绘制
9	单面开启双扇门（包括平开或单面弹簧）	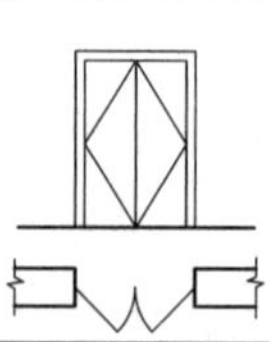	
10	折叠门	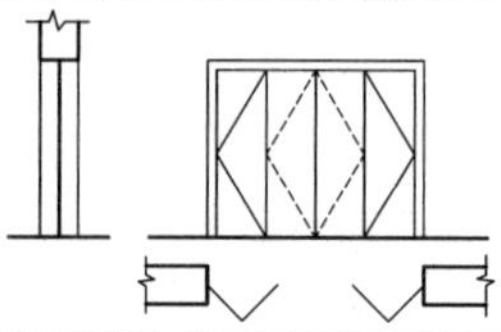	
11	固定窗	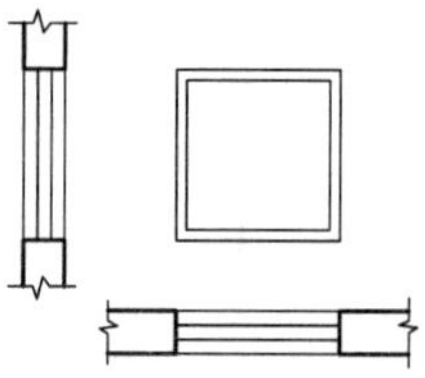	(1) 窗的名称代号用 C 表示。 (2) 平面图中，下为外，上为内。 (3) 立面图中，开启线实线为外开，虚线为内开。开启线交角的一侧为安装合页一侧。开启线在建筑立面图中可不表示，在立面大样图中需绘画出。 (4) 剖面图中，左为外，右为内。虚线仅表示开启方向，项目设计不表示。 (5) 附加纱窗应以文字说明，在平、立、剖面图中均不表示。 (6) 立面形式应按实际情况绘制
12	上悬窗	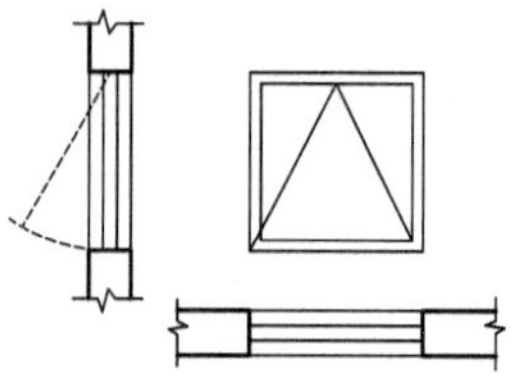	
13	单层外开平开窗	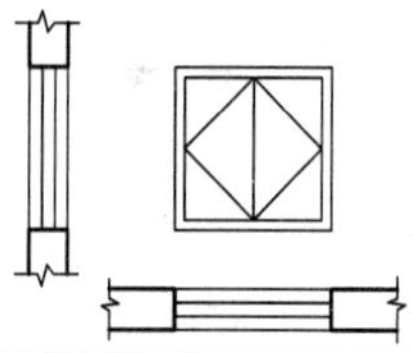	
14	电梯	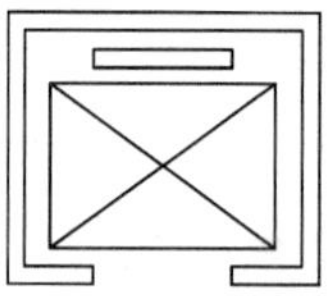	电梯应注明类型，并按实际绘出门和平衡锤或导轨的位置

6.4　建筑立面图

一、建筑立面图的概念

1. 建筑立面图的形成

在平行于建筑物立面的投影面上所作建筑物的正投影，称为建筑立面图，简称立面图。

建筑立面图应包括投影方向可见的建筑外轮廓线和墙面线脚、构配件、墙面做法及必要的尺寸和标高等。

2. 建筑立面图的作用

建筑立面图表明房屋的外形外貌，反映房屋的高度、层数，屋顶的形式，墙面的做法，以及门窗的形式、大小和位置。

3. 建筑立面图的命名

首先，有定位轴线的建筑物，宜根据建筑物两端定位轴线编号来确定建筑立面图名称，如图 6.15 所示的①—⑨立面图。

其次，无定位轴线的建筑物，则可按房屋立面的主次来确定建筑立面图的名称。把房屋的主要出入口或反映房屋外貌主要特征的立面图称为正立面图，而把其它立面图分别称为背立面图、左侧立面图、右侧立面图；也可按建筑物各面的朝向来确定立面图的名称，立面朝哪个方向就称为某向立面图，如东立面图、南立面图、西立面图、北立面图。

二、建筑立面图图示内容和读图要点

1. 图名和比例

如图 6.15 所示，图名为①—⑨立面图，也就是将这幢学生宿舍由南向北投影得到的正投影图，即南立面图。

建筑立面图的比例与对应建筑平面图相同，常用 1∶100。

2. 定位轴线

在地坪线下方，立面图左右两端画有定位轴线及其编号，以便与平面图对照识读。

3. 图线和图例

在立面图中，用加粗的实线(1.4b)表示建筑物的室外地坪线；用粗实线(1b)表示建筑物主要外形轮廓；用中粗实线(0.7b)表示门窗洞、阳台、雨篷、台阶、檐口等的轮廓线；用细实线(0.25b)表示门窗分格线、细部及装饰线等。

图例同平面图。

4. 尺寸和标高

立面图上一般只标注房屋主要部位的标高和必要的尺寸。

立面图上注有室外地坪、一层室内地面及其它各层楼面的标高。此外通常还注出台阶、窗台、门窗上口、阳台、雨篷、檐口等部位的标高。

从图 6.15 可以看出，室外地坪标高为 −0.450 m，台阶标高 −0.020 m，房屋最高处标高 10.200 m，共 3 层。立面图左侧标注了主出入口门洞的顶面、各层窗洞的底面和顶面的标高；右侧标注了各层阳台的底面和阳台栏板顶面、三层阳台雨篷底面的标高。

5. 外墙面装饰做法

通常在立面图上注写文字说明表示外墙面装饰的材料和做法。

从图 6.15 可以看出，外墙面的做法是"水刷石"，并用白水泥勾缝分格。

图 6.16 为学生宿舍⑩—①立面图，即北立面图；图 6.17 为Ⓕ—Ⓐ立面图，即西立面图，读者可按上面介绍的方法自行识读。

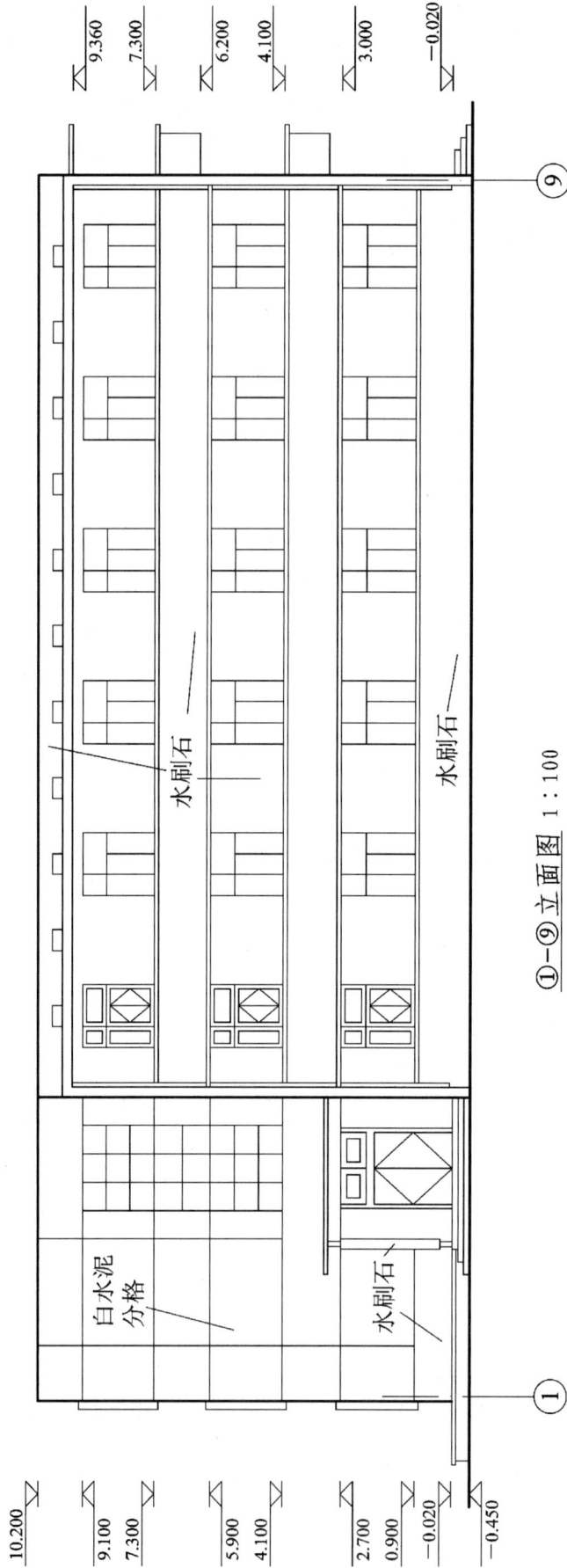

①—⑨立面图 1∶100

图 6.15 ①—⑨立面图

⑨—①立面图　1:100

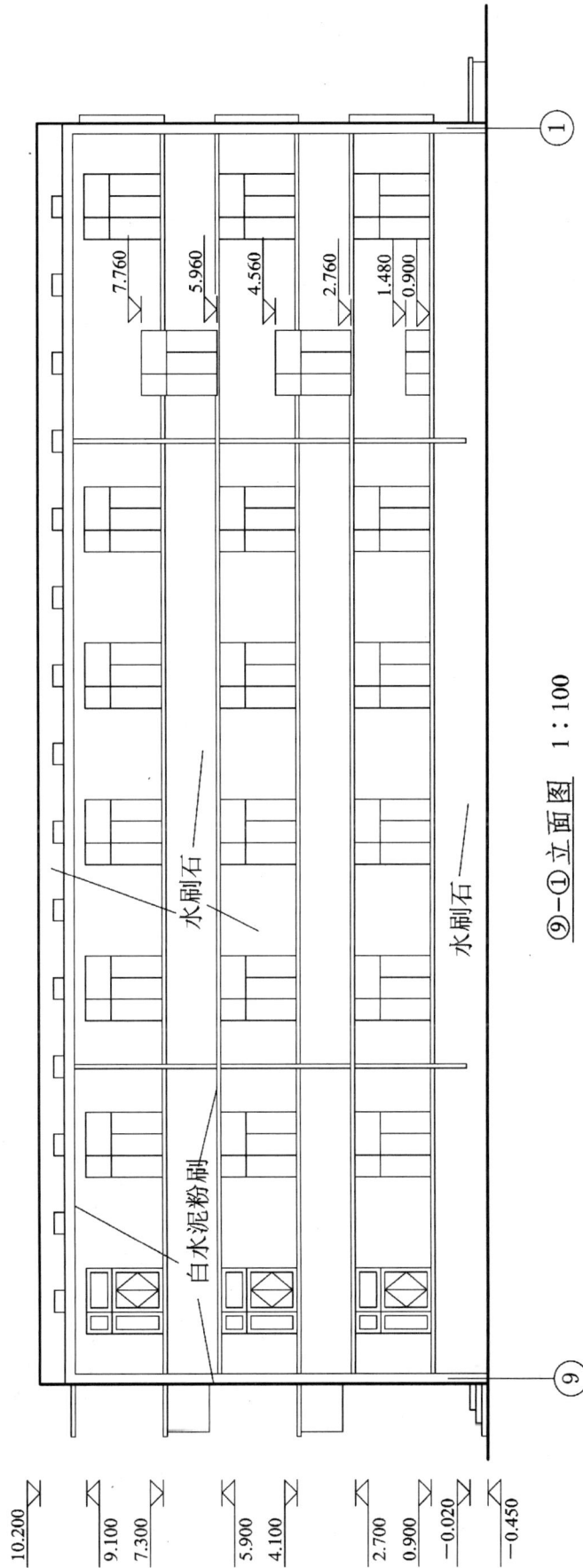

图 6.16　⑨—①立面图

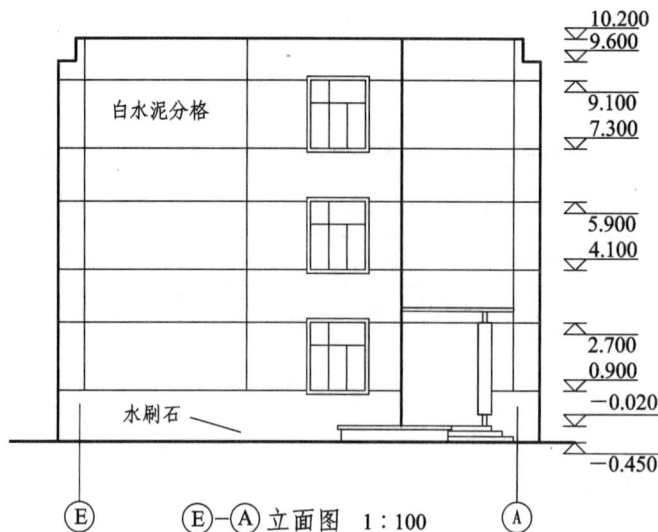

图 6.17 Ⓔ—Ⓐ立面图

6.5 建筑剖面图

一、建筑剖面图的概念

1. 建筑剖面图的形成

假想用一个垂直于外墙轴线的铅垂剖切面，将建筑物剖开，移去一部分，对留下部分作正投影所得到的投影图，称为建筑剖面图，简称剖面图。

建筑剖面图应包括被剖切到的断面和按投影方向可见的建筑构造、构配件，以及必要的尺寸、标高等，如图 6.18 所示。

2. 建筑剖面图的作用

建筑剖面图用以表示建筑物内部的主要结构形式、分层情况、构造做法、材料及其高度等，是与平面图、立面图相互配合的不可缺少的重要图样之一。

剖面图的剖切位置，应在平面图上选择能反映建筑物内部全貌、构造特性，以及有代表性的部位，并应在底层平面图上标明。

建筑剖面图往往采用横向剖切，即平行于侧立面剖切；需要时也可以用纵向剖切，即平行于正立面剖切。剖切的位置常常选择通过门厅、门窗洞口、楼梯、阳台和高低变化较多的地方。

根据房屋的复杂程度，剖面图可绘制一个或多个，如果房屋的局部构造有变化，还可以画局部剖面图。

3. 剖面图的命名

剖面图的图名应与平面图上所标注的剖切符号的编号一致。

二、建筑剖面图图示内容和读图要点

1. 图名和剖切位置

识读剖面图时，由剖面图的图名就可以在底层平面图上查找到相应剖切符号，明确剖切位置和投射方向。

从图 6.18 可以看出，图名为 1—1 剖面图。结合底层平面图确定 1—1 剖切面在各层的位置：底层通过台阶、主出入口、大厅、楼梯，二、三层通过各层的大厅、楼梯，并且投影方向为从右向左。

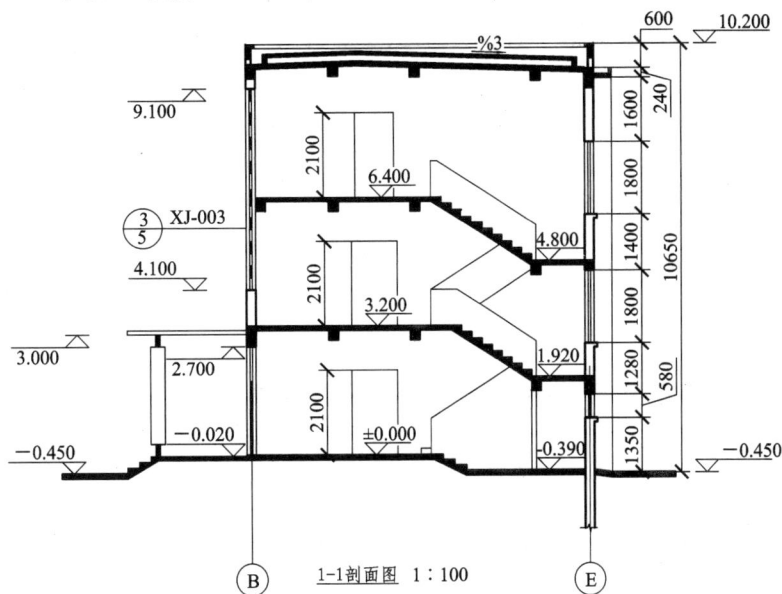

图 6.18　1—1 剖面图

2．比例和图例

建筑剖面图的比例应与建筑平面图、建筑立面图一致，常用 1∶100。

图例同建筑平面图。

从图 6.18 可以看出，比例为 1∶100。

3．定位轴线

建筑剖面图一般只画出两端的定位轴线及其编号，并标注其轴线间的距离，以便与平面图对照。需要时也可以画出被剖切到的墙或柱的定位轴线以及轴线间的距离。

从图 6.18 可以看出，剖面图两端定位轴线为 B 和 E。

4．图线

凡剖切到的构件如砖墙用粗实线表示(砖墙不画材料图例)，地坪线用加粗的实线表示，钢筋混凝土梁或板用涂黑表示。凡未剖切到的可见部分用中粗实线表示。

5．尺寸标注与标高

1) 高度方向尺寸标注

尺寸标注与建筑平面图一样，包括外部尺寸和内部尺寸。外部尺寸通常为三道尺寸，最外面一道为第一道尺寸，为总高尺寸，表示室外地坪到女儿墙顶面的高度；第二道尺寸为层高尺寸(两层之间楼地面的垂直距离称为层高)；第三道尺寸为细部尺寸，表示墙段、门窗洞等高度方向尺寸。内部尺寸用于表示室内门、窗、隔断等的高度尺寸。

从图 6.18 可以看出，学生宿舍总高度为 10.65 m，层高为 3.2 m。

2) 标高

在建筑剖面图中，还需要用标高符号标出室内外地坪、各层楼面、楼梯休息平台、屋面和女儿墙顶面等处的高度。

从图 6.18 可以看出，室外地坪标高 −0.450 m，底层地面标高 ±0.000 m，二层楼面地面标高 3.200 m，三层楼面地面标高 6.400 m。主出入口大门顶面标高 2.700 m，雨篷底面标高 3.000 m，一层楼梯间储藏室地面标高 −0.390 m，一层至二层楼梯休息平台标高 1.920 m，二层至三层楼梯休息平台标高 4.800 m。主出入口上方二、三层装饰窗底面标高 4.100 m，顶面标高 9.100 m。屋顶及隔热层有 3%的排水坡度。

尺寸与标高注意与平面图及立面图相一致。

6. 其它标注

在建筑剖面图中，对于需要另用详图说明的部位或构配件，都要用索引符号引出，以便在其它图纸上查阅或使用相应的标准图。

从图 6.18 可以看出，主出入口上方二、三层装饰窗做法见标准图集 XJ003 第 5 页 3 号详图。

地面、楼面、屋顶的构造、材料与做法，可在建筑剖面图中用指引线从所指部位引出，并加以说明。若另有详图，或者在施工设计总说明中已阐述清楚，则在建筑剖面图中，可以不必注出。因另有详图说明地面、楼面、墙体做法，所以在图 6.18 中没有标注有关构造的用料和做法。

图 6.19 为学生宿舍 2—2 剖面图，读者可按上面介绍的方法自行识读。

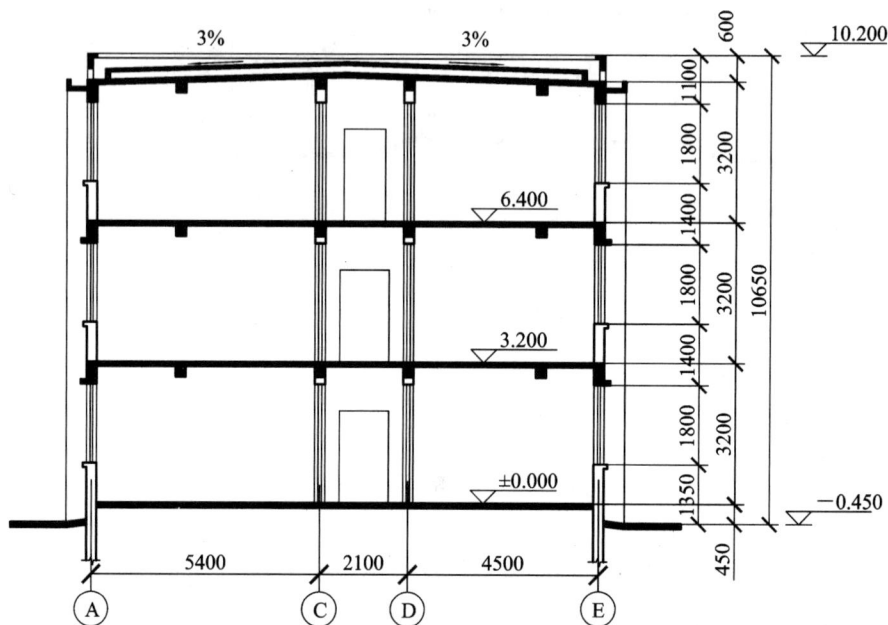

2-2剖面图 1：100

图 6.19 2—2 剖面图

6.6 建 筑 详 图

一、建筑详图的概念

1. 建筑详图的形成

建筑平面图、立面图和剖面图虽然能够表达建筑物的平面布置、外部形状、内部结构和主要尺寸，但由于比例较小，许多细节构造、尺寸、材料和做法等内容无法表达清楚。

因此在实际工作中，为详细表达建筑物细部及建筑构配件的形状、大小、材料及做法，用较大的比例将其详细表达出来的图样，称为建筑详图，简称详图，又可称为大样图。建筑详图是建筑平面图、立面图和剖面图的补充，也是建筑施工图的重要组成部分。

建筑详图是按正投影图的画法，用较大的比例将建筑物的细部或构配件的形状、大小、材料和做法详细地表示出来的图样，如图 6.20 所示。

建筑详图可以是建筑平面图、立面图、剖面图中某一局部的放大图，或者某一局部的放大剖面图，也可以是某一构造节点或某一构件的放大图。图 6.20 所示为 3—3 剖面图(外墙身详图)。

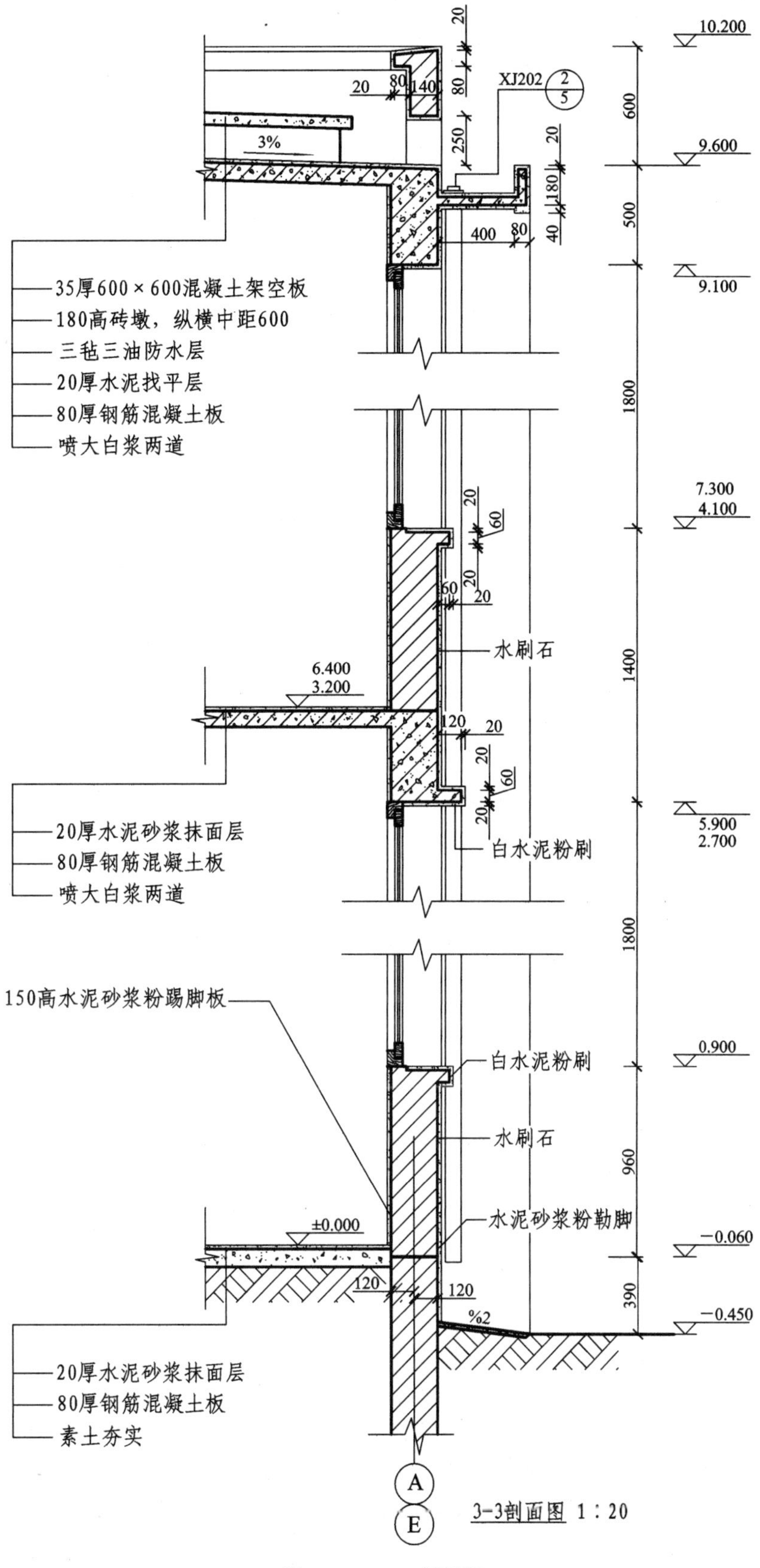

图 6.20　3—3 剖面图

2. 建筑详图的作用

建筑详图主要用来表示细部的详细结构、形状、层次、大小、材料和做法，以及各部位的详细尺寸。

3. 建筑详图的分类

建筑详图可分为构造节点详图和构(配)件详图两类。

凡表达建筑物某一局部构造、尺寸和材料的详图称为构造节点详图，如墙身、檐口、窗台、勒脚、明沟等；凡表达构(配)件本身构造的详图称为构(配)件详图，如门、窗、楼梯、花格、雨水管等。

对于套用标准图或通用图的构造节点或建筑构(配)件，只需注明所套用的标准图集的名称，详图所在的页数和编号，不必另画详图。

建筑详图数量的多少，与房屋的复杂程度和建筑平面图、立面图、剖面图的内容及比例有关。

二、建筑详图图示内容和读图要点

以图 6.20 为例说明建筑详图图示内容和读图要点。

1. 图名和比例

建筑详图必须画出详图符号、编号和比例，并与被索引的图样上的索引符号对应，以便对照查阅。建筑详图最大的特点是比例大，常用 1∶50、1∶20、1∶10、1∶5、1∶2、1∶1 等比例画出。

从图 6.20 可以看出，该图为 3—3 剖面图，对应底层平面图可知该图是外墙身详图。该图表达了屋面、檐口、窗台、楼面、地面、勒脚、墙身的结构、形状、大小、材料和做法以及楼板与墙体的连接形式等。详图比例为 1∶20。

2. 定位轴线

建筑详图中一般画出定位轴线及其编号，以便与建筑平面图、立面图、剖面图对照。

从图 6.20 可以看出，外墙身的定位轴线为 A、E。

3. 图线

建筑详图中建筑构(配)件的断面轮廓线为粗实线；构(配)件的可见轮廓线为中粗线或细实线；材料图例线为细实线。

绘制外墙身详图时，一般在门窗洞口中间用折断线断开。实际上外墙身详图是几个节点详图的组合。

4. 尺寸标注与标高

建筑详图的尺寸标注应完整齐全、准确无误。

从图 6.20 可以看出，各层窗洞高度均为 1800 mm，各层窗间距离为 1400 mm。室外地面标高为 −0.450 m，室内地面标高为 ±0.000 m，底层、二层、三层窗洞底面的标高分别为 0.900 m、4.100 m、7.300 m，底层、二层、三层窗洞顶面的标高分别为 2.700 m、5.900 m、9.100 m，屋面女儿墙顶面标高 10.200 m。

5. 其它标注

建筑详图中还应把有关的用料、做法和技术要求等用文字加以说明。

如屋面材料和做法为：屋面承重层为 80 mm 厚的现浇钢筋混凝土板，屋面铺放 3% 的排水坡度；板上铺 20 mm 厚的水泥找平层；再在其上做三毡三油防水层；然后，用三块标准砖砌筑成砖墩，支承 35 mm 厚 600 mm × 600 mm 的混凝土板，形成高度为 180 mm 左右的架空层，起到通风隔热的作用。

从图 6.20 可以看出，雨水管做法参见标准图集 XJ202 第 5 页 2 号图。

图 6.21 为楼梯详图。

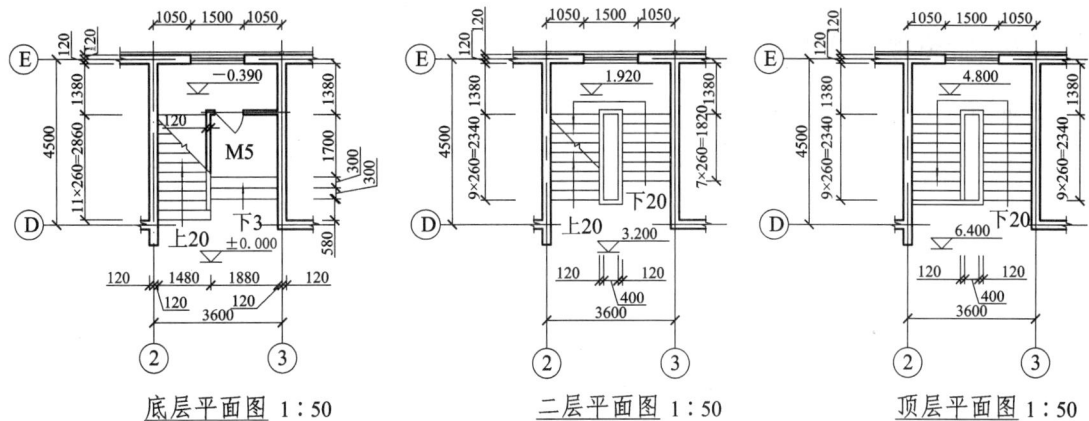

图6.21 楼梯详图

在建筑平面图和剖面图中都包含了楼梯部分的投影，但因为楼梯踏步、栏杆、扶手等细部的尺寸相对较少，图线又十分密集，所以不易表达和标注。绘制建筑施工图时，常常将其放大绘制成楼梯详图。楼梯详图表示楼梯的组成和结构形式，一般包括楼梯平面图和楼梯剖面图，必要时可画出楼梯踏步和栏杆的详图，并尽可能画在一张图纸内，其比例一般为1：50。

楼梯平面图是距地面1 m以上且略超过门窗洞口下沿的位置，用一个假想的水平剖切平面将楼梯剖开，然后向水平面投影得到的图样。

楼梯平面图是楼房各层楼梯间的局部平面图。一般情况下，楼梯在中间各层的平面图几乎完全一样，仅仅是标高不同，因此，中间各层可以合并为一个标准层来表示，又称中间层。这样，楼梯平面图通常由底层、中间层和顶层三个详图组成，如图6.21所示。从图6.21可以看出，底层楼梯平面图只画上行梯段，中间层楼梯平面图上下行梯段都画，顶层楼梯平面图只画下行梯段。具体内容读者可按上面介绍的方法自行识读。

6.7 绘制建筑平、立、剖面图的方法和步骤

房屋建筑施工图是施工的依据，图上的一条线、一个字的错误，都会影响其建设的进度和质量。因此，在绘制房屋建筑施工图过程中，应始终保持高度负责的工作态度和认真细致的工作作风，所绘制的图纸应做到清楚、正确，尺寸齐全，阅读方便，易于施工。

绘制建筑平面图、立面图、剖面图的注意点：

(1) 绘图的顺序一般是从平面图开始，再画立面图和剖面图。平面图表明房屋的内部布局，立面图反映房屋的外形，剖面图反映房屋的内部构造，三者互为补充，完整表达一幢房屋的内外形状和结构。

(2) 绘图过程中注意平面图、立面图、剖面图之间的对应关系；如立面图的定位轴线、外墙上门窗的位置与宽度应与平面图保持一致；剖面图的定位轴线、房屋总宽度与平面图一致；剖面图的高度以及外墙上门窗的高度应与立面图一致。

(3) 选择合适的比例(建筑平、立、剖面图通常采用1：100)和图幅，合理布置图面。平面图、立面图、剖面图可以分别画在不同的图纸上，但尺寸和各部分的对应关系必须保持一致，并且正确注写图名。对于小型建筑物，如果平、立、剖面图画在同一张图纸内，则可按"长对正、高平齐、宽相等"的投影关系来画，更为方便。

一、建筑平面图的绘图步骤

建筑平面图的绘制步骤如图 6.22 所示。

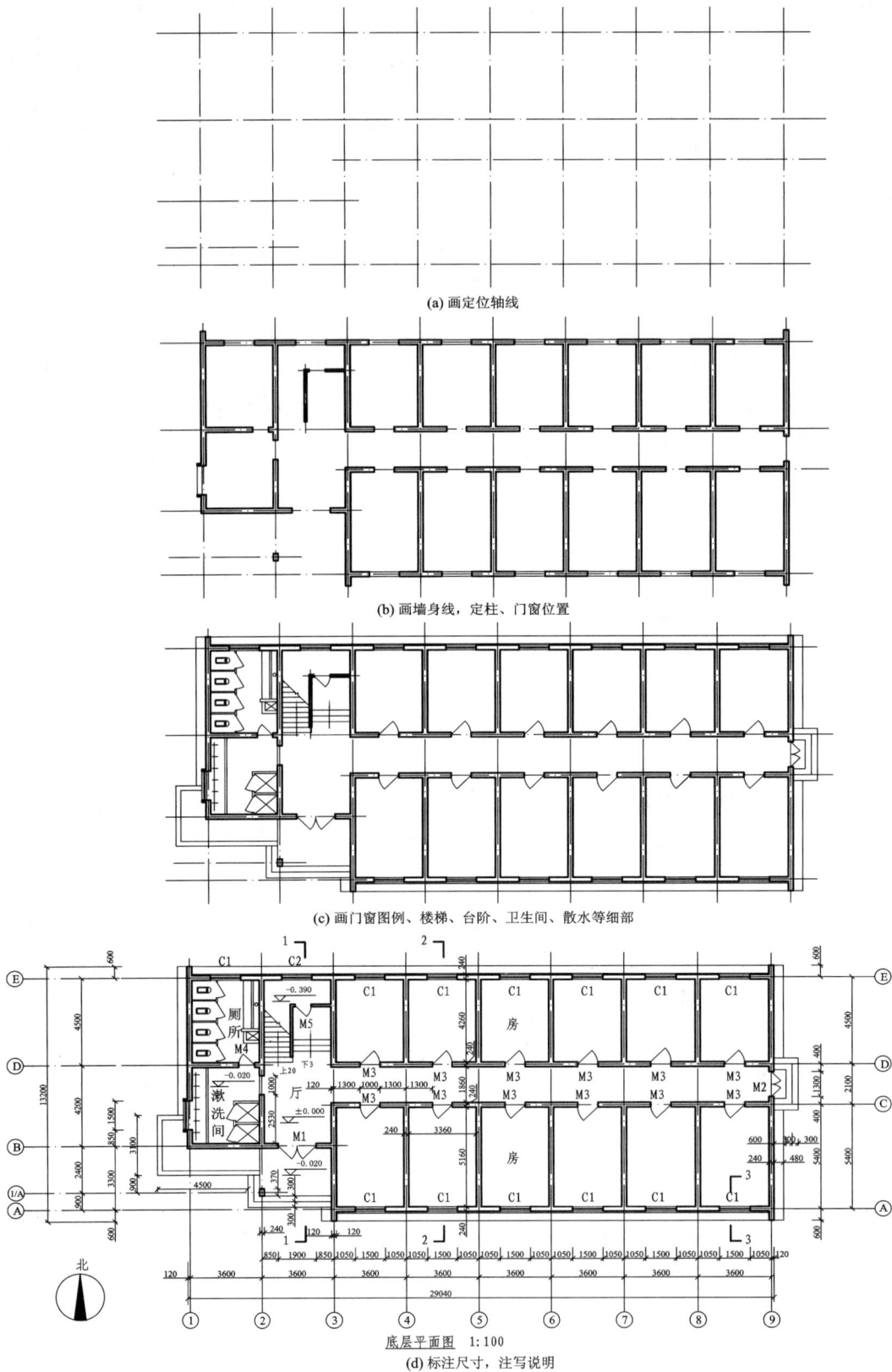

(a) 画定位轴线

(b) 画墙身线，定柱、门窗位置

(c) 画门窗图例、楼梯、台阶、卫生间、散水等细部

底层平面图 1:100

(d) 标注尺寸，注写说明

图 6.22 建筑平面图的画图步骤

(1) 画定位轴线，如图 6.22(a)所示。

(2) 画墙身线，定柱和门窗位置，如图 6.22(b)所示。

(3) 画门窗图例、楼梯、台阶、阳台、厨房、卫生间、散水等细部，如图 6.22(c)所示。

(4) 画尺寸线、标高符号以及其它符号。

(5) 注写尺寸、标高数字、轴线编号、详图索引符号和有关文字说明，填写标题栏等，完成全图，如图 6.22(d)所示。

画平面图时，应注意图线的不同类型和线宽粗细的正确使用。一般而言，定位轴线用细单点长画线(0.25b)；墙身线用粗实线(b)；门窗图例、楼梯、台阶、阳台等轮廓线用中粗实线(0.7b)；其余用细实线(0.25b)。

二、建筑立面图的绘图步骤

建筑立面图的绘制步骤：

(1) 画定位轴线，地坪线，屋面和外墙轮廓线，如图 6.23(a)所示。

(2) 画门窗洞口、窗台、台阶、雨篷、阳台等轮廓线，如图 6.23(b)所示。

(3) 画门窗扇、雨水管等细部，如图 6.23(c)所示。

(4) 画尺寸线、标高符号以及其它符号。

(5) 注写尺寸、标高数字、轴线编号、详图索引符号和有关文字说明，填写标题栏等，完成全图，如图 6.23(d)所示。

(a) 画定位轴线，地坪线，屋面和外墙轮廓线

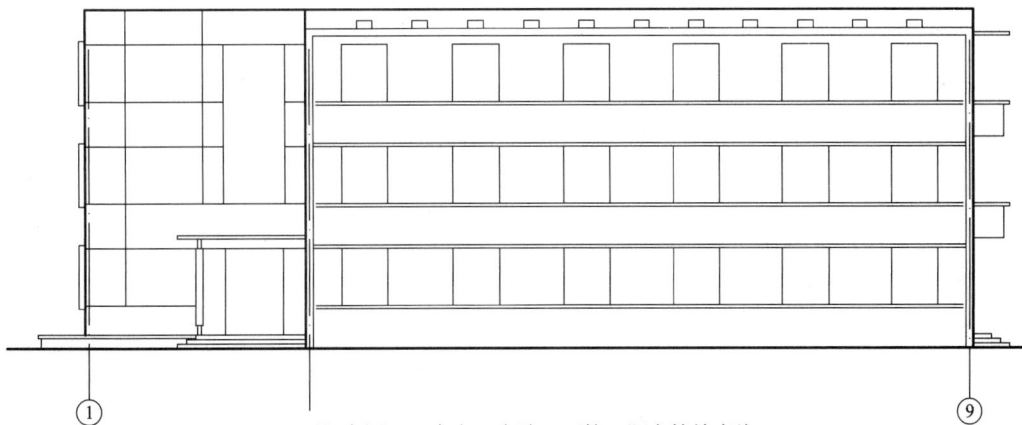

(b) 画门窗洞口、窗台、台阶、雨篷、阳台等轮廓线

(c) 画门窗扇、雨水管等细部

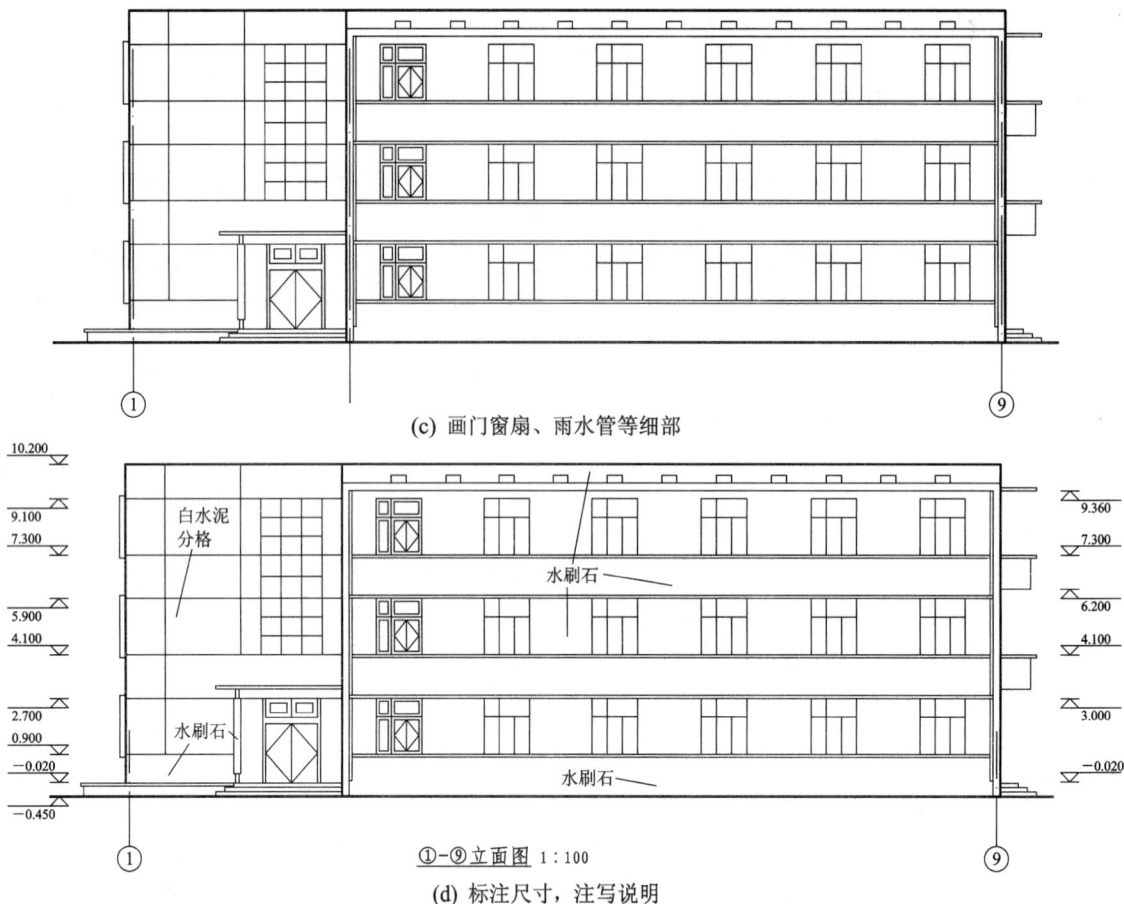

(d) 标注尺寸，注写说明

图 6.23 建筑立面图画图步骤

画立面图时，应注意图线的不同类型和线宽粗细的正确使用。一般而言，定位轴线用细单点长画线(0.25b)；室外地坪线用加粗实线(1.4b)；屋面和外墙轮廓线用粗实线(b)；门窗洞口、窗台、台阶、雨篷、阳台等轮廓线用中粗实线(0.7b)；门窗扇、雨水管等其余线条用细实线(0.25b)。

三、建筑剖面图的绘图步骤

建筑剖面图的绘制步骤如图 6.24 所示。

(1) 画定位轴线，室内、室外地坪线，屋面线，如图 6.24(a)所示。

(2) 画剖切到的墙身、底层地面架空板、楼板、屋面板、楼梯、门窗洞、梁、窗台、台阶、天沟、架空隔热层以及女儿墙、雨篷等主要构件，如图 6.24(b)所示。

(3) 画可见的过道、楼梯扶手等细部，如图 6.24(c)所示。

(4) 画材料图例。

(5) 画尺寸线、标高符号以及其它符号。

(6) 注写尺寸、标高数字、轴线编号、详图索引符号和有关文字说明，填写标题栏等，完成全图，如图 6.24(d)所示。

画剖面图时，应注意图线的不同类型和线宽粗细的正确使用。一般而言，定位轴线用细单点长画线(0.25b)；被剖切到的主要构造、构配件轮廓线，如墙身、底层地面架空板、楼板、屋面板用粗实线(b)；被剖切到的次要轮廓线，构配件可见轮廓线，如过道、楼梯扶手、女儿墙等用中粗实线(0.7b)；其余线条用细实线(0.25b)。

(a) 画定位轴线、地坪线、屋面线　　　　(b) 画剖切到的墙身，楼板、楼梯等主要构件

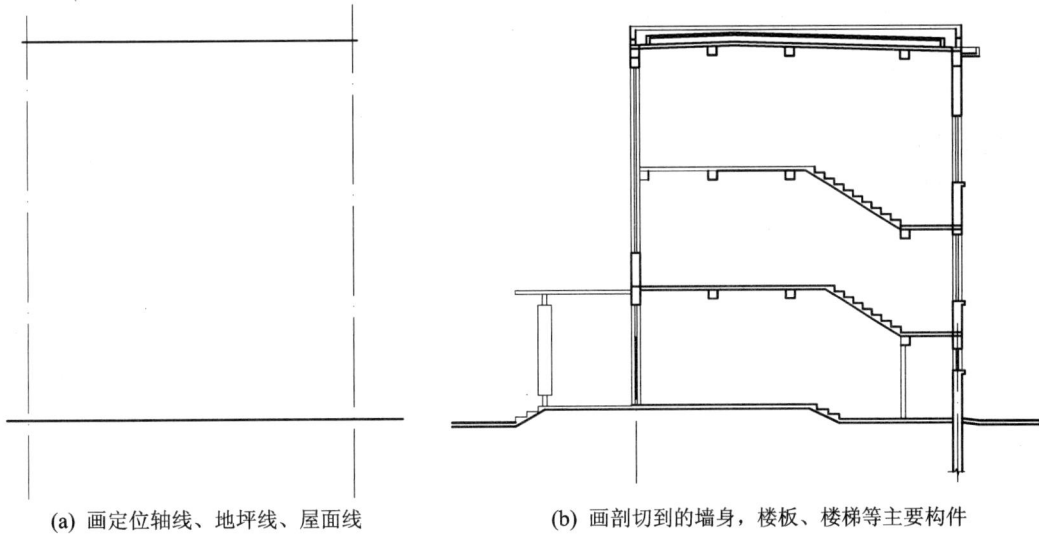

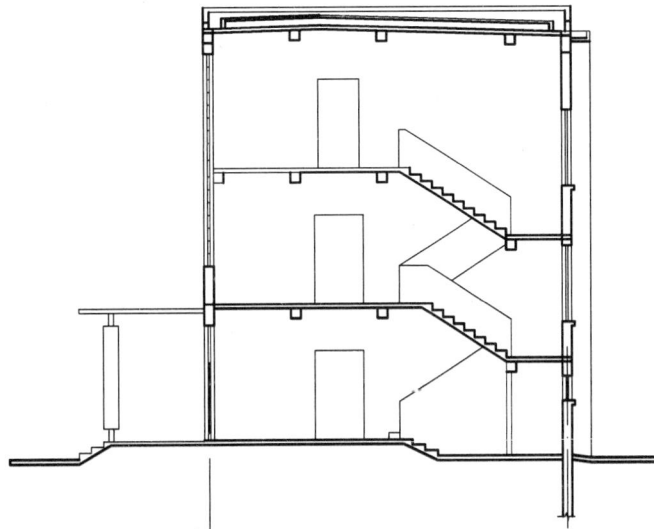

(c) 画可见的过道、楼梯扶手等细部

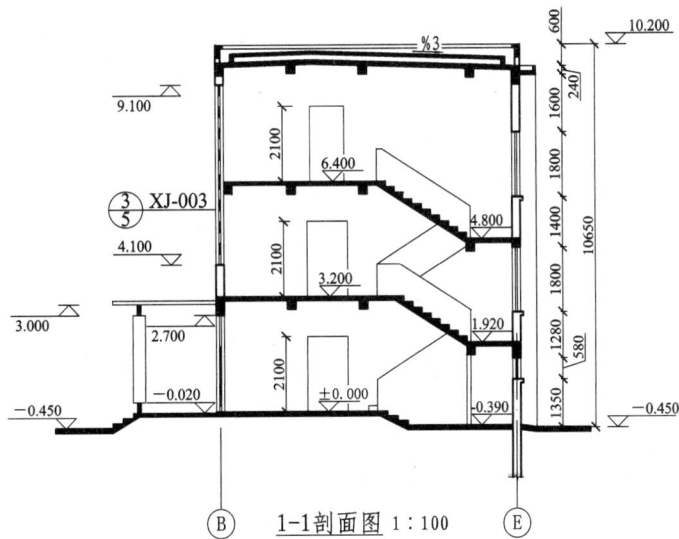

1-1剖面图 1∶100

(d) 画材料图例，标注尺寸，注写说明

图 6.24　建筑剖面画图步骤

总之，建筑平面图、建筑立面图、建筑剖面图的绘制步骤可以总结为五步：

(1) 画定位轴线网。

(2) 画建筑物的主要轮廓线。

(3) 画建筑物的细部。

(4) 画尺寸线、标高符号以及其它符号。

(5) 检查无误后，注写尺寸、标高数字、轴线编号、详图索引符号和有关文字说明，填写标题栏等，完成全图。

第7章　建筑电气工程图

7.1　建筑电气工程图概述

一、建筑设备施工图

建筑设备是保障一幢房屋能够正常使用的必备条件，也是房屋的重要组成部分。整套的建筑设备一般包括给排水设备、供暖与通风设备、电气设备、天然气设备等。建筑设备施工图所表达的内容就是这些设备的安装及施工要求。各种建筑设备施工图都有自己的特点，并且与建筑结构有着密切的联系。

建筑设备施工图按照专业可划分为给排水施工图、采暖通风施工图、电气施工图等。识读各类建筑设备施工图应注意以下几点：

(1) 各设备系统一般采用统一的图例符号表示，这些图例符号一般并不完全反映实物的原形。因此，要了解这类图纸，首先应了解与图纸有关的各种图例符号及其所代表的内容。

(2) 各设备系统都有自己的走向，在识图时，应按一定顺序去读，使设备系统一目了然，更加易于掌握，并能尽快了解全局。例如在识读电气系统和给水系统时，一般应按下面的顺序进行：

电气系统：进户线→配电盘→干线→分配电板→支线→用电设备。

给水系统：引入管→水表井→干管→立管→支管→用水设备。

(3) 各设备系统常常是纵横交错敷设的，在平面图上难于看懂，一般需配备辅助图形——轴测投影图来表达各系统的空间关系。这样，两种图形对照阅读，就可以把各系统的空间位置完整地体现出来，更加有利于对各施工图的识读。

(4) 各设备系统的施工安装、管线敷设需要与土建施工相互配合，在看图时，应注意不同设备系统的特点及其对土建施工的不同要求(如管沟、留洞、埋件等)，注意查阅相关的土建图样，掌握各工种图样间的相互关系。

二、建筑电气工程图

1. 电气工程图的基本概念

建筑电气工程图是阐述建筑电气系统的工作原理，描述建筑电气产品的构成和功能，用来指导各种电气设备、电气线路的安装、运行、维护和管理的图样，是编制建筑电气工程预算和施工方案，并用于指导施工的重要依据。它是用规定的图形符号和文字符号来表示系统的组成及连接方式，以及装置和线路的具体安装位置和走向的图纸。

建筑电气工程图的特点：

(1) 简图是电气图的主要表达形式。

(2) 元器件和连接线是电气图的主要表达内容。

(3) 图形符号、文字符号和项目代号是组成电气图的基本要素。

(4) 电气图中的元器件都是按正常状态绘制的。

(5) 电气图与主体工程或配套工程相关联——建筑电气工程图。

2．建筑电气工程图的组成

建筑电气工程图设计文件是以单项工程为单位编制，电气工程图的图样一般有图纸目录、电气总平面图、电气系统图、电气设备平面图、控制原理图、大样图、电缆清册、设计说明、主要设备材料表等。

1) 图纸目录

图纸的编排一般是全局性图纸在前，说明局部的图纸在后；先施工的在前，后施工的在后；重要图纸在前，次要图纸在后。一般按照平面图、系统图、详图的顺序列出，内容有序号、图纸的名称、编号和张数等。

2) 电气总平面图

电气总平面图是在建筑总平面图上表示电源及电力负荷分布的图样，主要表示各建筑物的名称或用途、电力负荷的装机容量、电气线路的走向及变配电装置的位置、容量和电源进户的方向等。

3) 电气系统图

电气系统图是用单线图表示电能或电信号连接回路的图样，主要表示各个回路的名称、用途、容量，主要电气设备、开关元件以及导线电缆的规格型号等。从中可以了解回路个数及主要用电设备的容量、控制方式等。

4) 电气设备平面图

电气设备平面图是在建筑物的平面图上标出电气设备、元件、管线实际布置的图样，主要表示其安装位置、安装方式、规格型号、数量等。

5) 控制原理图

控制原理图是表示电气设备及元件控制方式、控制线路的图样，用来指导某一设备或系统的安装、接线、调试、使用与维护。

6) 大样图

大样图一般是用来表示电气工程中某一部分或某一设备元件的结构或具体安装方法的图样，大样图通常采用标准通用图集。

7) 电缆清册

电缆清册用表格的形式表示该系统中电缆的规格、型号、数量、走向、敷设方法、头尾接线部位等内容。一般使用电缆较多的工程均有电缆清册，简单工程通常没有电缆清册。

8) 设计说明

电气施工图以设计图样为主，设计说明为辅。设计说明是指在图样上不易表达，可以用文字统一说明的问题。如工程概况、工程的设计范围、工程的类别和级别(防火、防雷、防暴)、电源概况、元器件选型、电气安保措施、自编图形符号、施工要求和注意事项等。

9) 主要设备材料表

主要设备材料表一般列出系统主要设备及主要材料的规格、型号、数量、具体要求。但表中的数量一般只作为估算数量，不作为设备和材料的供货依据。

3．建筑电气工程图的阅读方法

不同于机械工程图，建筑电气工程图中的电气设备和线路是在简化的建筑图上绘制的，所以不但要了解电气工程图的基本知识，还要了解建筑施工图的一些特点，按照合理的次序看图，才能较快地看懂电气工程图。阅读建筑电气工程图时应注意以下几点：

(1) 首先看图纸目录、图例、设计说明和设备材料明细表，了解工程概况，供电电源的进线、电压等级、施工要求等。

(2) 要熟悉国家统一的图形符号、文字符号和项目代号。构成电气图的元件、设备和线路很多，都是用简图符号来表示的，因此阅读电气工程图一定要掌握大量的图形符号和文字符号，并理解这些符号所代表的内容含义。

(3) 了解图样所使用的标准，如"GB"为我国的国家标准，"IEC"为国际电工委员会标准，"DIN"为德国国家标准，"JSN"为日本国家标准。还有其它的工业标准，如"JG"为建筑工业标准，"DL"为电力工业标准。

(4) 看电气工程图时各种图样要结合起来看，并注意一定的顺序。平面图和系统图要结合起来看，平面图找位置，系统图找联系。安装接线图与原理图结合起来看，接线图找位置，原理图分析工作原理。

(5) 看电气施工图要与土建工程及其它工程配合进行，线路的敷设与其它管道的走向有关，电气设备的安装位置、安装方法与墙体、楼板的材料有关，所以需要了解其它工程对电气工程的影响，掌握一些土建图的基本符号，掌握各种图样的相互关系。

7.2　电气图的表达形式及通用画法

一、电气图的表达形式

《电气技术用文件的编制》中规定，电气图的表达形式分为以下四种。

1. 图

图是图示法的各种表达形式的统称。图也可定义为用图的形式来表示信息的一种技术文件。

根据定义，图的概念是广泛的。它不仅指用投影法绘制的图(如各种机械图)，也包括用图形符号绘制的图(如各种简图)以及用其它图示法绘制的图(如各种表图)等。

2. 简图

简图是用图形符号、带注释的围框或简化外形表示系统或设备中各组成部分之间相互关系及其连接关系的一种图。在不致引起混淆时，简图可简称为图。简图是电气图的主要表达形式。电气图中的大多数图种，如系统图、电路图、逻辑图和连接图等都属于简图。

"简图"是一种技术术语，切不可从字义上去理解为简单的图。应用这一术语的目的是为了把这种图与其它的图相区别。再者，我国有些部门曾经把这种图称为"略图"。为了与其它国家标准，如《机械制图机构运动简图符号》的术语协调一致，故采用了"简图"而不用"略图"。

3. 表图

表图是表示两个或两个以上变量之间关系的一种图。在不致引起混淆时，表图也可简称为图。

表图所表示的内容和方法都不同于简图。经常碰到的各种曲线图、时序图等都属于表图之列。之所以用"表图"，是因为这种形式主要是图而不是表。国家标准把表图作为电气图的表达形式之一，也是为了与国际标准取得一致。

4. 表格

表格是把数据纵横排列的一种表达形式，用以说明系统、成套装置或设备中组成部分的相互关系或连接关系，或者用以提供工作参数等。表格可简称为表，如设备元件表、接线表等。表格可以作为图的补充，也可以用来代替某些图。

二、电气图的通用画法

电气图的通用画法也可以称为通用表示法。

1. 线路的表示方法

以典型照明为例的线路表示方法,参见图 7.1 所示。图中所示为一照明配电箱,共两路:一路为单相两孔及单相三孔插座各一只;另一路为一个双联单控开关,分别控制两盏双管日光灯及一个调速开关(控制一台吊扇)。

(1) 多线表示:如图 7.1(a)所示,指每根导线在简图上都分别用一条线表示的方法。

(2) 单线表示:如图 7.1(b)所示,指两根或两根以上的导线,在简图上只用一条线表示的方法。

(3) 组合表示:将两种方式结合使用,表达更为清楚,在其中途汇入、汇出时用斜线表示去向。

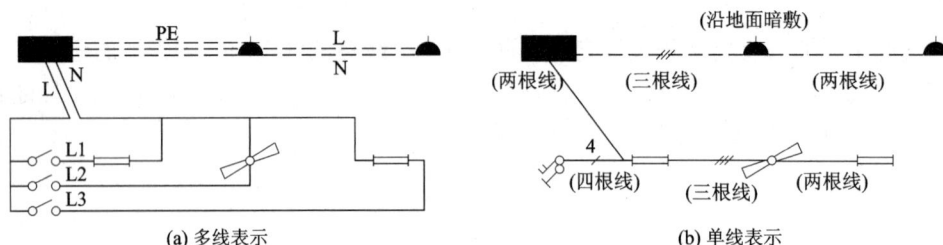

图 7.1 典型照明为例的线路表示方法

宜多线表示的情况,如图 7.2 所示,楼上、楼下各设一个单极双控开关,控制一盏楼梯灯的亮/熄。右图为左图多线表示的简化单线表示方法。单线表示法虽然可以勉强表示,但难于理解和施工,这种情况适合多线表达。

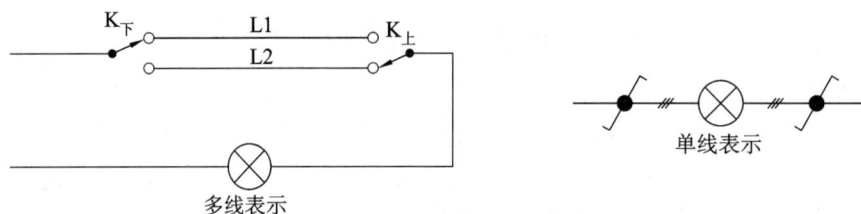

图 7.2 宜多线表示的线路

2. 元件的表示方法

1) 元件中功能相关的各个部分的表示

(1) 集中表示法:把各个部分集中在一起表示,如图 7.3(a)所示。

(2) 半集中表示法:利用连接符号(多为虚线,也有 INT、OUT 等标记)连接具有功能联系的各个元件,各元件布局比较分散,如图 7.3(b)所示。

(3) 分开表示法:元件布局分散图中,以参照代号将其连接起来,如图 7.3(c)所示。

(4) 重复分开表示法:在图上两处以上地方多次出现的复杂符号,在图上仅用同一参照代号重复表示,如图 7.3(d)所示。

(5) 综合表示法:上述方法结合使用。

2) 元件中功能不相关的各个部分的表示

(1) 组合表示法:围框框住各符号,如图 7.4(a)所示,封装在一个单元内的两个断路器;并列在一起,如图 7.4(b)所示,封装在一个单元的四输出与非门。

(2) 分立表示法:功能独立的部分分置于图上各位置,通过参照代号相关联。图 7.4(c)、(d)所示分别为图 7.4(a)、(b)所示的分立表达方式。

(a) 集中表示　　　　　　(b) 半集中表示　　　　　　(c) 分开表示

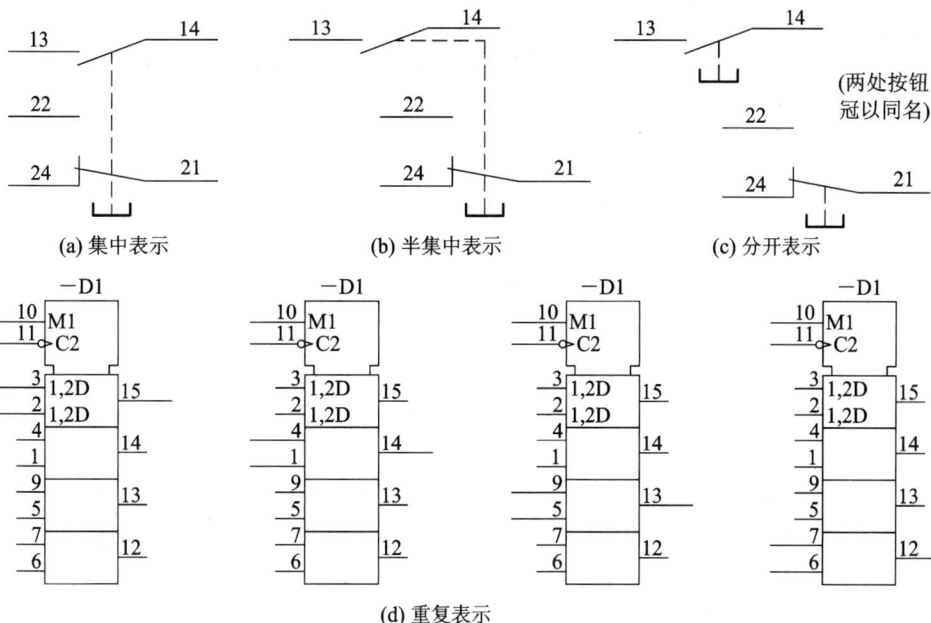

(d) 重复表示

图 7.3　元件中功能相关部分的表示方法

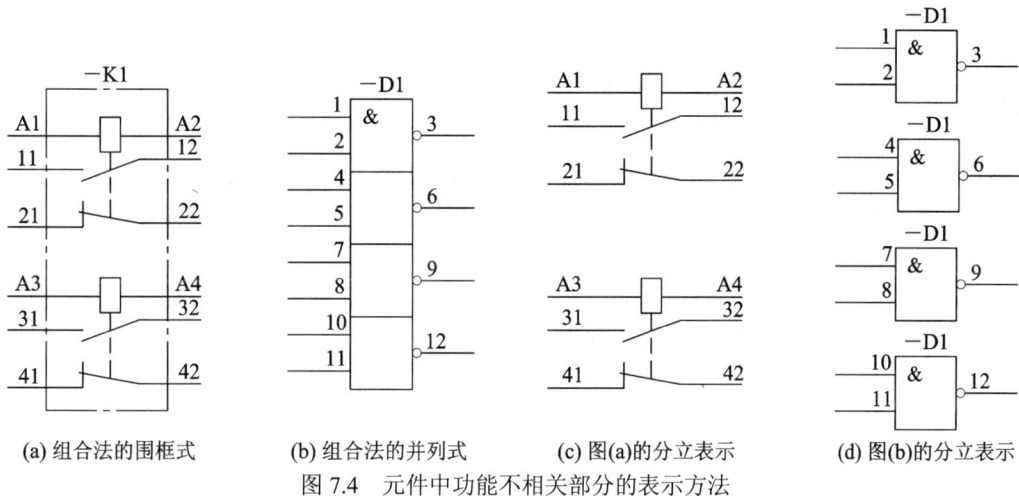

(a) 组合法的围框式　　(b) 组合法的并列式　　(c) 图(a)的分立表示　　(d) 图(b)的分立表示

图 7.4　元件中功能不相关部分的表示方法

3. 连线

1) 连接线

(1) 一般规定：除了按照位置布局的图形外，连接线应为水平或垂直取向的直线，应尽量避免交叉和弯曲。元件对称布局或改变相序时要用斜线，使表达更为清楚。

(2) 接点：连接线的交叉与跨接，可参见图 7.5。两种方式不可混用。

(3) 重要的电路：为突出和区分某些重要的电路可采用粗实线。

(4) 预留线：可用虚线表示。

(5) 标记：连接线、中断线需要标记时，标记应沿着连接线水平放置或垂直放置在左侧或放置在中断处。

跨越　　　　　　　　连接　　　　　　　　跨越　　　　连接

(a) 方法一　　　　　　　　　　　　　(b) 方法二

图 7.5　交叉线跨越和连接的两种常见表示方法

2) 中断线

连接需要穿越图形或连接到另外一张图纸时线路可以中断，中断点对应于连接点要进行对应的标注，可参见图7.6。

(a) 中断对应标注

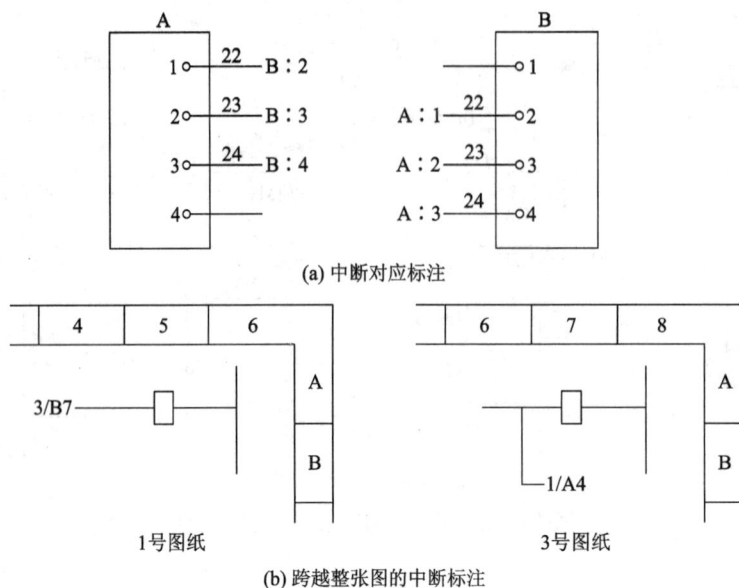

1号图纸　　　　　　　　　3号图纸

(b) 跨越整张图的中断标注

图7.6　线路的中断表示方法

3) 平行连接线

(1) 分组：如果有六根或六根以上的平行连接线，则应将它们分组排列。

(2) 线束：多根平行连接线可用一根图线来表示，电气工程图中一般通过线束表示的连接线数目应表示出来，参见图7.7。

线少时，标以相应数量的短斜线；当线路只有两根线时，标识省去，如图7.7(a)所示；线多时，用一根短斜线加连接线的数字表示，如图7.7(b)所示。

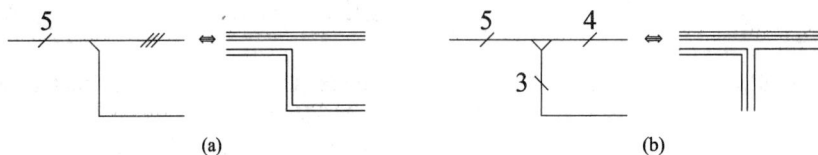

(a)　　　　　　　　　　　(b)

图7.7　线束的表示方法

7.3　电气图用图形符号和文字符号

一、图形符号

1. 标准

国家建筑设计图集00DX001《建筑电气工程设计常用图形和符号》按我国工业和民用建筑电气技术应用文件的编制需要，依据最新颁布的各种标准编制。它包括电气工程设计中常用的功能性文件、位置文件的图形和文字符号；电力设备、安装方式的标注；项目种类的字母代号；供电条件的文字符号；常用辅助文字符号；信号灯、按钮及导线的颜色标记等内容。

00DX001《建筑电气工程设计常用图形和符号》引用的现行标准包括以下内容：

◇　GB/T4758《电气简图用图形符号标准》

- ◇　GB/T6988《电气技术用文件的编制》
- ◇　GB/T5465《电气设备用图形符号》
- ◇　GB/T7159《电气技术中的文字符号定制通则》
- ◇　GB/T2900《电工术语》
- ◇　GB/T4327《消防文件用设备用图形符号》
- ◇　GB/T2625《过程检测和控制流程图用图形符号和文字代号》
- ◇　GB/T50311《建筑与建筑群综合布线系统工程设计规范》
- ◇　YD5082《建筑与建筑群综合布线系统工程设计施工图集》
- ◇　YD/T5015《电信工程制图与图形符号》
- ◇　GA/T74《安全防范系统通用图形符号》
- ◇　GA/T229《火灾报警设备用图形符号》

2. 应用

图形符号可根据需要缩小或放大；项目种类代码优先采用单字母；同一套图中，同一含义对象应固定使用一种符号，应保持一般形状，比例大小相同；强调某个方向内容或增加输入输出线数时可采用不同大小。

大多数符号为信号流按"从左至右"、"从上至下"的方向设置。文字和指示方向不能侧置。关于触点和开关的取向，垂直位时，静触点在上。改变取向时，要保持动触点由非动作位受力后运动方向为垂直位向右，水平位向上。

3. 常用图形符号

1) 常用强电图形符号

(1) 常规标注的图形符号如表 7.1 所示。

表 7.1　常规标注的图形符号

序号	常用图形符号	说　明	应用类型
1		柔性连接	
2	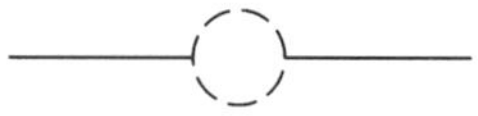	屏蔽导体	
3	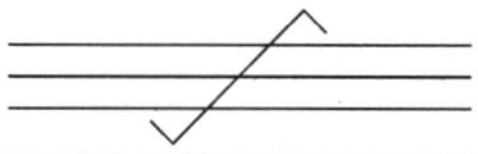	绞合导线，示出三根	
4	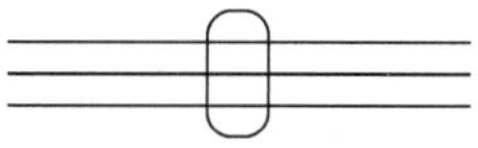	电缆中的导线，示出三根	
5	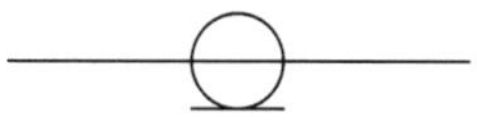	同轴对	电路图、平面图、系统图
6		屏蔽同轴对	
7	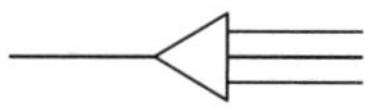	电缆密封终端，表示带有一根三芯电缆	
8	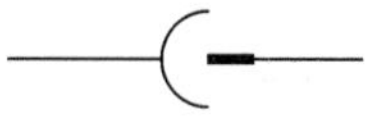	插头和插座	
9	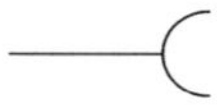	阴接触件(连接器的) 插座	
10		阳接触件(连接器的) 插座	

(2) 线路标注的图形符号如表 7.2 所示。

表 7.2　线路标注的图形符号

序号	常用图形符号	说　明	应用类型
1		中性线	电路图、平面图、系统图
2	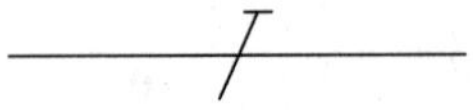	保护线	
3	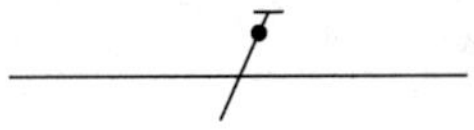	保护线和中性线共用	
4		带保护线和中性线的三相线路	
5		向上配线或布线	平面图
6		向下配线或布线	
7		垂直通过配线或布线	
8		由下引来配线或布线	
9		由上引来配线或布线	

(3) 开关、触点的图形符号如表 7.3 所示。

表 7.3　开关、触点的图形符号

序号	常用图形符号	说　明	应用类型
1		单联单控开关	平面图
2		双联单控开关	
3		三联单控开关	
4	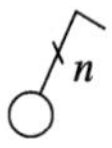	n 联单控开关	
5		带指示灯的单联单控开关	
6		带指示灯的双联单控开关	
7		带指示灯的三联单控开关	
8	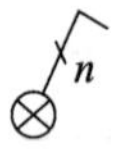	带指示灯的 n 联单控开关，$n>3$	

序号	常用图形符号	说　明	应用类型
9		单极限时开关	
10		单极声光控开关	平面图
11		双控单极开关	
12		动合(常开)触点	
13		动断(常闭)触点	
14		中间断开的转换触点	
15		延时闭合的动合触点	
16		延时断开的动合触点	
17		延时断开的动断触点	
18		延时闭合的动断触点	电路图、接线图
19		自动复位的手动按钮开关	
20		无自动复位的手动旋转开关	
21		具有动合触点且自动复位的蘑菇头式应急按钮开关	
22		热继电器，动断触点	
23		隔离开关	
24		负荷开关	
25		断路器	
26		熔断器式隔离开关	

(4) 电动机的图形符号如表 7.4 所示。

表 7.4 电动机的图形符号

序号	常用图形符号	说　明	应用类型
1	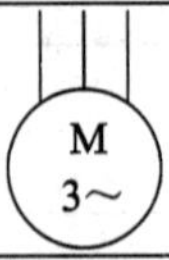 M 3～	三相笼式异步电动机	电路图
2	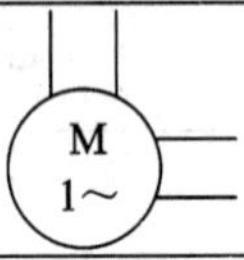 M 1～	单相笼式有分相端子的异步电动机	
3	 M 3～	三相绕线转子异步电动机	

(5) 其它设备、元件的图形符号如表 7.5 所示。

表 7.5 其它设备的图形符号

序号	常用图形符号	说　明	应用类型
1	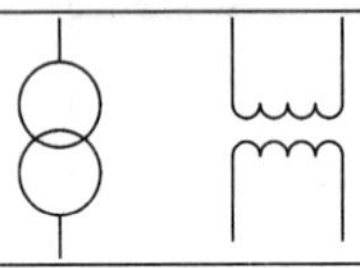	电压互感器(两种形式)	
2	 Y Y △	三绕组电压互感器	
3	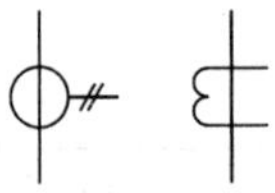	电流互感器	
4	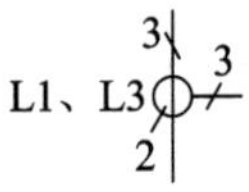 L1、L3	两个电流互感器(第 1、3 相各有一个，三根二次引线)	
5	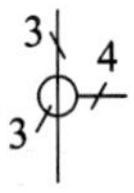	三个电流互感器(四根二次引线)	电路图、接线图、平面图、系统图
6		具有两个铁芯，每个铁芯有一个一次绕组的电流互感器	
7	 Y △	三角形—星形连接的三相变压器	
8		自偶变压器	
9		避雷器	

2) 常用弱电图形符号

(1) 火灾自动报警与消防联动控制系统常用图形符号如表 7.6 所示。

表 7.6 火灾自动报警与消防联动控制系统常用图形符号

序号	常用图形符号	说　明	应用类型
1		感温火灾探测器 (线型)	
2		感烟火灾探测器 (点型)	
3		感烟火灾探测器 (点型、非地址码型)	
4		感烟火灾探测器 (防爆型)	
5		感光火灾探测器(点型)	
6		红外感光火灾探测器(点型)	
7		紫外感光火灾探测器(点型)	
8		可燃气体探测器	
9		复合式感光感烟火灾探测器(点型)	
10		复合式感光感温火灾探测器(点型)	平面图、系统图
11		复合式感烟感温火灾探测器(点型)	
12		光束感烟火灾探测器(线型，发射部分)	
13		光束感烟火灾探测器(线型，接收部分)	
14		光束感烟感温火灾探测器(线型，发射部分)	
15		光束感烟感温火灾探测器(线型，接收部分)	
16		手动火灾报警器	
17		消火栓启泵按钮	
18		火警电话	
19		火警电话插孔(对讲电话插孔)	

续表

序号	常用图形符号	说　明	应用类型
20	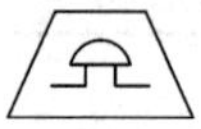	火警电铃	平面图、系统图
21	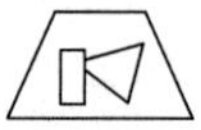	火灾发声报警器	
22		火灾光报警器	
23	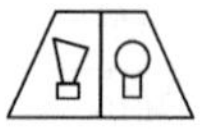	火灾声光报警器	
24	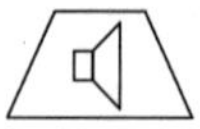	火灾应急广播扬声器	
25	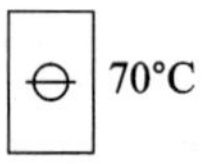 70℃	70℃动作的常开防火阀	
26	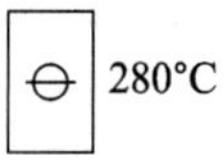 280℃	280℃动作的常开排烟阀	
27	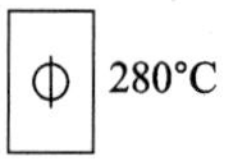 280℃	280℃动作的常闭排烟阀	
28		加压送风口	
29	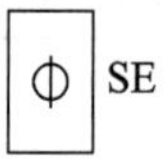 SE	排烟口	

(2) 通信及综合布线系统常用图形符号如表 7.7 所示。

表 7.7　通信及综合布线系统常用图形符号

序号	常用图形符号	说　明	应用类型
1	MDF	总配线架(柜)	平面图、系统图
2	ODF	光纤配线架(柜)	
3	IDF	中间配线架(柜)	
4	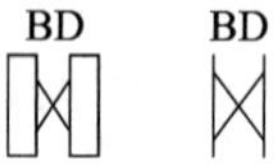 BD　　BD	建筑物配线架(柜)，有跳线连接	系统图
5	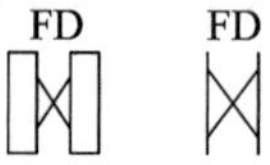 FD　　FD	楼层配线架(柜)，有跳线连接	
6	BD	建筑物配线架(柜)	平面图、系统图
7	FD	楼层配线架(柜)	
8	HUB	集线器	

序号	常用图形符号	说　明	应用类型
9	SW	交换机	
10	TP　TP	电话插座	
11	TD　TD	数据插座	平面图、系统图
12	TO　TO	信息插座	
13	nTO　nTO	n 孔信息插座	

(3) 有线电视及卫星接收系统常用图形符号如表 7.8 所示。

表 7.8　有线电视及卫星接收系统常用图形符号

序号	常用图形符号	说　明	应用类型
1		天线，一般符号	
2	 ▷	放大器、中继器一般符号(三角形指向传输方向)	
3	MOD	调制解调器	
4	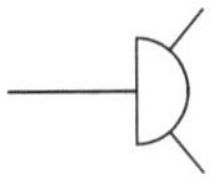	两路分配器	
5	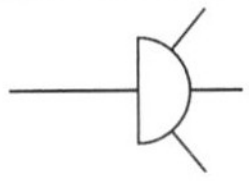	三路分配器	平面图、系统图
6	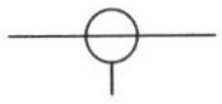	分支器(表示一个信号分支)	
7	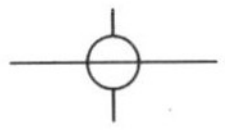	分支器(表示两个信号分支)	
8	TV　TV	电视插座	

二、文字符号

为了更明确地区分不同的设备、元器件，还必须在图形符号旁标注相应的文字符号。文字符号通常由基本文字符号、辅助文字符号和数字序号等组成，文字符号中的字母为英文字母。

1. 基本文字符号

基本文字符号用来表示电气设备、装置和元器件以及线路的基本名称、特性。

1) 单字母符号

单字母符号用来表示按照国家标准划分的 23 大类电气设备、装置和元器件，如表 7.9 所示。

表 7.9 单字母符号

字母代码	项目种类	举 例
A	组件 部件	分离元器件放大器、磁放大器、激光器、微波发生器、印刷电路板 本表其它地方未提到的组件、部件
B	变换器(从非电量到电量，或相反)	热电传感器、热电池、光电池、测功计、晶体换能器、送话器、拾音器、扬声器、耳机、自整角机、旋转变压器
C	电容器	—
D	二进制单元 延迟器件 存储器件	数字集成电路和器件、延迟线、双稳态元件、单稳态元件、磁芯存储器、寄存器、磁带记录机、盘式记录机
E	杂项	光器件、热器件 本表其它地方未提到的元器件
F	保护器件	熔断器、过电压放电器件、避雷器
G	发电机、电源	旋转发电机、旋转变频机、电池、振荡器、石英晶体振荡器
H	信号器件	光指示器、声指示器
K	继电器、接触器	—
L	电感器、电抗器	感应线圈、线路陷波器、电抗器
M	电动机	—
N	模拟集成电路	运算放大器、模拟/数字混合器件
P	测量设备 试验设备	指示、记录、测量设备，信号发生器，时钟
Q	电力电路开关	断路器、隔离开关
R	电阻器	可变电阻器、电位器、变阻器、分流器、热敏电阻
S	控制电路的开关选择器	控制开关、按钮、限制开关、选择开关、选择器、拨号接触器、连接器
T	变压器	电压互感器、电流互感器
U	调制器 变换器	鉴频器、解调器、变频器、编码器、逆变器、交流器、电报译码器
V	电真空器件 半导体器件	电子管、气体放电管、晶体管、晶闸管、二极管
W	传输通道 波导、天线	导线、电缆、母线、波导、波导定向耦合器、偶极天线、抛物面天线
X	端子 插头、插座	插头和插座、测试塞孔、端子板、焊接端子板、连接片、电缆封端和接头
Y	电气操作的机械装置	制动器、离合器、气阀
Z	终端设备、混合变压器 滤波器、均衡器、限幅器	电缆平衡网络、压缩扩展器、晶体滤波器、网络

2) 双字母符号

双字母符号由单字母符号后面另加一个字母组成，目的是为了更加详细、具体地表示电气设备、装置和元器件的名称，如表 7.10 所示。

表 7.10　双字母符号

序号	名称	单字母	双字母	序号	名称	单字母	双字母
1	发电机	G		7	控制开关	S	SA
	直流发电机	G	GD		行程开关	S	ST
	交流发电机	G	GA		限位开关	S	SL
	同步发电机	G	GS		终点开关	S	SE
	异步发电机	G	GA		微动开关	S	SS
	永磁发电机	G	GM		脚踏开关	S	SF
	水轮发电机	G	GH		按扭	S	SB
	汽轮发电机	G	GT		接近开关	S	SP
	励磁机	G	GE				
2	电动机	M		8	电磁铁	Y	YA
	直流电动机	M	MD		制动电磁铁	Y	YB
	交流电动机	M	MA		牵引电磁铁	Y	YT
	同步电动机	M	MS		起重电磁铁	Y	YL
	异步电动机	M	MA		电磁离合器	Y	YC
	笼型电动机	M	MC				
3	绕组	W		9	继电器	K	
	电枢绕组	W	WA		中间继电器	K	KM
	定子绕组	W	WS		电压继电器	K	KV
	转子绕组	W	WR		电流继电器	K	KA
	励磁绕组	W	WE		时间继电器	K	KT
	控制绕组	W	WC		频率继电器	K	KF
4	整流器	U			压力继电器	K	KP
	变流器	U			控制继电器	K	KC
	逆变器	U			信号继电器	K	KS
	变频器	U			接地继电器	K	KE
					接触器	K	KM
5	断路器	Q	QF	10	电容器	C	
	隔离开关	Q	QS	11	电感器	L	
	转换开关	Q	QC		电抗器	L	
	刀开关	Q	QK		起动电抗器	L	LS
					感应线圈	L	
6	变压器	T		12	避雷器	F	
	电力变压器	T	TM		熔断器	F	FU
	控制变压器	T	T	13	电阻器	R	
	升压变压器	T	TU		变阻器	R	
	降压变压器	T	TD		电位器	R	RP
	自耦变压器	T	TA		启动电阻器	R	RS
	整流变压器	T	TR		制动电阻器	R	RB
	电炉变压器	T	TF		频敏电阻器	R	RF
	稳压器	T	TS		附加电阻器	R	RA
	互感器	T		14	电缆	W	
	电流互感器	T	TA		电线	W	
	电压互感器	T	TV		母线	W	

续表

序号	名称	单字母	双字母	序号	名称	单字母	双字母
15	照明灯	E	EL	20	天线	W	
	指示灯	H	HL	21	测量仪表	P	
16	调节器	A		22	变换器	B	
	放大器	A			压力变换器	B	BP
	晶体管放大器	A	AD		位置变换器	B	BQ
	电子管放大器	A	AV		温度变换器	B	BT
	磁放大器	A	AM		速度变换器	B	BV
17	蓄电池	G	GB		自整角机	B	
	光电池	B			测速发电机	B	BR
18	晶体管	V			送话器	B	
	电子管	V	VE		受话器	B	
19	接线性	X			拾音器	B	
	连接片	X	XB		扬声器	B	
	插头	X	XP		耳机	B	
	插座	X	XS				

2. 辅助文字符号

辅助文字符号用来表示电气设备装置和元器件，也用来表示线路的功能、状态和特征。常见的辅助文字符号如表 7.11 所示。

表 7.11　常用辅助文字符号

序号	名称	符号	序号	名称	符号	序号	名称	符号	序号	名称	符号
1	高	H	9	反	R	17	电压	V	25	自动	A, AUT
2	低	L	10	红	RD	18	电流	A	26	手动	M, MAN
3	升	U	11	绿	GN	19	时间	T	27	启动	ST
4	降	D	12	黄	YE	20	闭合	ON	28	停止	STP
5	主	M	13	白	WH	21	断开	OFF	29	控制	C
6	辅	AUX	14	蓝	BL	22	附加	ADD	30	信号	S
7	中	M	15	直流	DC	23	异步	ASY			
8	正	FW	16	交流	AC	24	同步	SYN			

3. 特殊文字符号

在电气工程图中，一些特殊用途的接线端子、导线常采用专用文字符号标注，常见的特殊文字符号如表 7.12 所示。

表 7.12　常用特殊文字符号

序号	名称	文字符号	序号	名称	文字符号
1	交流系统电源第 1 线	L1	7	交流系统设备第 3 线	W
2	交流系统电源第 2 线	L2	8	直流系统电源正极	L+
3	交流系统电源第 3 线	L3	9	直流系统电源负极	L-
4	中性导体	N	10	直流系统电源中间导体	M
5	交流系统设备第 1 线	U	11	接地	E
6	交流系统设备第 2 线	V	12	保护导体	PE

续表

序号	名　称	文字符号	序号	名　称	文字符号
13	不接地保护	PU	17	等电位	CC
14	PEN 导体 保护接地导体和中性导体共用	PEN	18	交流电	AC
15	低噪声接地导体	TE	19	直流电	DC
16	机壳和机架	MM			

4．文字标注

1) 线路的敷设方式

线路的敷设方式的标注字母如表 7.13 所示。

表 7.13　线路的敷设方式的标注

序号	名　称	标注字母	备　注
1	穿焊接钢管敷设	SC	含其它厚壁管(其它标注方式：G、GG)
2	穿电线管敷设	MT	含其它薄壁管(其它标注方式：薄管 DG、厚管 G)
3	穿硬塑料管敷设	PC	其它标注方式：VG
4	穿阻燃半硬塑料管敷设	FPC	其它标注方式：ZVG
5	在电缆桥架内敷设	CT	
6	在金属线槽内敷设	MR	其它标注方式：SR、GC、GXC
7	在塑料线槽内敷设	PR	其它标注方式：KRG
8	穿塑料波纹电线管敷设	KPC	
9	穿金属软管敷设	CP	
10	地下直埋敷设	DB	
11	在电缆沟内敷设	TC	
12	在混凝土排管内敷设	CE	
13	用钢索敷设	M	其它标注方式：SR、S

2) 导线的敷设部位

导线的敷设部位的标注字母如表 7.14 所示。

表 7.14　导线的敷设部位的标注

序号	名　称	标注字母	其它标注方式
1	沿或跨梁(屋架)敷设	AB	BE、LM
2	暗敷在梁内	BC	LA
3	沿或跨柱敷设	AC	CLE、ZM
4	暗敷在柱内	CLC	ZA
5	沿墙面敷设	WS	WE、QM
6	暗敷设在墙内	WC	QA
7	沿天棚或顶板面敷设	CE	PMW
8	暗敷设在屋面或顶板内	CC	PA
9	吊顶内敷设	SCE	能进入 ACE、PNM；不能进入 AC、PNA
10	地板或地面下敷设	FC	DA、FR

3) 灯具的安装方式

灯具的安装方式的标注字母如表 7.15 所示。

表 7.15 灯具的安装方式的标注

序号	名称	标注文字符号		序号	名称	标注文字符号	
		新标准	旧标准			新标准	旧标准
1	线吊式	SW	WP	7	顶棚内安装	CR	DR
2	链吊式	CS	C	8	墙壁内安装	WR	BR
3	管吊式	DS	P	9	支架上安装	SP	S、J
4	壁装式	W	W	10	柱上安装	CL	Z
5	吸顶式	C	—	11	座装	HM	ZH
6	嵌入式	R	R	12	台上安装	T	T

4) 电气工程中常用文字符号标注

电气工程的平面图及系统图中的电力设备、线路常常需要文字标注，其文字标注方式有统一的国家标准，如表 7.16 所示。

表 7.16 电气工程设计中常用的文字符号标注

序号	项目种类	标注方式	说 明	示 例
1	用电设备	$\dfrac{a}{b}$	a—设备编号或设备位号 b—额定功率(kW 或 kVA)	$\dfrac{P10B}{37kW}$：热媒泵的位号为 P10B；容量为 37 kW
2	概略图的电气箱(柜、屏)标注	$-a+\dfrac{b}{c}$	a—设备种类代号 b—设备安装的位置代号 c—设备型号	AP1+1·B6/XL21−15：动力配电箱种类代号为 −AP1；位置代号为 +1·B6，即安装位置在一层 B、6 轴线；型号为 XL21−15
3	平面图的电气箱(柜、屏)标注	a	a—设备参照代号	−AP1：动力箱功能面参照代号； =AP1：动力箱产品面参照代号； +AP1：动力箱位置面参照代号
4	照明、安全、控制变压器标注	$a\dfrac{b}{c}-d$	a—设备种类代号 b/c—一次电压/二次电压 d—额定容量	TL1220/36V 250VA：照明变压器为 TL1；电压比为 $\dfrac{220}{36}$；额定容量为 250 VA
5	照明灯具标注	$a-b\dfrac{c\times d\times L}{e}f$	a—灯数 b—型号或编号(无规则省略) c—每盏照明灯具的灯泡数 d—灯泡安装容量 e—灯泡安装高度(m)，"−"表示吸顶安装 f—安装方式 L—光源种类	$5-BYS80\dfrac{2\times25\times FL}{3.5}CS$：5 盏 BYS-80 型灯具；灯管为 2 根 25 W 荧光灯管；安装高度距地为 3.5 m；灯具为链吊安装

序号	项目种类	标注方式	说　明	示　例
6	线路的标注	$ab-c(d\times e+f\times g)i-jh$	a—线缆编号 b—型号(不需要可省略) c—线缆根数 d—电缆线芯数 e—线芯截面积(mm²) f—PE、N线芯数 g—线芯截面积(mm²) i—线缆敷设方式 j—线缆敷设部位 h—线缆敷设安装高度(m) 上述字母无内容则省略	-WP201 YJV-0.6/1kV-2(3×150+2×70)SC80-WS3.5：电缆参照代号为-WP201；电缆型号、规格为YJV-0.6/1kA-2(3×150+2×70)；两根电缆并联连接；敷设方式为穿DN80焊接钢管沿墙明敷；线缆敷设高度距地为3.5 m
7	光纤	$a/b/c/d$	a—纤芯直径，单位 μm b—包层直径，单位 μm c——次被覆层直径，单位 μm d—二次被覆层直径，单位 μm	
8	电缆桥架标注	$\dfrac{a\times b}{c}$	a—电缆桥架宽度(mm) b—电缆桥架高度(mm) c—电缆桥架安装高度(m)	600×150/3.5：电缆桥架宽度为600 mm；桥架高度为150 mm；安装高度距地为3.5 m
9	电缆与其它设施交叉点标注	$\dfrac{a\text{-}b\text{-}c\text{-}d}{e\text{-}f}$	a—保护管根数 b—保护管直径(mm) c—保护管长度(m) d—地面标高(m) e—保护管埋设深度(m) f—交叉点坐标	$\dfrac{6\text{-}DN100\text{-}1.1m\text{-}0.3m}{-1m\text{-}17.2(24.6)}$：电缆与设施交叉，交叉点A坐标为17.2，B坐标为24.6，埋设6根长1.1 m的DN100焊接钢管；埋设深度为-1 m；地面标高为-0.3 m
10	电话线路的标注	$a-b(c\times 2\times d)e-f$	a—电话线缆编号 b—型号(不需要时可省略) c—导线对数 d—线缆截面 e—敷设方式和管径(mm) f—敷设部位	W1-HPVV(25×2×0.5)M-MS：W1为电话电缆编号；电话电缆的型号、规格为HPVV(25×2×0.5)；电话电缆敷设方式为用钢索敷设；电话电缆沿墙敷设
11	电话分线盒、交接箱的标注	$\dfrac{a\times b}{c}d$	a—编号 b—型号(不需要标注可省略) c—线序 d—用户数	$\dfrac{\#3\times NF-3-10}{1\sim 12}6$：#3电话分线盒的型号规格为NF-3-10；用户数为6户；接线线序为1～12
12	断路器整定值的标注	$\dfrac{a}{b}c$	a—脱扣器额定电流 b—脱扣整定电流值 c—短延时整定时间	$\dfrac{500A}{500A\times 3}0.2\,s$：断路器脱扣器额定电流为500 A；动作整定值为500A×3；短延时整定时间为0.2 s

5. 设备、元器件型号

电气工程图中的设备、元器件，除了标注文字符号外，有些还标注了设备、元器件的型号。型号中的字母为汉语拼音字母。国家标准产品的型号与进口产品、合资企业生产的产品的型号往往不同，型号含义需要参阅厂家产品说明书。

三、项目代号

电气技术文件的各种电气图中的电气设备、元件、部件、功能单元、系统等，不论其大小，均用各自对应的图形符号表示，称为项目。提供项目层次关系、实际位置，用以识别图、表图、表格中和设备上项目种类的代码即为项目代号，也就是电气技术文件的参照代号。电气技术文件中的参照代号多为单层代号。通过项目代号可以将不同的图或其它技术文件上的项目(软件)与实际设备中的该项目(硬件)一一对应和联系在一起。

1. 项目代号的组成

项目代号是由拉丁字母、阿拉伯数字、特定的前缀符号，按照一定规则组合而成的代码。

一个完整的项目代号含有四个代号段：功能代号段，其前缀符号为"="，以项目的用途为基础；位置代号段，其前缀符号为"+"，以项目的位置布局和所在环境为基础；种类代号段，前缀符号为"-"，以项目的结构、实施、加工、中间产品或成品的方式为基础；端子代号段，其前缀符号为"："。

代码构成有以下三种构成方式：

(1) 字母：可包含多个字母，后一字母应为前一字母代表种类的子类代码。

(2) 数字：阿拉伯数字。

(3) 字母加数字：以数字区分字母代码项目的各个组成项目。

2. 项目代号的使用

项目代号层次多、排列长，不可能也不必要将每个项目的项目代号全部完整标出。

(1) 功能代号：常标注在概略图、框图、围框或图形近旁左上角。

(2) 位置代号：多用于接线图中，在高层建筑电缆接线图中与功能代码组合使用。

(3) 种类代号：多用于电路图中。

(4) 端子代号：只用于接线图中，标注在端子符号近旁。

电气项目的项目代码以拉丁字母、阿拉伯数字、特定的前缀符号按照一定的规律构成代码段。四个代号段组成完整的单层参照代号，如图 7.8 所示。

图 7.8 所示示例，完整的含义为：S1 电力系统、A 部分、116 电柜、第五个电压继电器的第 2 个端子。

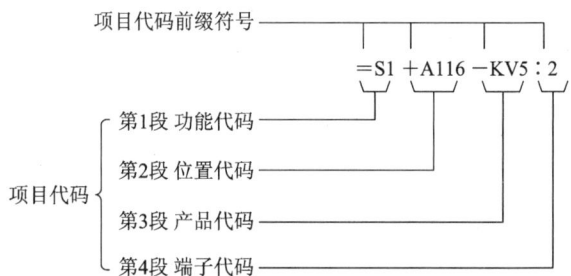

图 7.8 完整的项目代码示例

7.4 建筑电气变配电系统图

一、建筑供配电系统概述

建筑供配电系统就是解决建筑物所需电能的供应和分配的系统，是电力系统的重要组成部分。随着现代化建筑的出现，建筑的供电不再是一台变压器供几幢建筑物，而是一幢建筑物往往用一台甚至多台变压器供电。此外，在同一建筑物中常有一、二、三级负荷同时存在。虽然供电系统的复杂性增加了，但供电系统的基本构成却是基本一样的。通常，对于大型建筑物或小区，电源进线电压多采用

10 kV，电能先经过高压配电所，将电能分送给各终端变电所，经降压变压器将 10 kV 高压降为一般用电设备所需的电压 AC380V/AC220V，然后由低压配电系统将电能分配给各个用电设备使用。有些小型建筑因用电量较小，可采用低压进线，此时只需要设置一个低压配电室，甚至只需要设置一台配电箱就可以了。

1．供配电系统的组成

1) 电力系统的组成

发电厂，把自然界中的一次能源转换为用户可以直接使用的二次能源，即电能。

变电所，接收电能，变换电能和分配电能，由电力变压器、配电装置和二次装置构成。变电所根据性质和任务不同，分为升压变电所和降压变电所；根据地位和作用不同，分为枢纽变电所、地区变电所和用户变电所。

电力网，由升压和降压变电所和与之对应的电力线路组成，它能变换电压、传送电能，将发电厂生产的电能经过输电线路，送到用户(用电设备)。

配电系统，将电力系统的电能传输给电能用户，电能用户将电能通过用电设备转换为满足用户需求的其它形式的能量。电能用户根据供电电压分为高压用户(额定电压在 1 kV 以上)和低压用户(额定电压为 220/380 V)。

2) 配电系统的组成

供电电源，配电系统的电源可以取自电力系统的电力网或用户的自备发电机。

配电网，由用户的降压变电所和低压配电线路组成，负责将电能传输到用电设备。

用电设备，专门消耗电能的设备。一般在用电设备中，70%左右是电动机类设备，20%左右是照明用电设备，10%左右是其它类设备。

2．负荷分级和供电要求

1) 负荷的分级

负荷指发电机或变电所提供给用户的电力。其衡量标准为电气设备中通过的功率或电流，而不是指它们的阻抗。

电力负荷根据供电可靠性及中断供电在政治上、经济上所造成的损失或影响的程度，分为一级负荷、二级负荷、三级负荷，参见表 7.17。

表 7.17　负 荷 的 分 级

等　级	说　　明
一级负荷	(1) 中断供电将造成人身伤亡的电力负荷。 (2) 中断供电将在政治、经济上造成重大损失的电力负荷。 　　例如：重大设备损坏、重大产品报废、用重要原料生产的产品大量报废、国民经济中重点企业的连续生产过程被打乱需要长时间才能恢复等。 (3) 中断供电将影响有重大政治、经济意义的用电单位的正常工作的电力负荷。 　　例如：重要交通枢纽、重要通信枢纽、重要宾馆、大型体育场馆、经常用于国际活动的大量人员集中的公共场所等用电单位中的重要电力负荷。在一级负荷中，当中断供电将发生中毒、爆炸和火灾等情况的负荷，以及特别重要场所的不允许中断供电的负荷，应视为特别重要的负荷
二级负荷	(1) 中断供电将在政治、经济上造成较大损失的电力负荷。 　　例如：主要设备损坏、大量产品报废、连续生产过程被打乱需较长时间才能恢复、重点企业大量减产等。 (2) 中断供电将影响重要用电单位的正常工作的电力负荷。 　　例如：交通枢纽、通信枢纽等用电单位中的重要电力负荷，以及中断供电将造成大型影剧院、大型商场等较多人员集中的重要的公共场所秩序混乱
三级负荷	不属于一级和二级的电力负荷

2) 负荷的供电要求

一级负荷的供电要求：应有双电源供电，当一个电源发生故障时，另一个电源不应同时受到损坏。当一级负荷容量较大或有高压电气设备时，应采用两路高压电源供电；当一级负荷容量不大时，应优先采用从电力系统或邻近单位取得第二低压电源，亦可采用应急发电机组；当一级负荷仅为照明或电话站负荷时，宜采用蓄电池作为备用电源；一级负荷中的特别重要的负荷，除由两个电源供电外，尚应增设应急电源，并严禁将其它负荷接入应急供电系统。

常用的应急电源有以下几种：

(1) 独立于正常电源的发电机组。

(2) 供电网络中有效的独立于正常电源的专门馈电线路。

(3) 蓄电池。

二级负荷的供电要求：当发生电力变压器故障或线路常见故障时，不中断供电(或中断后能迅速恢复)。二级负荷应由两回路供电，在负荷较小或地区供电条件困难时，二级负荷可由一回路 10 kV(或 6 kV)以上专用架空线路供电。

三级负荷的供电无特殊要求。

二、变配电工程图识读

1. 变配电系统主接线图

变配电系统主接线图也称为变配电系统图，就是用单线将流过主电流或一次电流的某些设备(如发电机、变压器、母线、开关设备等)按照一定的顺序连接成的电路图，也称为一次主接线图。

变配电系统图能够清晰地反映电能输送、控制和分配的关系以及设备运行情况，阅读变配电系统图，可以了解整个变配电工程的规模、电气工作量的大小，理解变配电系统各部分之间的关系，同时，也是日常设备维护及回路切换的主要依据。

1) 变配电系统图的组成

(1) 供电电源。常见的用户变配电站中，供电电源一般由不同等级的电压线路供给，如 380 V、10 kV 和 35 kV 等。对于某些重要的建筑物，其供电系统中常自备发电机组。

(2) 母线。在变配电系统图中，母线是电路中的一个节点，但在实际的电气系统中却是一组庞大的汇流排，它是电能汇集和分散的场所。在工程上，母线一般由铝排或铜排组成，当电压在 35 kV 以上时，也可采用钢管或合金铝管做成。

母线系统一般分为三种形式，具体如下：

单母线制　又可分为单母线不分段接线、单母线分段接线、单母线带旁路母线接线，以及其它单母线派生形式，如图 7.9 所示。单母线不分段接线方式灵活性低，当线路发生故障时，母线功能丧失，供电系统遭到破坏，用户供电全部中断。将母线分段后，其可靠性大大改善，当线路发生故障或检修时，保证系统仍具有 50% 的供电能力。

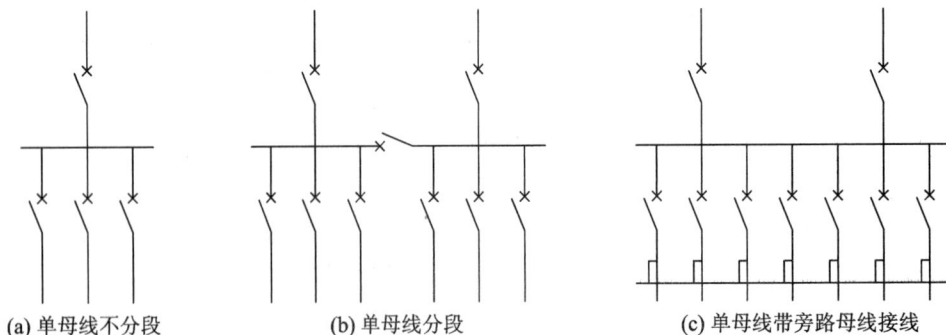

(a) 单母线不分段　　　　(b) 单母线分段　　　　(c) 单母线带旁路母线接线

图 7.9　单母线接线方式

　　双母线制　又可分为双母线不分段接线、双母线分段接线、双断路器双母线接线以及其它双母线派生形式,如图 7.10 所示。提出双母线供电方式就是为了解决单母线系统的缺点,提高电力系统运行的可靠性与灵活性,解决线路检修或发生故障时,用户供电的中断问题。双母线不分段连接方式是在分段单母线连接的基础上发展起来的,将两段布置的母线改为两段平行布置,并在每个回路的断路器两端都安装母线隔离开关,通过倒闸操作,解决回路转换问题。再加上双母线具有两种正常运行方式,即一组工作,另一组备用;两组同时工作,互为备用,使得双母线系统运行可靠、灵活性较高。另外,通过采用相应的电气联锁技术后,基本可以避免倒闸操作事故的发生。然而,这种供电方式使得系统造价较高,维护较为复杂。

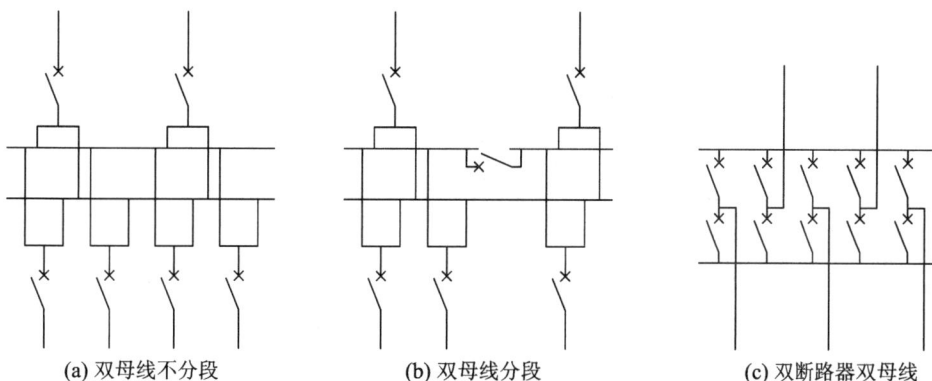

(a) 双母线不分段　　　　　(b) 双母线分段　　　　　(c) 双断路器双母线

图 7.10　双母线接线方式

　　无母线制　又可分为线路变压器接线、桥形接线(内桥和外桥两种接线方式)以及扩大单元接线等几种形式,如图 7.11 所示。在相对简单的电力系统中多用此种方式。

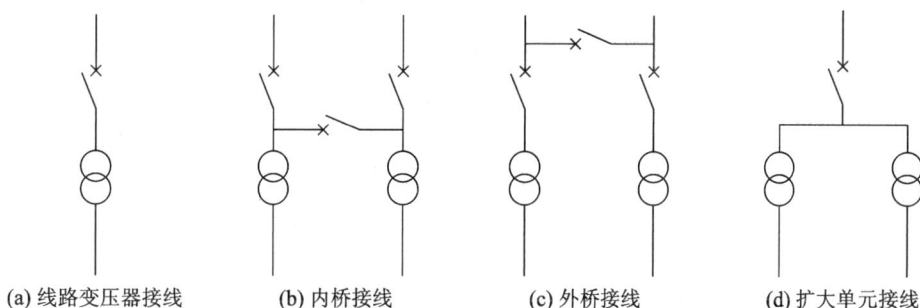

(a) 线路变压器接线　　　(b) 内桥接线　　　(c) 外桥接线　　　(d) 扩大单元接线

图 7.11　双母线接线方式

　　(3) 变压器。电力变压器是用来变换电压等级的电气设备。建筑供配电系统中的配电变压器一般为三相电力变压器。

　　目前,我国新型配电变压器按照国际电工委员会 IEC 标准推荐容量序列,其额定容量等级有(单位为 kVA):10、20、30、40、50、63、80、100、125、160、200、250、315、400、500、630、800、1250、1600、2000 等。变压器的额定容量是指在额定工作条件下,变压器二次侧输出功率(视在功率)的保证值。

　　在配电系统图中,除了要表示出变压器的额定容量外,还需要表示出一次侧和二次侧的额定电压以及接线方式等。例如某变压器的标注型号 SBC9-2000kVA-10/ 0.4～0.23 kV Dyn11U_k＝6%表示含义为:三相环氧树脂浇注干式电力变压器,9 型系列,变压器额定容量为 2000 kVA,高压侧电压为 10 kV,低压侧电压为 0.4～0.23 kV,连接组标号为 Dyn11,即一次侧三相三角形接线,低压侧星形接线,低压侧线电压为 11 点(低压侧线电压超前高压侧线电压 30°),变压器阻抗电压为 6%。

　　(4) 高压开关设备。高压开关设备主要包括高压隔离开关、高压断路器、高压负荷开关、高压熔断器。

高压隔离开关(QS) 主要功能是隔离高压电源，以保证其它电气设备的安全检修。高压隔离开关没有专门的灭弧装置，不允许带载操作，断开后有明显的断开间隙，而且断开间隙的绝缘以及相间绝缘都是绝对可靠的。

高压断路器(QF) 具有完善的灭弧装置，能够承受一定时间的短路电流，可以实现自动跳闸，但断开后没有明显的断开间隙，为保证电气设备的安全检修，通常在断路器前后两端加高压隔离开关。

高压负荷开关(QL) 作用与高压隔离开关类似，开关断开后有明显的断开间隙，还具有简单的灭弧装置，能够通断负荷电流和过荷电流，但不能断开短路电流，应与高压熔断器串联使用，以借助熔断器来切除断路故障。

高压熔断器(FU) 广泛应用于容量较小和不太重要的负荷，具有过载及短路保护的作用，常与高压负荷开关配合使用。

(5) 低压开关设备。低压开关设备主要包括低压空气断路器、低压刀开关和刀熔开关、低压负荷开关以及低压断路器等。

(6) 互感器。互感器实质上就是一种特殊的变压器。在使用互感器以后，可以扩大仪表和继电器的使用范围，并将测量仪表和继电器与主接线回路绝缘。互感器包括电压互感器和电流互感器两种。

(7) 电力传输介质。目前，常用的电力传输介质有裸导线、绝缘导线和电力电缆。

常用的裸导线有铜绞线(TJ)、铝绞线(LJ)和钢芯铝绞线(LGJ)等，这类导线常用在 6 kV 以上的架空线路。配电装置中还要用到矩形铜母线(TMY)和矩形铝母线(LMY)。

绝缘导线常用在低压供电线路和用电设备之间的连接，按照绝缘介质可分为塑料绝缘和橡皮绝缘。

电力电缆常用于 10 kV 以下电气装置和电气设备之间的连接，可以直接埋地或埋电缆沟内，甚至水中敷设。

在三相四线制电力系统中，一般零线截面积为相线截面积的 40%～60%。常用的导线截面积分为如下等级：0.5、0.75、1.0、1.5、2.5、4.0、6.0、10、16、25、35、50、70、95、120、150、185、240、300 等(单位：mm^2)。

在配电系统图中，除了表达馈电线路的基本特性以外，通常还要包括此系统的总的装机功率、计算功率、计算电流以及系统需要的相关系数及功率因数等计算参数。

2) 变配电系统图的识读

在实际应用中，有些系统概略图演变成干线式及配电箱式两种形式。干线式表达一个建筑物内电能分配输送的总关系，以各动力箱、配电箱为终点，俗称为干线图。配电箱式则以各用电负荷为终点，表达一个配电箱的进/出线路、控制及保护元部件构成的表图，俗称配电箱接线图。

在图 7.12 中，电源进线采用 LJ-3 × 25 mm^2 的三根 25 mm^2 的铝绞线架空敷设引入，经过负荷开关、熔断器送入主变压器，把 10 kV 的电压变换为 0.4 kV 的电压，由铝排送到 3 号配电屏，然后进到母线上。

从图中可以看出，3 号配电屏是一个双面维护的低压配电屏，主要用于电源进线。该屏有两个隔离开关和一个万能型自动空气断路器。万能型自动空气断路器可以对变压器进行过电流保护，它的失压线圈能进行欠电压保护。两个隔离开关，一个隔离变压器供电、一个隔离母线，便于线路、设备检修。配电屏的操作顺序是：断电时，先断开断路器，后断开隔离开关；送电时，先闭合隔离开关，后闭合断路器。为了保护变压器，防止雷电波冲击，在变压器的高压侧进线端，安装了一组(三个)FS-10 型避雷器。

该线路采用单母线分段式，配电方式为放射式，两段母线通过隔离开关联络，备用发电机在电源进线或变压器发生故障时可提供电源。

2. 变配电系统二次回路接线图

二次回路接线图是用于二次回路的安装接线、线路检查、线路维修和故障处理的主要图样之一。供配电系统中二次回路接线图通常包括屏面布置图、柜背面接线图和端子排接线图等几个部分。

G 12 kW 400 V　　　架空线路引入 LJ-3×25 mm²

FN3-10/20-50R

DZ-250A/330　　　RW4-10-50/30 A

HD13-400 A/31　　SL7-315 kV·A 10/0.4 kV　　FS-10

母线　　I 段　4-LMY-50×4　　II 段

主接线图

配电屏型号	BSL-11-13					BSL-11-06(G)		BSL-11-01	BSL-11-07		BSL-11-07	
编号	1					2		3	4		5	
馈线编号	1	2	3	4	5	6			7	8	9	10
安装功率/kW	78	38.9		15	12.6	120	43.2	315	53.5	182		64.8
计算功率/kW	52					120	38.2	250	40	93		26.5
计算电流/A	75					217	68	451	61.8	177		50.3
电压损失/(%)	3.2	4.1		1.88	0.8	3.9			3.8	4.6		3.9
电缆型号规格	BLX 3×50+1×16	4×16		4×10	4×10	3×95+1×50	4×16	50×4	4×16	3×95+1×50		4×16

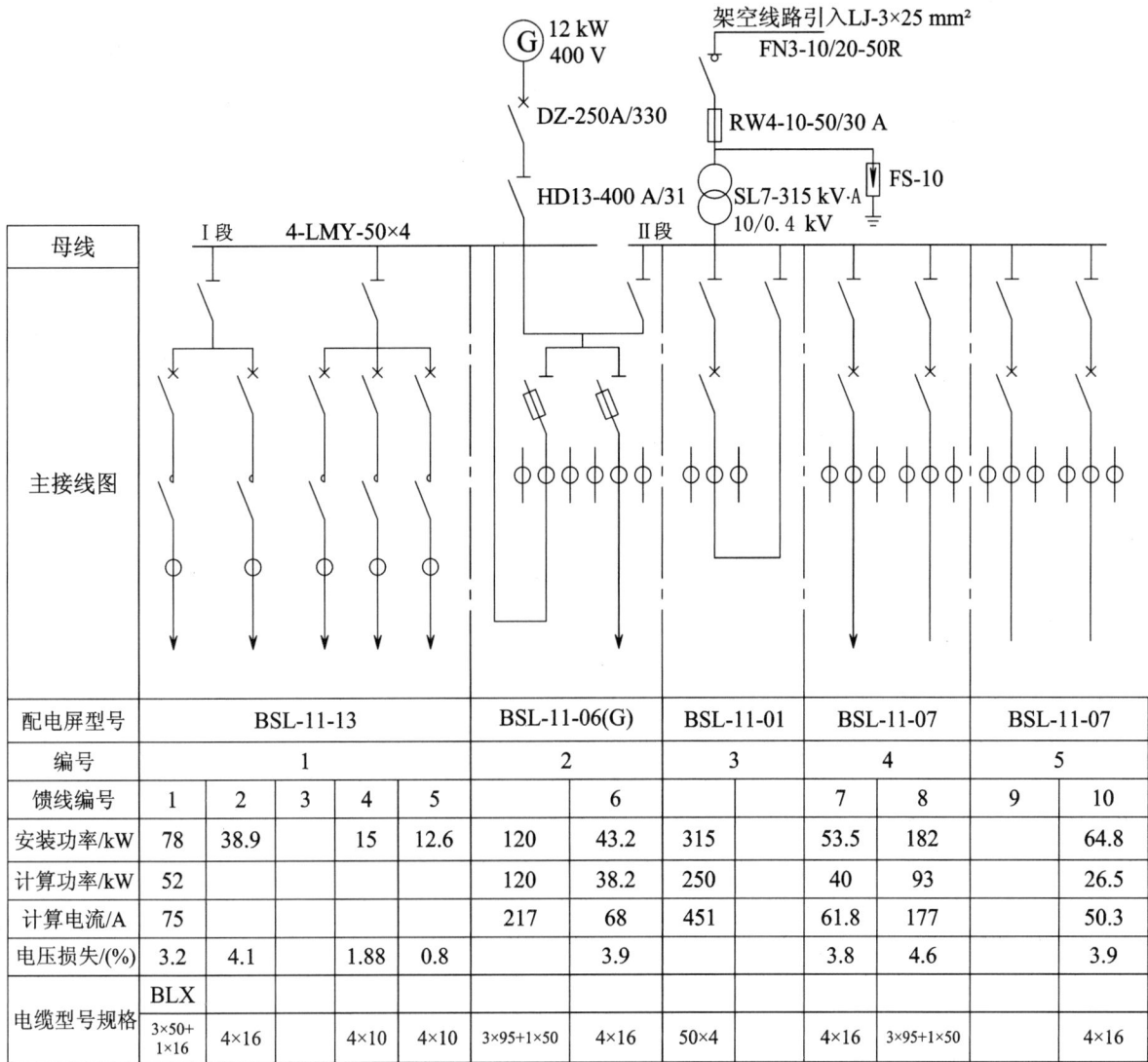

图 7.12　某小型工厂变电所的主接线图

1) 屏面布置图

屏面布置图主要是二次设备在屏面上具体位置的详细安装尺寸，是用来装配屏面设备的依据。屏面布置图一般都是按照一定的比例绘制的，并标出与原理图一致的文字符号和数字符号。屏面布置的一般原则是屏顶安装控制信号电源及母线，屏后两侧安装端子排和熔断器，屏上方安装少量的电阻、信号灯、光字牌、按钮、控制开关和有关的模拟电路，如图 7.13 所示。

2) 端子排接线图

端子排是屏内和屏外各个安装设备之间连接的转换回路。表示端子排内各端子与外部设备之间导线连接的图称为端子排接线图。

端子按用途可分为以下几类：

(1) 普通端子，用于连接屏内外导线。

(2) 试验端子，系统不断电时，可以通过这种端子对屏上的仪表和继电器进行检测。

(3) 终端端子，用来固定或分隔不同安装项目的端子。

(4) 连接端子，用于端子之间的连接，从一根导线引入，多根导线引出。

(5) 特殊端子，用于需要方便断开的回路中。

端子上的编号方法：端子的左侧一般为与屏内设备相连接设备的编号或符号；中间左侧为端子顺

序编号；中间右侧为控制回路相应编号；右侧一般为与屏外设备或小母线相连接的设备编号或符号；正负电源之间一般编写一个空端子号，以免造成短路；在最后预留 2～5 个端子号，向外引出电缆并按其去向编号，用一根线条集中表示。示例如图 7.14 所示。

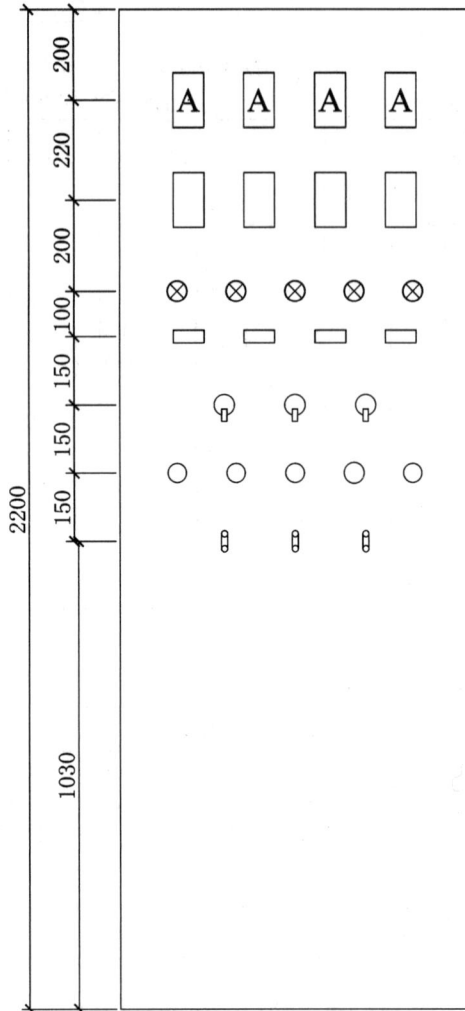

图 7.13 屏面布置图(单位：mm)

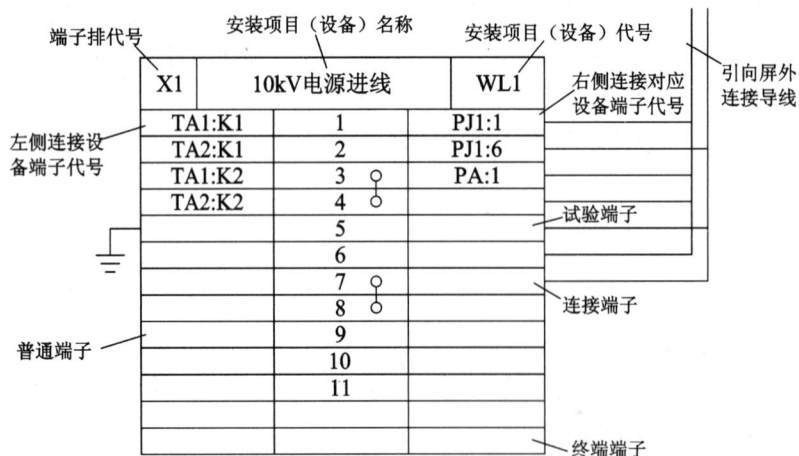

图 7.14 端子排接线示意图

3) 柜背面接线图

柜背面接线图是按照展开式原理图、屏面布置图与端子排接线图绘制的，作为屏内配线、接线和检查线路的主要参考图之一。图 7.15 所示为屏内设备的标注方法。在设备图形的上方画一个圆来标注，上面标注安装单位编号，旁边标注设备顺序号，下面标注设备的文字符号和设备型号。

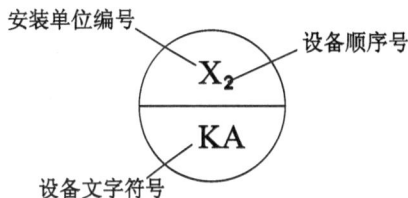

图 7.15　屏内设备标注方法

三、配电系统工程实例

1．工程概况

某大厦为某市一栋高层单体商业办公建筑。工程概况如下：

建筑面积：37 417 m²(其中地下 3783.8 m²，地上 33 633.6 m²，不包括技术夹层)。建筑层数：地下一层，地上 25 层。建筑高度：90.1 m(女儿墙顶高度，不包括电梯机房、水箱间等)。

主要结构类型：框架，剪力墙结构。

建筑布局及功能：地下 1 层为设备用房、汽车库，1～4 层为商场，技术夹层为转换层，5～19 层为公寓式写字间，20～25 层为标准写字间，顶层为设备房、电梯机房及水箱间。1～4 层设有中央空调。

该项目工程具有代表性，下面选取部分图作说明。

2．高压供电系统

本工程的高压系统采用两路高压同时供电，采用电缆穿管，直埋敷设到该楼地下 1 层，从变电所的电力干线平面图(参见图 7.24)可以看出，从②轴线上穿直径为 150 mm 钢管引入，接入 AH1 和 AH10 两个高压柜。变电所高压侧电气主接线图如图 7.16 所示，从图中可以看出，高压母线为单母线分段运行，正常工作时，两路电源同时供电，互为备用，当某一路电源发生故障或失电时，另一路电源为全部一、二级负荷供电。

1) 电气主接线形式及运行方式

由于变配电所的规模比较大，设备的数量较多，所以复杂的供配电系统的一次系统图大多采用按开关柜展开的方式绘制。在图 7.16 所示的高压系统图的表格中，第一行为高压开关柜的编号，第二行为高压开关柜的型号，第三行为供电回路编号，第四行为变压器容量，第五行为高压负荷计算电流，第六行为高压电缆的规格型号，第七行为继电保护方案，第八行为高压开关柜的用途，第九行为开关柜的尺寸。

从图 7.16 可以看出，该高压配电室共设有 KYN44 系列配电拒 10 台，除两路共线各有一段母线外，工作母线为单母线分段制，分左、右两段相互联系。

2) 主要设备

(1) 进线柜。该配电所有两路 10 kV 高压供电线路，进线柜编号分别为 AH1、AH10，回路编号分别为 WHA 和 WHB，两高压进线柜型号及一次接线方案均相同(除电缆导线截面积外)。柜中主要设备有配套选用氧化锌避雷器(HY5WZ-17/45)、电源指示器(DXNA1-10)、电压互感器(JDZ12-10)、高压熔断器(保护电压互感器用)(XRNP1-12)。

(2) 计量柜。计量柜主要用于系统的电压、电流、功率因数、有功功率、无功功率的测量及有功电能、无功电能、峰谷和最大需要量的计量。分别由 AH2、AH9 编号柜表示左、右两个计量柜。柜中主要设备有电流互感器(LEEJB12-10A，变流比为 200/5)。另外，计量柜和进线柜都没有画出开关(断路器)，这说明进线柜和计量柜的动作控制由当地供电局选定，互感器的测量精度为 0.2 级。

(3) 进线(保护)柜。AH3、AH8 为左右进线柜，主要起到对供电线路的过电流和短延时的电流速断进行保护，并对供电网终端进行有效保护，它的主要参数(计算值)应根据供电局的数据以及主接线形式计算得出。

(4) 联络柜。AH5 为左、右两段 10 kV 母线联络柜，核心部件为断路器，计算容量的大小和 AH3、

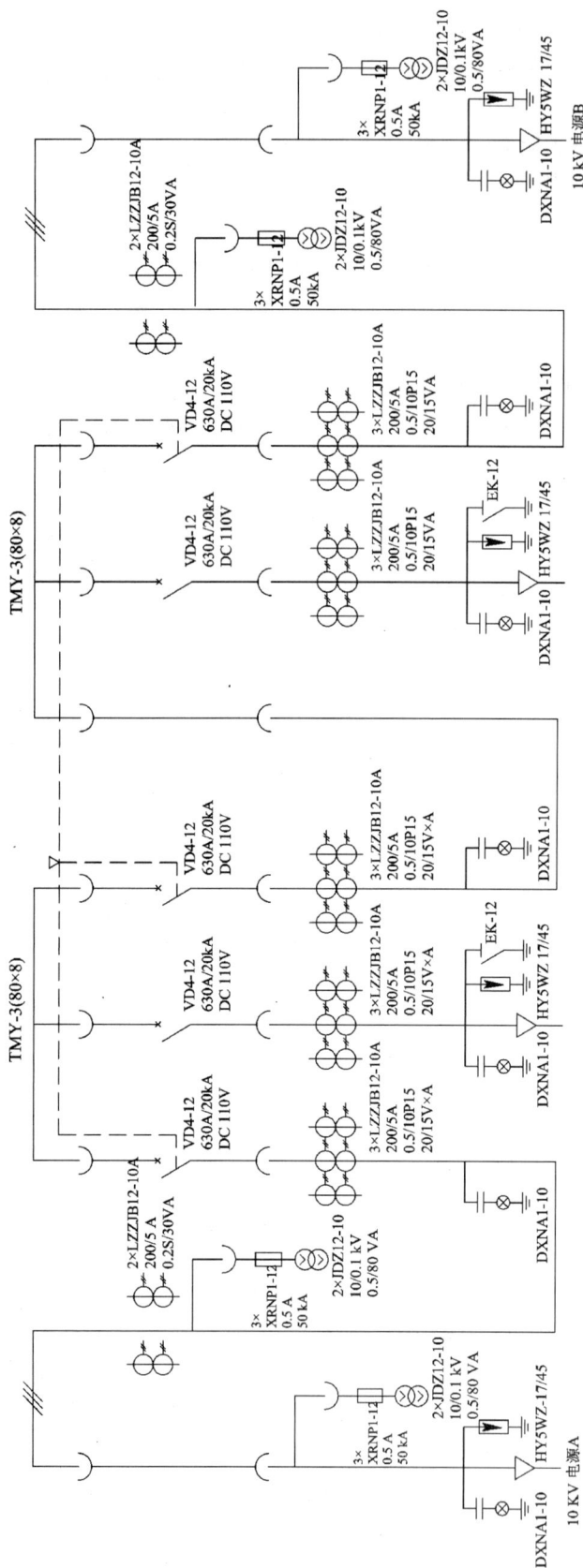

图 7.16 变电所高压侧电气主接线图

开关柜编号	AH1	AH2	AH3	AH4	AH5	AH6	AH7	AH8	AH9	AH10
开关柜型号	KYN44A-12	KYN44A-12	KYN44A-12	KYN44A-12	KYN44A-12	KYN44A-12	KYN44A-12	KYN44A-12	KYN44A-12	KYN44A-12
回路编号	WHA			WHT1			WHT2			WHB
变压器容量 kV·A	3200			1600			1600			1600
计算电流/A	184.8			92.4			92.4			92.4
电缆规格型号/mm²	YJV22-8.7/10 -3×120			ZBYJV-8.7/10 -3×70			ZBYJV-8.7/10 -3×70			ZBYJV-8.7/10 -3×70
继电保护方案			定时限过电流、短时限电流速断	定时限过电流、电流速断、变压器高温超温	电流速断		定时限过电流、电流速断、变压器高温超温	定时限过电流、短时限电流速断		
用途	电源A进线隔离测量	电能计量	进线开关	变压器T1	联络	隔离	变压器T2	进线开关	能量计量	电源B进线隔离测量
开关柜尺寸	L800×D1500×H2200	L800×D1500×H2200	L800×D1500×H2200	L800×D1500×H2200	L800×D1500×H2200	L800×D1500×H2200	L800×D1500×H2200	L800×D1500×H2200	L800×D1500×H2200	L800×D1500×H2200
备注										

AH8 一样，计算电流为 630 A，开断短路电流为 20 kA。这三个柜子中开关断路器用虚线连接，表示这三个断路器是电气联锁的。在任何时候，只能有两个闭合，另一个断开。当采用两个电源同时供电时，AH5 柜中开关断开，AH3、AH8 开关闭合，即左段母线给变压器 T1 供电，右段母线给 T2 供电。一旦其中一路供电电源出现故障或停电，可将故障进线柜断路器自动断开。AH5 柜母线联络开关断路器闭合，即由另一路正常电源供电。

(5) 出线柜。AH4、AH7 分别是 T1 变压器、T2 变压器输出馈电柜，主要设备有断路器、电源信号指示灯、避雷器、接地开关等。其中，电流互感器的两个二次线圈分别具有定时限过电流、电流速断以及变压器运行时的高温、超温报警保护功能。具体参数计算请参阅《建筑电气设计规范》中的相关内容。一般在高压一次系统图中不标出。

3．低压配电系统

低压配电室是根据低压配电干线负荷的分布来确定低压接线方案，以及选择低压成套设备和低压柜数量的。它和高压配电方式不同。一般来讲，首先，高压是一条支路一个柜子，而低压的配电柜一般情况下都是一个配电柜配出(输出)多个支路；其次，低压负荷容量的大小、性质、级别不同，它的控制功能或方式、选择使用的设备就不同，所以低压配电柜会有不同的配线结构方式。特别对于同样尺寸大小的柜体，在选择不同的配电支路组合时，会产生不同的结果。另外，常见的低压配电系统输出保护方式一般以低压断路器和熔断器保护为主。

下面，对低压配电系统图进行分析。

1) 电气主接线形式及运行方式

变电所低压侧电气主接线图(一)、(二)分别如图 7.17、图 7.18 所示。该变电所设有两台变压器，因此，低压配电系统采用分段单母线形式。正常运行时，母线联络断路器断开，两台变压器分别运行，各承担一半负荷。当任一台变压器发生故障或检修时，切除部分三级负荷后，闭合母线联络断路器，由另一台变压器承担全部一、二级负荷及部分三级负荷。

2) 主要设备

(1) 进线柜。从图 7.17 可知，T1 变压器：型号为 SCB10-1600/10(1+2.5)/0.4 kV，一次侧电压接头可调，容量为 1600 kV·A，一、二次绕组的连接组标号为 Dyn11，阻抗电压 $U_k = 6\%$。

从 AA1 号低压进线柜看出，设备容量为 1600 kV·A，计算电流为 2309.5 A。低压出线总开关选用柜架式断路器，型号为 PR122 型，选用三极，电流为 2500 A。开关整定电流，长延时 $I_{r1} = 0.86I_n$，短延时为 $I_{r2} = 2I_n$，时间为 0.4 s，瞬时值为 $I_{r3} = 8.1I_n$(上述整定值有点偏小)。电流互感器电流比为 2500/5，等级为 0.5 级，主要测量三相电流、电压和功率。此外，柜中还安装有 ABB 电气公司生产的 OVRBT2 限压型电涌保护器，该线路用负荷开关和熔断器进行保护。

(2) 联络柜。从 AA2 分析得出，在正常情况下，两段母线是断开的，T1、T2 变压器独立运行。当其中有一台发生故障或维修时，通过 AA2 联络柜中断路器闭合，此时，单台变压器运行时只供一、二级负荷及部分保障性负荷，其余都应根据情况断电。

(3) 电容器柜。AA9、AA10、AA11 为低压电容器补偿柜。在民用建筑供电系统中，有大量的变压器、电动机以及气体放电灯等感性负载，这些感性负载设备不仅需要有功功率，还需要大量的无功功率，因此系统的功率因数较低，达不到 0.9 的要求。所以，建筑供电系统要采用电容器作无功补偿，以提高系统的功率因数，这样做不仅可以节能，还可以减少线路压降，提高供电质量。在民用建筑供电系统中，大部分补偿电容器集中安装在低压侧母线上，主要原因如下：

① 照明负荷占全部容量的 30%～40%，而且是分散负荷。

② 电动机设备大部分是空调机、防排烟风机，其容量也是小而分散的，而高层建筑虽有电梯群，但这是随时性加载的变动性负荷，不宜在电动机端加装电容器。

③ 大容量的电动机，例如中央空调主机、各类水泵，由于负荷容量大而集中，环境比较潮湿，而变配电所在设计布置时又常靠近这类用电量大的负荷。

图中主接线（一次系统）标注（左侧自上而下）：

- IP2X L2200×W1600×H2200
- WHT1 ZBYJV-8.7/10-3×70
- T1 SCB10-1600/10 10(1±2.5)/0.4 kV D,yn 11 U_k%=6
- ZBYJV-0.6/1-1×240
- XLP-100/3 3×RT16 -80
- 0VRBT2 3N-70 -320sP
- E3N,32 PR122/P -LSI R2500 3P
- 4×AKH-0.66 -100II,0.5级 2500/5A
- 至AA9柜
- E3N,32 PR122/P -LSI R3200 3P
- 3×AKH-0.66 -100II,0.5级 2500/5A
- 架空接至AA18柜
- EIN,12 PR121/P -LSI R1000 3P
- 3×AKH -60II 0.5级 1000/5A
- PE TMY-100×10
- ~230/400V 三相四线制封闭式母线桥
- CCX6-1250/5
- ~230/400V TMY-3[2(100×10)]+(100×10)
- 右接AA6柜

出线开关（自左至右）：
T5S630 PR222P -LSI R630 3P / 3×AKH -40II 0.5级 500/5A；
T5S630 PR222P -LSI R630 3P / 3×AKH -40II 0.5级 500/5A；
T2S160 PR221DS -LSI R63 3P / AKH -40II 0.5级 50/5A；
T2S160 PR222P -LSI R160 3P / AKH -30I 0.5级 150/5A；
T2S160 PR221DS -LSI R160 3P / AKH -30I 0.5级 150/5A；
T4S250 PR221DS -LSI R250 3P / AKH -30I 0.5级 200/5A；
T5S630 PR222P -LSI R400 3P / 3×AKH -40I 0.5级 400/5A；
T5S630 PR222P -LSI R630 3P / 3×AKH -40I 0.5级 500/5A

开关柜编号	AA1	AA2	AA3	AA4				AA5				
开关柜型号	MNS(BWL3)-0.4	MNS(BWL3)-0.4	MNS(BWL3)-0.4	MNS(BWL3)-0.4				MNS(BWL3)-0.4				
回路编号			WL3	WL4M	WL5M	WL6M	WL7M	WL8M	WL9M	WL10M		
设备容量/kW	1600 kVA		730	330	330	330	330	10	63	80		
计算电流/A	2309.5		848.5	413.1	413.1	413.1	413.1	17.9	85.1	108.1		
整定电流 I_{r1}	$0.86I_n$	$0.86I_n$	$0.95I_n$	$0.7I_n$	$0.7I_n$	$0.7I_n$	$0.7I_n$	$0.6I_n$	$0.8I_n$	$0.8I_n$		
整定电流 I_{r2}/t_2	$2I_n,0.4s$	$2I_n,0.3s$	$3I_n,0.2s$	$3.5I_n,0.2s$	$3.5I_n,0.2s$	$3.5I_n,0.2s$	$3.5I_n,0.2s$	$5.5I_n,0.1s$	$4.5I_n,0.25s$	$4.5I_n,0.25s$		
整定电流 I_{r3}	$8.1I_n$	$8.1I_n$	$15I_n$	$12I_n$	$12I_n$	$12I_n$	$12I_n$					
电缆型号规格/mm² ZB(NH)YJV-0.6/1				ZBYJV-2×(4×150)+(1×70)	ZBYJV-2×(4×150)+(1×70)	ZBYJV-2×(4×150)+(1×70)	ZBYJV-2×(4×150)+(1×70)	ZBYJV-5×10	YFD-ZBYJV-4×70+1×35	YFD-ZBYJV-4×70+1×35		
电气测量方案	三相电流、电压、功率等 CL72-AI3/AV3/PF 各一	三相电流 CL72-AI3	三相电流 CL72-AI3	三相电流 CL72-AI3	三相电流 CL72-AI3	三相电流 CL72-AI3	三相电流 CL72-AI3	一相电流 CL48-AI	一相电流 CL48-AI	一相电流 CL48-AI	一相电流 CL48-AI	三相电流 CL72-AI3
用途	低压进线	联络	夹层及5~14层照明	4层照明(主)	3层照明(主)	2层照明(主)	1层照明(主)	地下室照明(主)	5~25层公共通道照明(主)	1~4层公共通道照明(主)	备用	备用
备注				*	*	*	*	*	*	*	*	*
小室高度/mm	600	600	600	600	600	600	600	200	200	200	400	600
开关柜尺寸	W1000×D1000×H2200			W800×D1000×H2200								

图 7.17 变电所低压侧电气主接线图(一)

左接 AA5 柜

右接 AA8 柜

~230/400V TMY-3[2(100×10)]+(100×10)

3×NT3 -630

3×AKH-0.66 -100 II 0.2级 600/5A

PE TMY-100×10

上部回路（自左至右）：
T2S,160 PR221DS ×-LS R63 3P / AKH-30I 0.5级 50/5A
T2S,160 PR221DS ×-LS R160 3P / AKH-30I 0.5级 150/5A
T2S,160 PR221DS ×-LS R63 3P / AKH-30I 0.5级 50/5A
T2S,160 PR221DS ×-LS R63 3P / AKH-30I 0.5级 50/5A
T2S,160 PR221DS ×-LS R63 3P / AKH-30I 0.5级 50/5A
T2S,160 PR221DS ×-LS R63 3P / AKH-30I 0.5级 50/5A
T2S,160 PR221DS ×-LS R100 3P / AKH-30I 0.5级 100/5A
T2S,160 PR221DS ×-LS R100 3P / AKH-30I 0.5级 100/5A
T2S,160 PR221DS ×-LS R100 3P / AKH-30I 0.5级 100/5A
T2S,160 PR221DS ×-LS R160 3P / AKH-30I 0.5级 150/5A
T2S,160 PR221DS ×-LS R160 3P / AKH-30I 0.5级 150/5A
T2S,160 PR221DS ×-LS R160 3P / AKH-30I 0.5级 150/5A
T2S,250 PR222P ×-LS R250 3P / AKH-30I 0.5级 200/5A
T52S,400 PR222P ×-LS R320 3P / 3×AKH-30I 300/5A

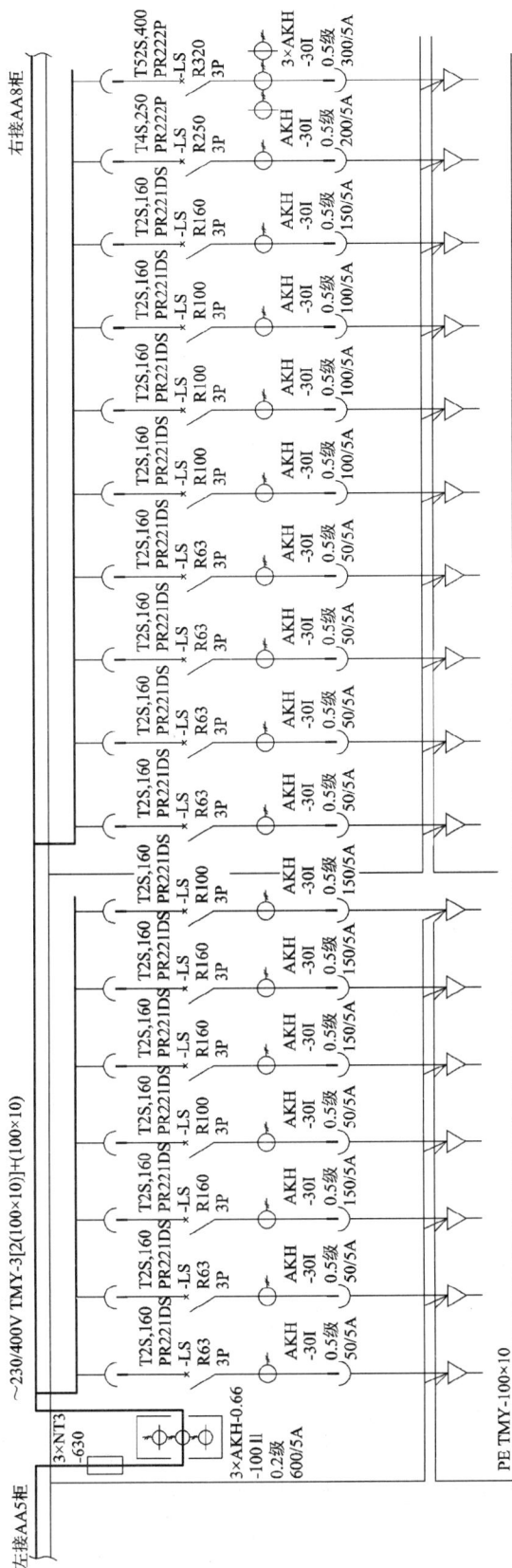

开关柜编号	AA6					
开关柜型号	MNS(BWL3)-0.4					
回路编号	WP10S	WP6S	WP7S	WP8S	WP9S	WP11S
设备容量/kW	10.4	66.6	25.9	51.8	51.8	33
计算电流/A	14.8	94.0	56.2	95.6	95.6	62.7
整定电流 I_{r1}	$0.6I_n$	$0.8I_n$	$0.8I_n$	$0.8I_n$	$0.8I_n$	$0.8I_n$
I_{r2}/I_{r2}	$5.5I_n,0.1s$	$5.5I_n,0.25s$	$5I_n,0.25s$	$6.5I_n,0.25s$	$6.5I_n,0.25s$	$5I_n,0.25s$
电缆型号规格/mm² ZB(NH)YJV-0.5/1	ZBYJV-5×10	ZBYJV-3×70+2×35	ZBYJV-3×35+2×16	ZBYJV-3×70+2×35	ZBYJV-3×70+2×35	ZBYJV-3×25+2×16
电气测量方案	一相电流 CL48-AI	一相电流 CL48-AI	一相电流 CL48-AI	一相电流 CL48-AI	一相电流 CL48-AI	一相电流 CL48-AI
用途	地下室排污泵(备)	商城自动扶梯(备)	商城乘客电梯(备)	乘客电梯(备)	乘客电梯(备)	生活泵(备)
备注	*	*	*	*	*	*
小室高度/mm	200/2	200	200	200	200	200
开关柜尺寸	W800×D1000×H2200					

开关柜编号	AA7								
开关柜型号	MNS(BWL3)-0.4								
回路编号			WLE3S	WLE4S	WLE1S	WLE2S			
设备容量/kW			12	10	37.5	40			
计算电流/A			20.3	16.9	63.3	67.6			
整定电流 I_{r1}			$0.6I_n$	$0.6I_n$	$0.8I_n$	$0.8I_n$			
I_{r2}/I_{r2}			$5.5I_n,0.1s$	$5.5I_n,0.1s$	$5I_n,0.25s$	$5I_n,0.25s$			
电缆型号规格/mm² ZB(NH)YJV-0.5/1	三项有动电能供电部门装设		NHYJV-5×10	NHYJV-5×10	YFD-NHYJV-3×25+2×16	YFD-NHYJV-3×25+2×16			
电气测量方案	一相电流 CL48-AI	一相电流 CL48-AI	一相电流 CL48-AI	一相电流 CL48-AI	一相电流 CL48-AI	一相电流 CL48-AI	一相电流 CL48-AI	一相电流 CL48-AI	三相电流 CL72-AI3
用途	电力分计量	备用	地下室应急照明	变电所应急照明(备)	地下室应急照明	变电所所用电(备)	顶层,5~25层,采暖应急照明(备)	备用	备用
备注					备用	备用	备用	备用	
小室高度/mm	600	200/2	200/2	200/2	200/2	200	200	200	400
开关柜尺寸	W800×D1000×H2200								

图 7.17 变电所低压侧电气主接线图(一)续

图中主要标注（变电所低压侧电气主接线图）：

左接AA7柜

~230/400V TMY-3[2(100×10)]+(100×10)

0ESA630D3PL1 RT16-500
3×AKH-40I 0.5级 500/5A
3×Y3W-0.5/2.6
12×XLP-100/3
36×RT16-63
12×UA50-30 QORA
RVC AC 12
12×TSA45
12×BSMJ0.4-20-3
至AA1

T5S,400 PR221DS -LS R320 3P　AKH-40I 0.5级 300/5A
T4S,250 PR221DS -LS R250 3P　AKH-30I 0.5级 200/5A
T2S,160 PR221DS -LS R160 3P　AKH-30I 0.5级 150/5A
T2S,160 PR221DS -LS R100 3P　AKH-30I 0.5级 100/5A
T2S,160 PR221DS -LS R100 3P　AKH-30I 0.5级 100/5A
T2S,160 PR221DS -LS R63 3P　AKH-30I 0.5级 50/5A
T2S,160 PR221DS -LS R63 3P　AKH-30I 0.5级 50/5A
T2S,160 PR221DS -LS R63 3P　AKH-30I 0.5级 50/5A

PE TMY-100×10

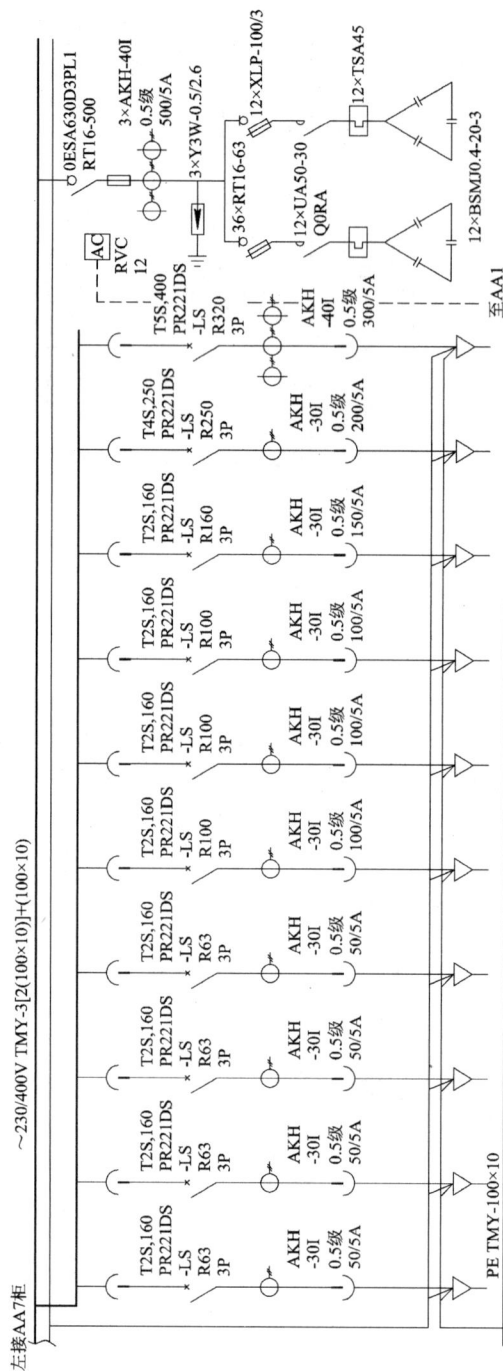

开关柜编号	AA8								AA9	
开关柜型号	MNS(BWL3)-0.4								MNS(BW1.3)-0.4	
回路编号	WPE3S	WPE4S	WPE7S	WPE8S	WPE1S	WPE2S	WPE5S	WPE6S	WPE9S	WPE10S
设备容量/kW	8	11	9.5	11.5	20	25.9	26	51.8	90	140.8
计算电流/A	15.2	20.9	18.1	21.9	38.0	56.2	49.4	95.6	187.7	250.8
整定电流 I_{r1}	$0.7I_n$	$0.8I_n$	$0.6I_n$	$0.6I_n$	$0.7I_n$	$0.8I_n$	$0.8I_n$	$0.8I_n$	$0.5I_n$	$0.5I_n$
整定电流 I_{r2}/t_2 I_{r3}	$5.5I_n,0.1s$	$5.5I_n,0.1s$	$5.5I_n,0.1s$	$5.5I_n,0.1s$	$5.5I_n,0.25s$	$5I_n,0.25s$	$5I_n,0.25s$	$5I_n,0.25s$	$8I_n,0.1s$	$8I_n,0.1s$
电缆型号规格/mm² ZB(NH)YJV-0.6/1	NHYJV-5×16	NHYJV-5×16	NHYJV-5×10	NHYJV-5×10	NHYJV-3×25+2×16	NHYJV-3×25+2×16	NHYJV-3×25+2×16	NHYJV-3×50+2×25	NHYJV-3×95+2×50	NHYJV-3×185+2×90
电气测量方案	一相电流 CL48-AI	一相电流 CL48-AI	一相电流 CL48-AI	一相电流 CL48-AI	一相电流 CL48-AI	一相电流 CL48-AI	一相电流 CL48-AI	一相电流 CL48-AI	一相电流 CL48-AI	三相电流 CL72-AI3
用途	屋顶稳压泵(备)	屋顶正风压机(备)	地下室送风机(备)	屋顶正风压机地下室排烟风机(备)	消防控制室(备)	消防电梯(备)	夹层正风压机夹层排烟风机(备)	喷淋泵及泵房井坑排污泵(备)	喷淋泵及泵房井坑排污泵(备)	消火栓泵(备)
备注										
小室高度/mm	200/2	200/2	200/2	200/2	200	200	200	200	200	400
开关柜尺寸	W800×D1000×H2200								W800×D1000×H2200	

AA9 栏：设备容量 12×20kvar；计算电流 346.4；电气测量方案 三相电流、电压、功率因数等 CL72-AI3/AV3/PF 各一；用途 无功补偿。

图7.17 变电所低压侧电气主接线图(一)续

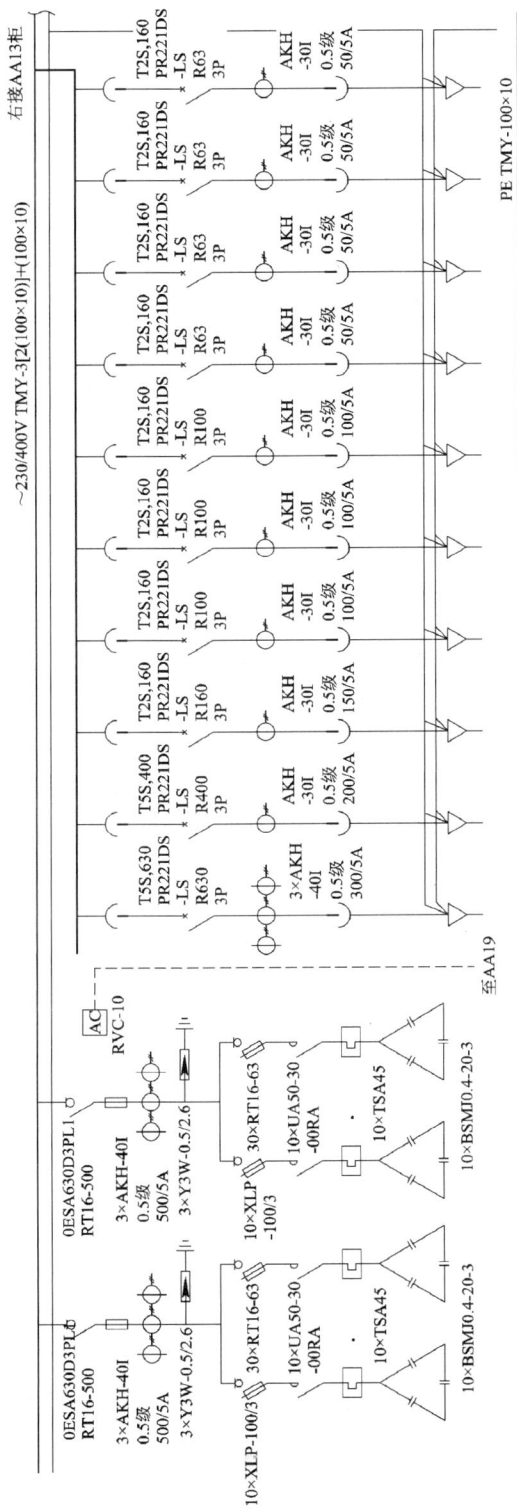

图 7.18 变电所低压侧电气主接线图(二)

开关柜编号	AA10	AA11	AA12									
开关柜型号	MNS(BW1.3)-0.4	MNS(BW1.3)-0.4	MNS(BWL3)-0.4									
回路编号			WPE10M	WPE9M	WPE6M	WPE5M	WPE2M	WPE1M	WPE8M	WPE7M	WPE4M	WPE3M
设备容量/kW	12×20kvar	12×20kvar	132.0	98.8	51.8	26	25.9	20	11.5	9.5	11	8
计算电流/A	346.4	346.4	250.8	187.7	95.6	49.4	56.2	38.0	21.9	18.1	20.9	15.2
整定电流 I_{r1}			$0.5I_n$	$0.5I_n$	$0.8I_n$	$0.8I_n$	$0.8I_n$	$0.7I_n$	$0.6I_n$	$0.6I_n$	$0.8I_n$	$0.7I_n$
整定电流 I_{r2}/I_{r3}			$8I_n,0.1s$	$8I_n,0.1s$	$4I_n,0.25s$	$5I_n,0.25s$	$5I_n,0.25s$	$5I_n,0.25s$	$5.5I_n,0.1s$	$5.5I_n,0.1s$	$5.5I_n,0.1s$	$5.5I_n,0.1s$
电缆型号规格/mm² ZB(NH)YJV-0.6/1			NHYJV-3×1 85×2×95	NHYJV-3×95+2×50	NHYJV-3×50+2×25	NHYJV-3×25+2×16	NHYJV-3×25+2×16	NHYJV-3×25×2×16	NHYJV-5×10	NHYJV-5×10	NHYJV-5×16	NHYJV-5×16
电气测量方案	三相电流CL72-AI3	三相电流、电压、功率因数等 CL72-AI3/AV3/PF 各一	三相电流 CL72-AI3	一相电流 CL48-AI	一相电流 CL48-AI	一相电流 CL48-AI	一相电流 CL48-AI	一相电流 CL48-AI	一相电流 CL48-AI	一相电流 CL48-AI	一相电流 CL48-AI	一相电流 CL48-AI
用途	无功补偿(辅)	无功补偿(主)	消火栓泵(主)	喷淋泵及集房并坑排污泵(主)	夹层排烟风机(主)	夹层排烟风机(实)复层正压风机(主)	消防电梯(主)	消防控制室(主)	地下室排烟风机(主)	地下室送风机(主)	屋顶正压风机(主)	屋顶稳压泵(主)
备注												
小室高度/mm			400	200	200	200	200	200	200/2	200/2	200/2	200/2
开关柜尺寸/mm	W800×D1000×H2200	W800×D1000×H2200	W800×D1000×H2200									

左接AA12柜　　右接AA15柜

~230/400V TMY-3[2(100×10)]+(100×10)

PE TMY-100×10

（图中各出线回路开关配置：T2S,160 PR221DS -LS；R63/R100/R160/R250/R320；3P；AKH-30I 0.5级；50/5A、100/5A、150/5A、200/5A、300/5A 等；主进线 T5S,400 PR22P -LSI、T4S,250 PR222P -LS、3²AKH-40I）

开关柜编号	AA13							AA14					
开关柜型号	MNS(BWL3)-0.4							MNS(BWL3)-0.4					
回路编号			WLE2M	WLE1M	WLE4M	WLE3M		WP11M	WP9M	WP8M	WP7M	WP6M	WP10M
设备容量/kW			40	37.5	10	12		33	51.8	51.8	25.9	66.6	10.4
计算电流/A			67.6	63.3	16.9	20.3		62.7	95.6	95.6	56.2	94.0	14.8
整定电流 I_{r1}			$0.8I_n$	$0.8I_n$	$0.6I_n$	$0.6I_n$		$0.8I_n$	$0.8I_n$	$0.8I_n$	$0.8I_n$	$0.8I_n$	$0.6I_n$
I_{t2}/I_2			$5I_n,0.25s$	$5I_n,0.25s$	$5.5I_n,0.1s$	$5.5I_n,0.1s$		$5I_n,0.25s$	$6.5I_n,0.25s$	$6.5I_n,0.25s$	$5I_n,0.25s$	$5.5I_n,0.25s$	$5.5I_n,0.1s$
I_{r3}													
电缆型号规格/mm² ZB(NH)YJV-0.6/1			YFD-NHYJV-3×25+2×16	YFD-NHYJV-3×25+2×16	ZBYJV-5×10	NHYJV-5×10		ZBYJV-3×25+2×16	ZBYJV-3×70+2×35	ZBYJV-3×70+2×35	ZBYJV-3×35+2×16	ZBYJV-3×70+2×35	ZBYJV-5×10
电气测量方案	三相电流 CL72-A13	一相电流 CL48-AI	一相电流 CL48-AI	一相电流 CL48-AI	一相电流 CL48-AI	一相电流 CL48-AI		一相电流 CL48-AI	一相电流 CL48-AI	一相电流 CL48-AI	一相电流 CL48-AI	一相电流 CL48-AI	一相电流 CL48-AI
用途	备用	备用	1~4层应急照明(主)	顶层 5~25层、夹层应急照明(主)	变电所用电(主)	地下室应急照明(主)	备用	生活泵(主)	乘客电梯(主)	乘客电梯(主)	商场乘客电梯(主)	商场自动扶梯(主)	地下室排污泵(主)
备注								*	*	*	*	*	*
小室高度/mm	200	200	200	200/2	200/2	200/2	200/2	200	200	200	200	200	200/2
开关柜尺寸	W800×D1000×H2200							W800×D1000×H2200					

图 7.18　变电所低压侧电气主接线图(二)续

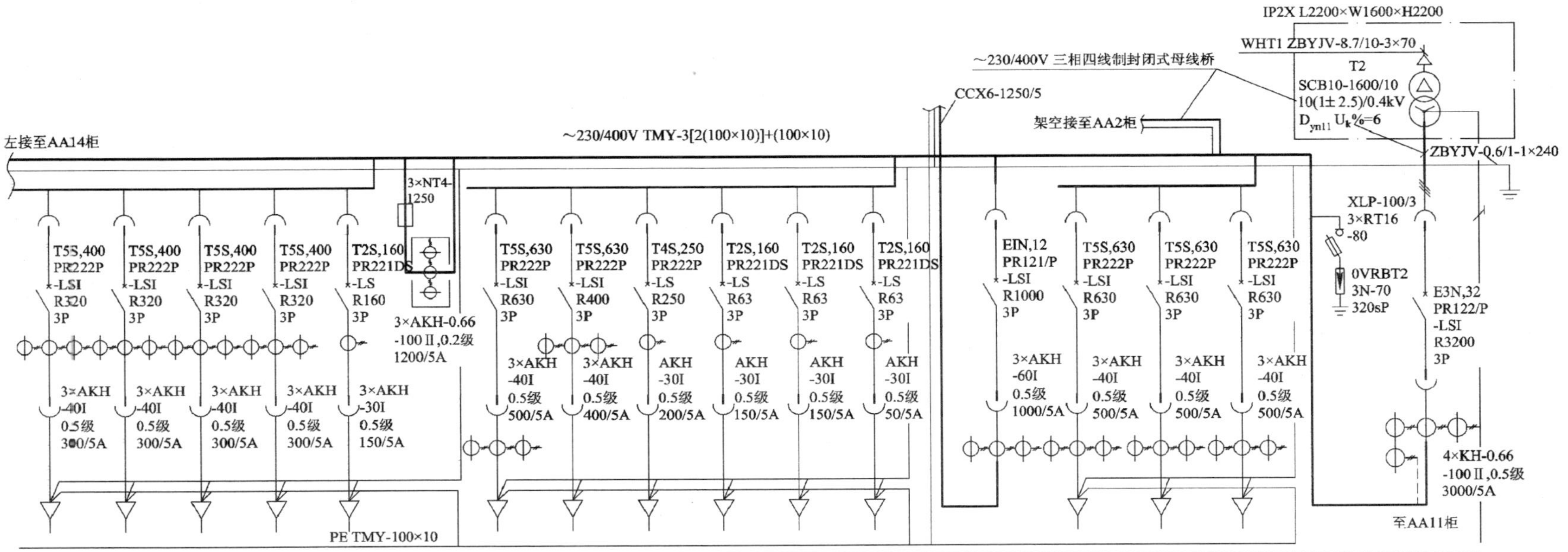

开关柜编号	AA15						AA16						AA17	AA18			AA19
开关柜型号	MNS(BWL3)-0.4						MNS(BWL3)-0.4						MNS(BWL3)-0.4				MNS(BWL3)-0.4
回路编号	WP4	WP3	WP2	WP1	WP5		WL7S		WL1	WL10S	WL9S	WL8S	WL2	WL6S	WL5S	WL4S	
设备容量/kW	176	176	162	162	74		330		100	80	63	10	760	330	330	330	1600kVA
计算电流/A	267.5	267.5	246.2	246.2	112.5		413.1		168.9	108.1	85.1	17.9	883.4	413.1	413.1	413.1	2309.5
整定电流 I_{r1}	$0.9I_n$	$0.9I_n$	$0.9I_n$	$0.9I_n$	$0.8I_n$		$0.7I_n$		$0.8I_n$	$0.8I_n$	$0.8I_n$	$0.6I_n$	$0.95I_n$	$0.7I_n$	$0.7I_n$	$0.7I_n$	$0.86I_n$
整定电流 I_{r2}/t_2	$4I_n$,0.2s	$4I_n$, 0.2s	$4I_n$,0.2s	$4I_n$,0.2s	$4I_n$,0.2s		$3I_n$,0.2s		$4.5I_n$,0.25s	$4.5I_n$,0.25s	$4.5I_n$,0.25s	$5.5I_n$,0.1s	$3I_n$,0.2s	$3.5I_n$,0.2s	$3.5I_n$,0.2s	$3.5I_n$,0.2s	$2I_n$,0.4s
整定电流 I_{r3}	$12I_n$	$12I_n$	$12I_n$	$12I_n$	$12I_n$		$12I_n$						$15I_n$	$12I_n$	$12I_n$	$12I_n$	$8.1I_n$
电缆型号规格/mm² ZB(NH)YJV-0.6/1	ZBYJV-3×185−2×95	ZBYJV-3×185+2×95	ZBYJV-3×185+2×95	ZBYJV-3×185+2×95	ZBYJV-3×50+2×25		ZBYJV-2(4×150+1×70)		ZBYJV-4×120+1×70	YFD-ZBYJV-4×70+1×35	YFD-ZBYJV-4×70+1×35	ZBYJV-5×10		ZBYJV-2×(4×150)+(1×70)	ZBYJV-2×(4×150)+(1×70)	ZBYJV-2×(4×150)+(1×70)	
电气测量方案	三相电流 CL72-AI3	三相电流 CL72-AI3	三相电流 CL72-AI3	三相电流 CL72-AI3	一相电流 CL48-AI	三项有功电能供电部门装设	三相电流 CL72-AI3	三相电流 CL72-AI3	一相电流 CL48-AI	一相电流 CL48-AI	一相电流 CL48-AI	一相电流 CL48-AI	三相电流CL72-AI3	三相电流 CL72-AI3	三相电流 CL72-AI3	三相电流 CL72-AI3	三相电流，电压，功率等 CL72-AI3/AV3/PF 各一
用途	商场空调机组4	商场空调机组3	商场空调机组2	商场空调机组1	商场空调水泵	电力分计量	1层照明(备)	备用	屋顶节日照明	1～4层公共通道照明(备)	5～25层公共通道照明(备)	地下室照明(备)	顶设备房及5～25层照明	2层照明(备)	3层照明(备)	4层照明(备)	低压进线
备注	*	*	*	*	*		*	*	*	*	*	*		*	*	*	
小室高度/mm	200	200	200	200	400	600	600	400	200	200	200	200		600	600	600	
开关柜尺寸	W800×D1000×H2200						W800×D1000×H2200						W800×D1000×H2200	W1000×D1000×H2200			W1000×D1000×H2200

图 7.18 变电所低压侧电气主接线图(二)续

在电容补偿柜中，0.4 kV 以下低压补偿一般采用三角形连接方式，这样可提高电容器的补偿容量。配套元件为总回路负荷开关(也可用隔离开关)，短路保护用喷逐式熔断器，型号为 RT16-500，操作过电压保护用避雷器，型号为 Y3W-0.5/2.6，过载保护用的热继电器，自动切换用交流接触器，每个柜子补偿量为 10×20 kvar = 200 kvar，回路计算电流为 346.4 A。

(4) 出线柜。除 AA1、AA19 为进线柜，AA9、AA10、AA11 为电容器柜外，其余都为出线(馈电)柜。在设计施工中，应注意将负荷进行归类，如按动力、照明分类，并按负荷重要性分一、二、三级。这样，在一个出线柜中的输出回路基本上是同类性质的负荷，便于控制、计量和维护。对于大容量、较重要的负荷，一般采用放射式的配电方式，如电梯、水泵等负荷，而对照明线路则采用树干式或分区树干式供电。

汇流母线为 TMY-3[2 × (100 × 10)] + (100 × 10)三相两片截面积为 100 mm × 10 mm 的铜母线，中性线 N 为 100 mm × 10 mm，保护线 PE 截面积也是 100 mm × 10 mm。AA4 柜为照明柜，柜中有三个输出回路，分别为 2、3、4 层商场内照明供电(主)回路。下面以其中 2 层(WL6M)进行分析：它的回路编号为 AA4 柜中的 WL6M，"WL"指照明回路，"6"指第 6 条支路，"M"与"S"相对应，称为主线路("S"为备用线路)。设备计算容量为 330 kW，计算电流为 413.1 A。断路器开关的整定电流，长延时 $I_{r1} = 0.7I_n$，$I_{r1} = 0.7 \times 630$ A = 443.1 A，大于计算电流 413.1 A；短延时 $I_{r2} = 3.5I_n$。时间 $t = 0.2$ s，瞬时开关 $I_{r3} = 12I_n = 12 \times 630$ A = 7560 A。

电缆采用 ZBYJV-2(4 × 150 + 1 × 70)交联聚乙烯铜芯(阻燃)电缆。导线的截面积为两根(4 × 150)mm^2 加上 PE 线(1 × 70)mm^2 的铜芯电缆，电流比为 500/5，测量等级为 0.5 级。备注中有"*"号的断路器的辅助触头带有分励脱扣器，一旦起动消防防火信号或其它应急信号，该回路就应被切除。

AA12 消防设备柜的分析如下：它共有 10 个输出回路(用途在图中已标出)。这里对消火栓泵和消防控制室回路进行分析。消火栓泵，它的回路编号为 WPE10M，"WPE"代表应急或消防设备，"10M"代表第 10 条输出的主线路。设备计算负荷为 132.0 kW，计算电流为 250.8 A。该断路器开关的长延时整定为 $0.5I_n$，即 $I_{r1} = 0.5I_n = 0.5 \times 630$ A = 315 A，大于计算电流 250.8 A。开关短延时 $I_{r2} = 8I_n = 8 \times 630$ A = 5040 A，时间 $t_2 = 0.1$ s。该开关没有设瞬时动断 I_{r3}。NHYJV 表示交联聚乙烯铜芯(耐火)电缆，导线的截面积为 3 根线径为 185 mm^2，两根线径为 95 mm^2。电流互感器的电流比为 300/5，测量精度为 0.5 级，同时监测三相电流。小室高度为 400 mm，它表示该支路开关占整个开关控制柜中的高度尺寸。消防控制室的回路编号为 WPE1M，它的负荷容量为 20 kW，它以消防室中设备容量为主，照明灯具为辅，所以它的编号开头用"WP"而不是用"WL"。另外，断路器开关整定的电流值大小、整定时间也不一样。其它线路可按上述方法自行阅读。

4. 低压配电干线系统

1) 低压带电导体系统形式与低压系统接地形式的选择

低压带电导体系统形式：对三相用电设备组和单相用电设备组混合配电的线路以及对单相用电设备组采用三相配电的干线线路，采用三相四线制；对单相用电设备配电的支线线路，采用单相三线制，将单相负荷均匀分配在三相系统中。

低压系统接地形式：本工程为设有变电所的民用建筑，故采用 TN-S 系统。所有受电设备的外露可导电部分用 PE 线与系统接地点相连接。

大型项目低压配电柜(箱)很多，低压馈出回路就更多，往往会出现柜(箱)编号重复的问题，造成在设计图中查找及将来维护检修的困难。

按照国际电工委员会(IEC)及中国国家标准要求：

(1) 所有的配电箱和线路编号不重复。

(2) 编号要简单明了，不能太长。

(3) 区分负荷性质和类型。

(4) 从识读规律上明显便于查找，能使看图者一目了然。

通过阅读低压配电干线图，就可以了解大楼用电概况以及各配电设备的大致分布情况。图中所用图形符号和文字符号可参阅本章节相关内容说明。

配电箱编号规则如下：

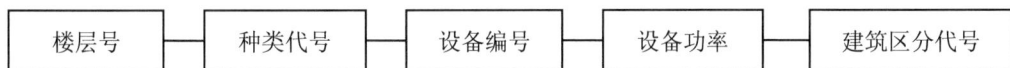

楼层号	种类代号	设备编号	设备功率	建筑区分代号

例如：　　　B1-AL-2-1/1

其中，B1 代表地下一层；AL 代表照明配电箱(AP 代表动力配电箱，APE 代表应急动力配电箱，ALE 代表应急照明配电箱，AT 代表双切换箱)；1/1 代表 1 防火分区中的 1 号箱。民用建筑的地下部分一般为车库，用途比较单一，防火分区也比较整齐，一般都是按防火分区编号；而地上情况比较复杂一些，防火分区比较多，且有时上、下层防火分区不对应，常按竖井的出线进行编号，这样做较简便一些。

2) 低压配电干线系统配线方式

照明负荷与电力负荷分成不同的配电系统，以便于计量和管理；消防用电设施的配电则自成系统，以保证供电可靠。因而低压配电干线系统分为三个部分：照明负荷、电力负荷以及消防负荷。

(1) 照明负荷配电干线系统。本工程照明负荷配电干线系统图如图 7.19 所示。

① 屋顶节日照明为三级负荷，容量较大、负荷集中。在屋顶设备房设置 1 台照明配电箱，从配电室以单回路放射式直接配电(配电干线 WL1)。

② 顶层设备房、5～25 层办公照明及夹层照明为三级负荷，负荷分布范围广，总容量较大。5～25层因为要出租，故每间办公用房均设置照明配电箱。20～25 层因办公用房不多，每层设置 1 台电能计量配电箱，以放射式配电给每间办公用房照明配电箱。5～19 层因办公用房较多，每层分两个区域，每个区域各设置 1 台电能计量配电箱，以放射式分别配电给本区内的每间办公用房照明配电箱。顶层设备房、夹层照明容量较小，各设置 1 台照明配电箱。整个办公照明负荷容量大、分布范围广，故采用分区单回路树干式配电，即顶层设备房及 15～25 层办公照明、5～14 层办公照明及夹层照明各采用一路干线配电(配电干线 WL2、WL3)，配电干线采用插接式母线槽，分支线采用电缆。

③ 1～4 层商场照明为二级负荷，容量较大。每层按防火分区设置两台照明配电箱，从配电室以双回路树干式配电(配电干线 WL4M/WL4S、WL5M/W5S、WL6M/WL6S、WL7M/WL7S)，在末端配电箱进行双电源自动切换。

④ 地下室照明容量虽小，但为二级负荷。地下室按防火分区设置两台照明配电箱，从配电室以双回路树干式配电(配电干线 WL8M/WL8S)，在末端配电箱进行双电源自动切换。

⑤ 各层公共通道照明为一级负荷，但分布于各层、容量小。1～4 层每层按防火分区设置 2 台通道照明配电箱，由设置于各层的 1 台双电源自动切换配电箱以放射式配电；5～25 层每层按防火分区设置1 台通道照明配电箱，由每三层设置的 1 台双电源自动切换配电箱以放射式配电。整个公共通道照明负荷重、分布范围广，故采用分区双回路树干式配电，即 1～4 层公共通道照明和 5～25 层公共通道照明各采用两路干线配电(配电干线 WL9M/WL9S、WL10M/WL10S)，配电干线采用预分支电缆。

(2) 消防用电设施配电干线系统。本工程消防负荷配电干线系统图如图 7.20 所示。

① 变电所用电，消防控制用电，消防电梯、屋顶稳压泵、屋顶正压风机、喷淋泵，消火栓泵及泵房，消防电梯井坑排污泵等，均为一级负荷，负荷较为集中，每处就地设置配电箱和控制箱，分别采用双回路放射式配电(配电干线 WLE4M/WLE4S、WPE1M/WPE1S、WPE2M/WPE2S、WPE3M/WPE3S、WPE4M/WPE4S、WPE9M/WPE9S、WPE10M/WPE10S)，在末端配电箱进行双电源自动切换。

② 夹层正压风机、夹层排烟风机、地下室送风机、地下室排烟风机等均为小容量一级负荷，每处就地设置配电控制箱，采用双回路树干式配电(配电干线 WPE5M/WPE5S、WPE6M/WPE6S、WPE7M/WPE7S、WPE8M/WPE8S)，在末端配电控制箱处进行双电源自动切换。

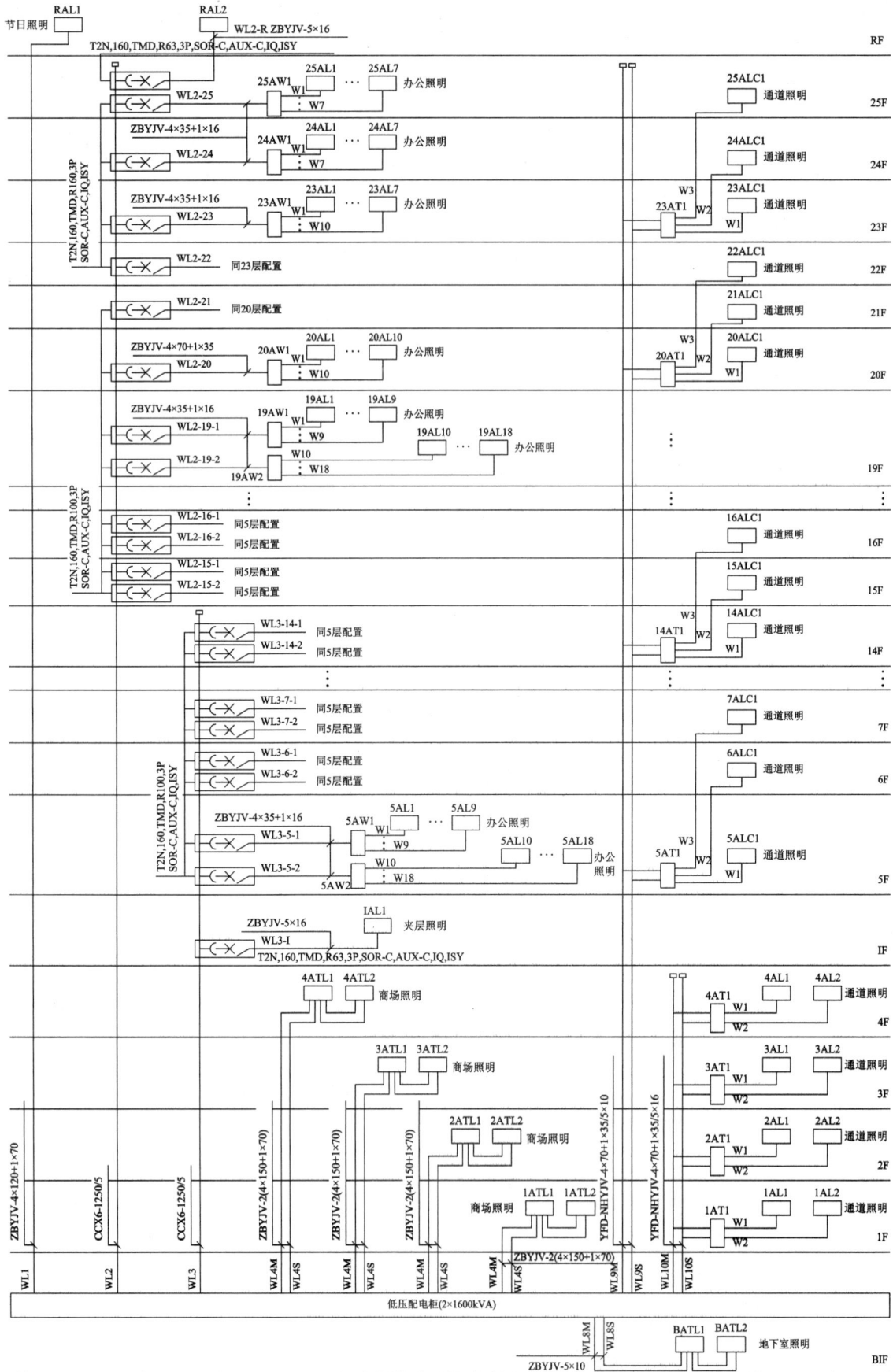

图 7.19　照明负荷配电干线系统图

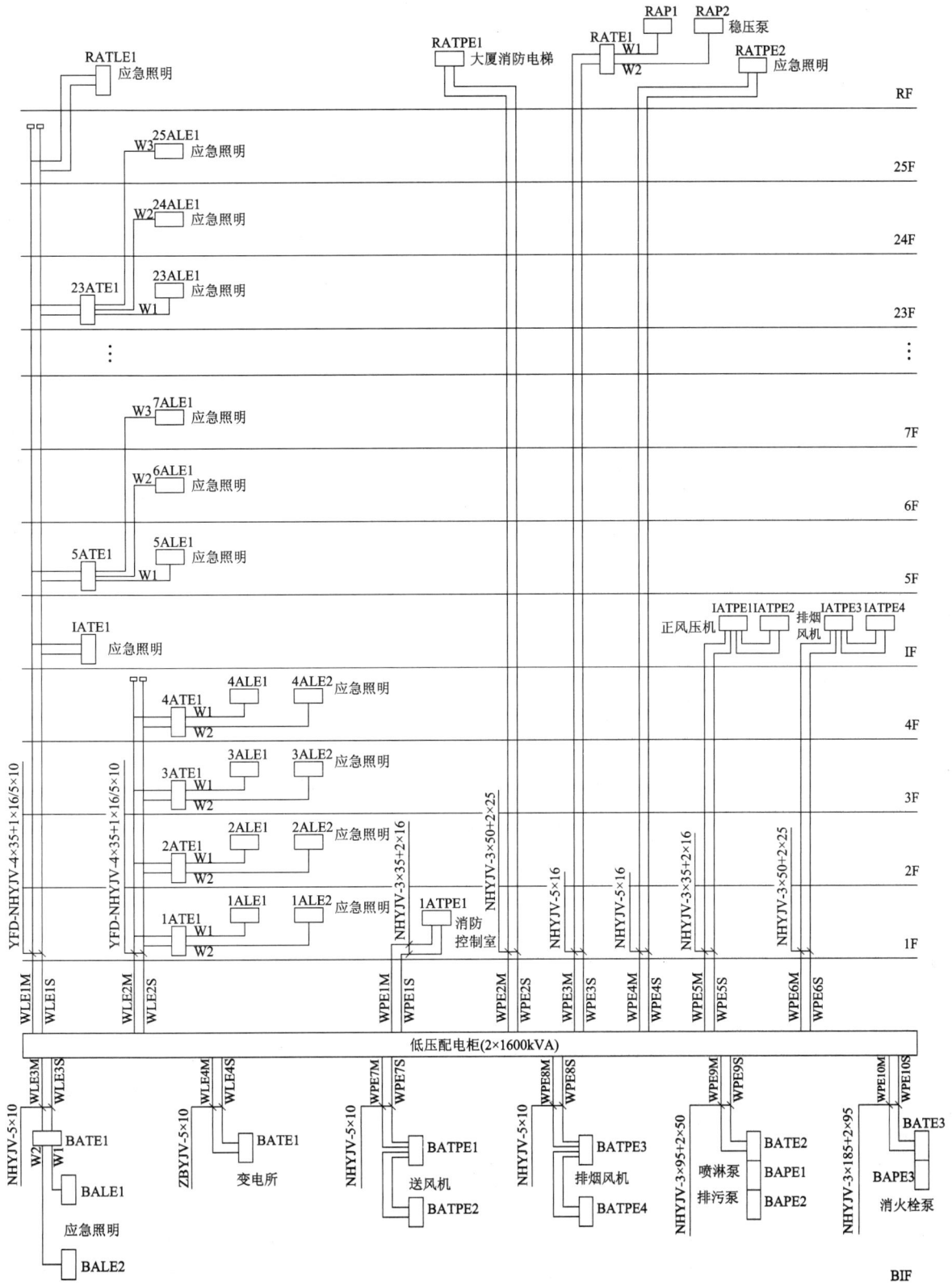

图 7.20　消防负荷配电干线系统图

③　各层应急照明及防火卷帘为一级负荷，但分布于各层且容量小。1～4 层每层按防火分区设置 2 台应急照明配电箱，由设置于各层的 1 台双电源自动切换配电箱以放射式配电，5～25 层每层按防火分区设置 1 台应急照明配电箱，由每三层设置的 1 台双电源自动切换配电箱以放射式配电。夹层设置 1

台应急照明配电箱。整个应急照明及防火卷帘负荷重、分布范围广，故采用分区双回路树干式配电，即1～4层应急照明和5～25层应急照明及夹层应急照明均采用两路干线配电(配电干线 WLE1M/WLE1S、WLE2M/WLE2S)，配电干线系统用预分支电缆。

④ 地下室应急照明及防火卷帘为一级负荷，容量小。地下室按防火分区设置2台应急照明双电源配电箱，从配电室以双回路树干式配电(配电干线 WLE3M/WLE3S)，在末端配电箱进行双电源自动切换。

(3) 电力负荷配电干线系统。本工程电力负荷配电干线系统图如图7.21所示。

① 商场空调机组1～4为三级负荷，容量较大、负荷集中，对每台机组采用单回路放射式配电(配电干线 WP1～WP4)。

② 商场空调水泵1～4为三级负荷，容量小而分散布置，采用单回路树干式配电(配电干线 WP5)。

③ 商场自动扶梯为二级负荷，但容量小且分散布置，采用双回路树干式配电(配电干线 WP6M/WP6S)，在末端配电箱进行双电源自动切换。

④ 商场乘客电梯、大厦乘客电梯1～2、生活泵为一、二级负荷，负荷集中。每处就地设置配电控制箱，分别采用双回路放射式配电(配电干线 WP7M/WP7S、WP8M/WP8S、WP9M/WP9S、WP11M/WP11S)，在末端配电控制箱进行双电源自动切换。

⑤ 地下室排污泵为一级负荷，但容量小且分散布置。每处就地设置控制箱，通过设置地下室的双电源自动切换配电箱，采用分区树干式配电(配电干线 WP10M/WP10S)。

5. 层间配电箱系统

从上述各配电干线系统图中可以看出：本工程部分为三级负荷，如5～19层办公照明；部分为小容量一级负荷，如通道照明与应急照明；在变压器二次侧低压开关柜与负荷侧末端配电箱(控制箱)之间设置了用于二级配电的层间配电箱。

本工程层间配电箱系统图如图7.22所示。

20～25层标准写字间每层通过插接开关箱，以树干式配电给1台层间配电箱(20～25AW1)，再由层间配电箱以放射式配电给各写字间末端配电箱，并计量各写字间消耗的电能。配电级数为三级。

5～19层公寓式写字间每层通过2台插接开关箱，以树干式分别配电给2台层间配电箱(5～19AW1与5～19AW2)，再由层间配电箱以放射式配电给各写字间末端配电箱，计量各写字间消耗的电能。配电级数为三级。

1～4层商场每层设置1台通道照明双电源切换箱(1～4AT1)，以放射式配电给设置于每个防火分区的通道照明末端配电箱。配电级数为三级。5～25层写字间每三层设置1台通道照明双电源切换箱(5～23AT1)，以放射式配电给设置于每层的通道照明末端的配电箱。配电级数为三级。

地下室、1～4层商场每层设置1台应急照明双电源切换箱(BATE1、1～4ATE1)，以放射式配电给每个防火分区的应急照明末端配电箱，配电级数为三级。5～25层写字间每三层设置1台应急照明双电源切换箱(5～23ATE1)，以放射式配电给每层的应急照明末端配电箱，配电级数为三级。

另外，1～4层商场每层设置1台自动扶梯双电源切换箱1～3ATP1，以放射式配电给设置于自动扶梯处的控制箱。配电级数为三级。

6. 变配电所平面

根据相关设计规范要求，本工程设置室内型变电所，并设于地下一层。综合考虑高压电源进线与低压配电出线的方便，变电所设于建筑物地下室西南角处，如图7.23所示。该处正上方无厕所、浴室或其它经常积水场所，且不与上述场所相毗邻，与电气竖井(配电间)、水泵房等负荷中心接近；与车库有大门相通，设备运输方便。变电所共装有2台干式变压器、10台高压中置式手车开关柜、19台低压抽屉式开关柜及1台交流信号屏和1台直流电源屏。与物业管理合设值班室。

1) 变电所平面布置图

本工程变电所为单层布置，不单独设值班室。由于变压器为干式并带有IP2X防护外壳，所以，可与高低压开关柜设置于一个房间内(变配电室)。由于低压开关柜数量较多，故采用双列面对面布置形式。

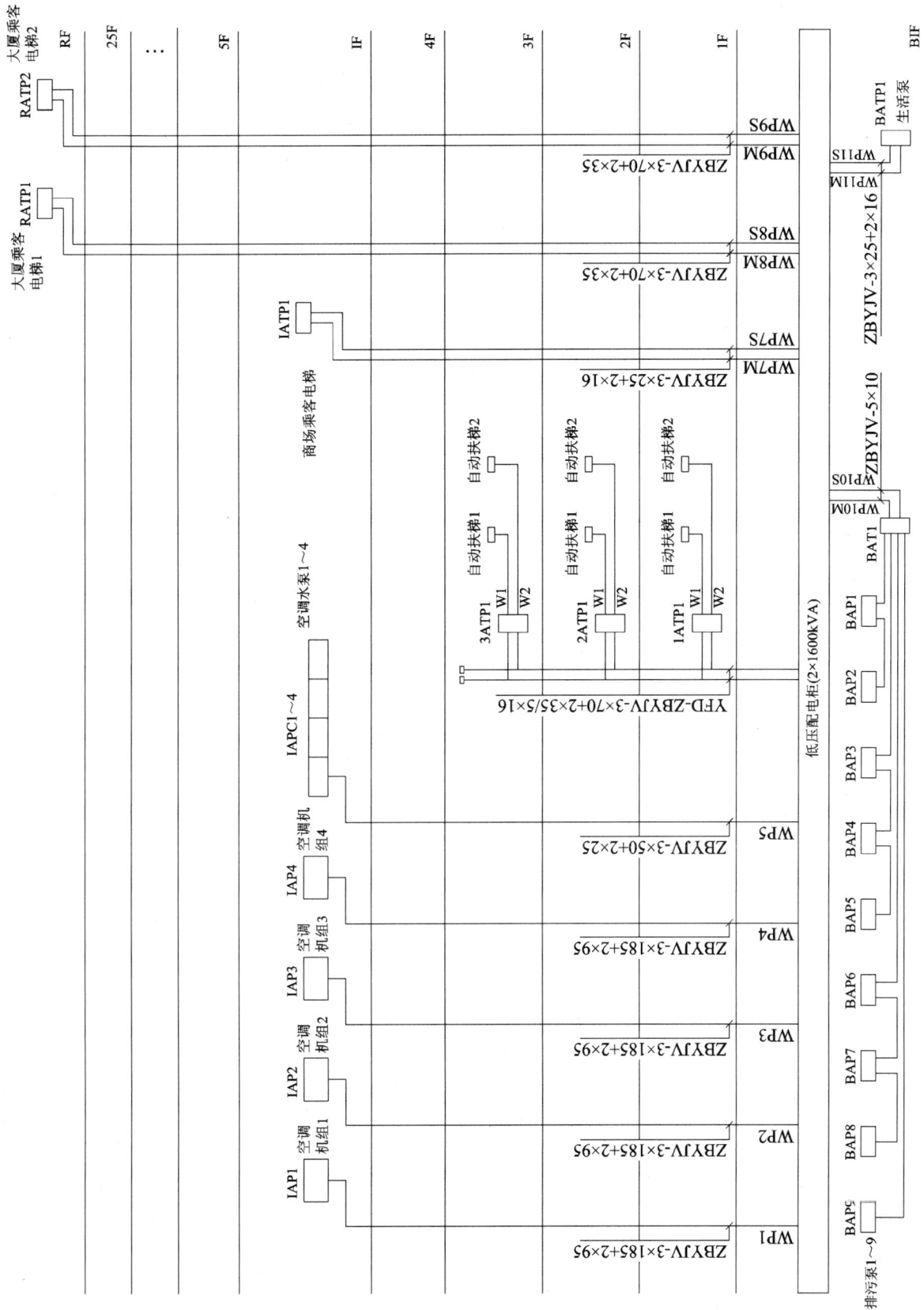

图 7.21　电力负荷配电干线系统图

5～19AW1/2非标明装

P_e=36 kW		
P_d=0.8		
cosφ=0.8		
I_c=51.5 A		

PE ⊥

WL3-5～14-1/2
(WL2-15～19-1/2)

TID,160,4P
+RC222 0.3A,0.3s

N

L1　10(40)A/220V　kWH　RT18-63/1-40A　W1/10　ZBYJV-3×10 CT　AL1/10 4kW
L2　10(40)A/220V　kWH　RT18-63/1-40A　W2/11　ZBYJV-3×10 CT　AL2/11 4kW
L3　10(40)A/220V　kWH　RT18-63/1-40A　W3/12　ZBYJV-3×10 CT　AL3/12 4kW
L1　10(40)A/220V　kWH　RT18-63/1-40A　W4/13　ZBYJV-3×10 CT　AL4/13 4kW
L2　10(40)A/220V　kWH　RT18-63/1-40A　W5/14　ZBYJV-3×10 CT　AL5/14 4kW
L3　10(40)A/220V　kWH　RT18-63/1-40A　W6/15　ZBYJV-3×10 CT　AL6/15 4kW
L1　10(40)A/220V　kWH　RT18-63/1-40A　W7/16　ZBYJV-3×10 CT　AL7/16 4kW
L2　10(40)A/220V　kWH　RT18-63/1-40A　W8/17　ZBYJV-3×10 CT　AL8/17 4kW
L3　10(40)A/220V　kWH　RT18-63/1-40A　W9/18　ZBYJV-3×10 CT　AL9/18 4kW

20～21AW1非标明装

P_e=85 kW		
P_d=0.8		
cosφ=0.85		
I_c=121.6 A		

PE ⊥

WL2-20～21

TID,160,4P
+RC222 0.3A,0.3s

N

L1,2,3　10(40)A/380V　kWH　RT18-63/3-40A　W1　ZBYJV-5×10 CT　AL1 10kW
L1,2,3　10(40)A/380V　kWH　RT18-63/3-40A　W2　ZBYJV-5×10 CT　AL2 10kW
L1,2,3　10(40)A/380V　kWH　RT18-63/3-40A　W3　ZBYJV-5×10 CT　AL3 10kW
L1　10(40)A/220V　kWH　RT18-63/1-40A　W4　ZBYJV-3×10 CT　AL4 5kW
L2　10(40)A/220V　kWH　RT18-63/1-40A　W5　ZBYJV-3×10 CT　AL5 5kW
L3　10(40)A/220V　kWH　RT18-63/1-40A　W6　ZBYJV-3×10 CT　AL6 5kW
L1,2,3　10(40)A/380V　kWH　RT18-63/3-40A　W7　ZBYJV-5×10 CT　AL7 10kW
L1,2,3　10(40)A/380V　kWH　RT18-63/3-40A　W8　ZBYJV-5×10 CT　AL8 10kW
L1,2,3　10(40)A/380V　kWH　RT18-63/3-40A　W9　ZBYJV-5×10 CT　AL9 10kW
L1,2,3　10(40)A/380V　kWH　RT18-63/3-40A　W10　ZBYJV-5×10 CT　AL10 10kW

22～25AW1非标明装

P_e=85 kW		
P_d=0.8		
cosφ=0.85		
I_c=121.6 A		

PE ⊥

WL2-20～21

TID,160,4P
+RC222 0.3A,0.3s

N

L1　10(40)A/220V　kWH　RT18-63/1-40A　W1　ZBYJV-3×10 CT　AL1 5kW
L2　10(40)A/220V　kWH　RT18-63/1-40A　W2　ZBYJV-3×10 CT　AL2 5kW
L3　10(40)A/220V　kWH　RT18-63/1-40A　W3　ZBYJV-3×10 CT　AL3 5kW
L1,2,3　10(40)A/380V　kWH　RT18-63/3-40A　W4　ZBYJV-5×10 CT　AL4 10kW
L1,2,3　10(40)A/380V　kWH　RT18-63/3-40A　W5　ZBYJV-5×10 CT　AL5 10kW
L1,2,3　10(40)A/380V　kWH　RT18-63/3-40A　W6　ZBYJV-5×10 CT　AL6 10kW
L1,2,3　10(40)A/380V　kWH　RT18-63/3-40A　W7　ZBYJV-5×10 CT　AL7 10kW

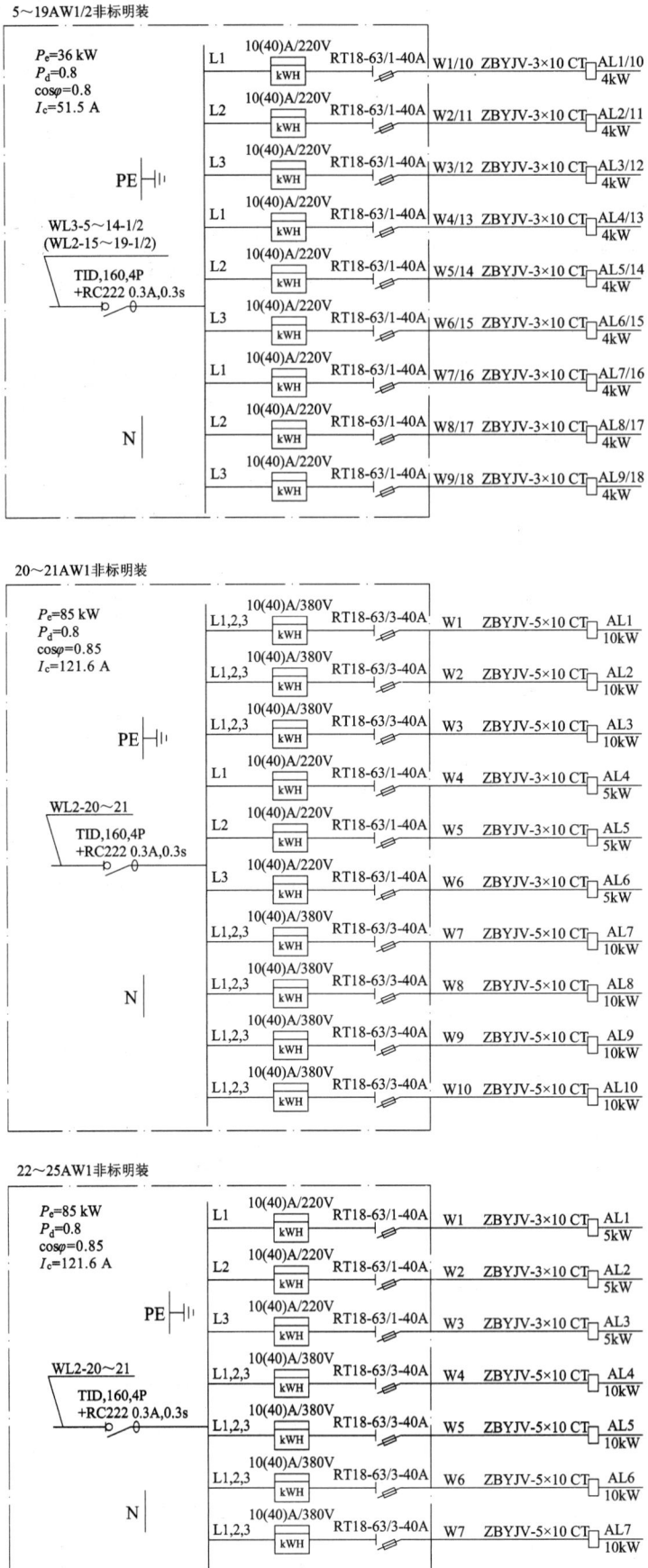

图 7.22　层间配电箱系统图(一)

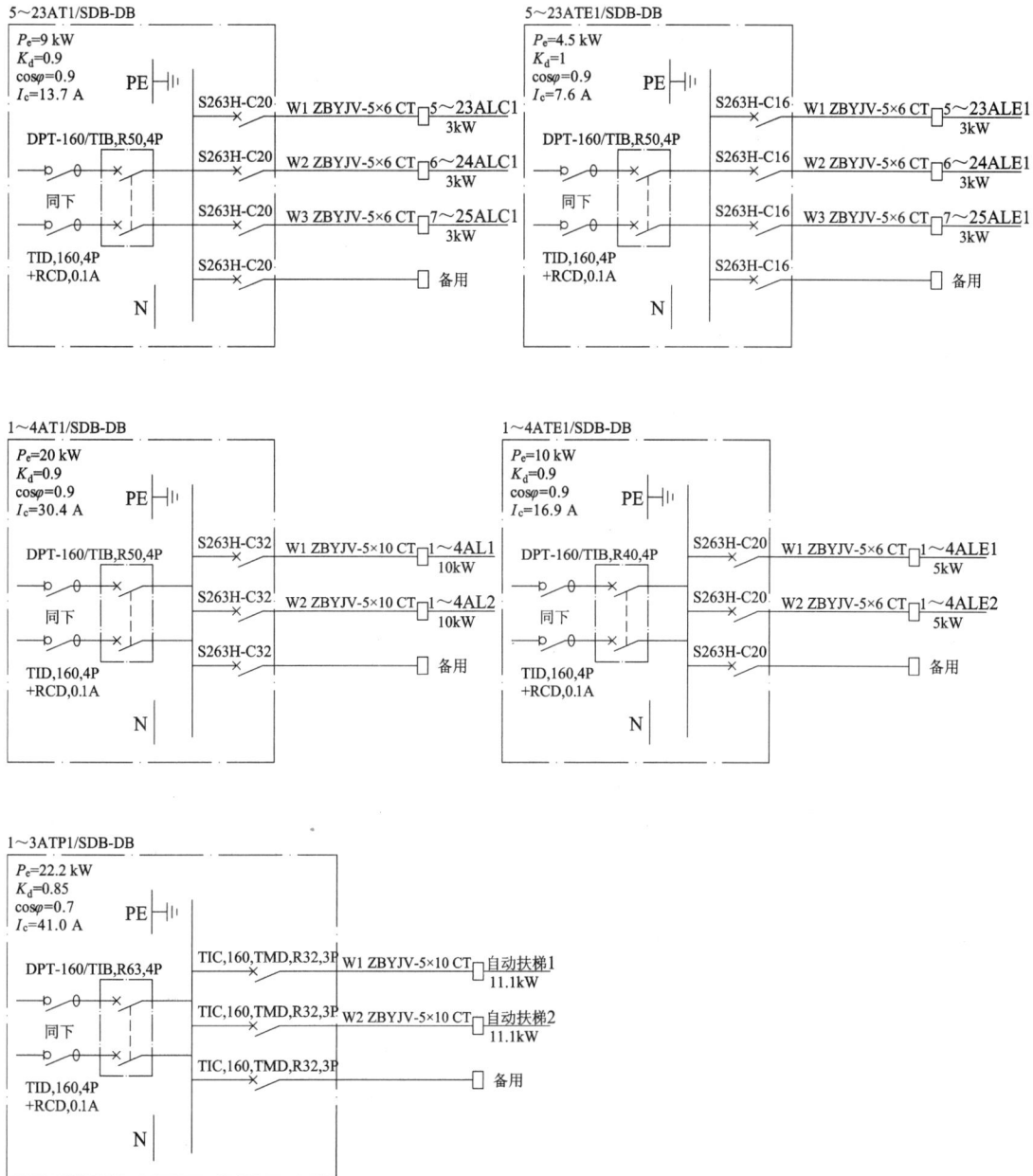

图 7.22　层间配电箱系统图(二)

本工程变电所电气设备布置平面图如图 7.23 所示。根据《建设工程设计文件编制深度规定》(2003 年版)的要求，图中按比例绘制变压器、开关柜、直流屏及交流信号屏等平面布置尺寸。

图 7.23 中，高压开关柜、低压开关柜及变压器的相对位置是基于电缆进出线方便的考虑。由于干式变压器防护外壳只有 IP20X，故未与低压开关柜贴邻安装，两者低压母线之间采用架空封闭母线连接。为保证运行安全，变配电室两端设有通向通道的门，与物业管共用的值班室经过过道相通。同时，变配电室内留有发展空间和安全工具放置与设备检修区域。

2) 电力干线敷设

图 7.24 所示为变电所电力干线平面图。通过图 7.24 可以了解到，10 kV 高压电缆进线在②轴线与 A 轴线处，从室外穿管径为 ϕ150 mm 钢管敷设，然后引到变电所的高压电缆沟中。室外管径的埋设深度为地下 0.85 m。这两根电缆互为备用接入高压进线隔离柜 AH1、AH10，进线回路编号为 WHA、WHB。然后从 AH4、AH7 引出两根电缆出线，用电缆桥架引至变压器 T1、T2 输入端(高压端)，馈线的编号分别为 WHT1、WHT2。

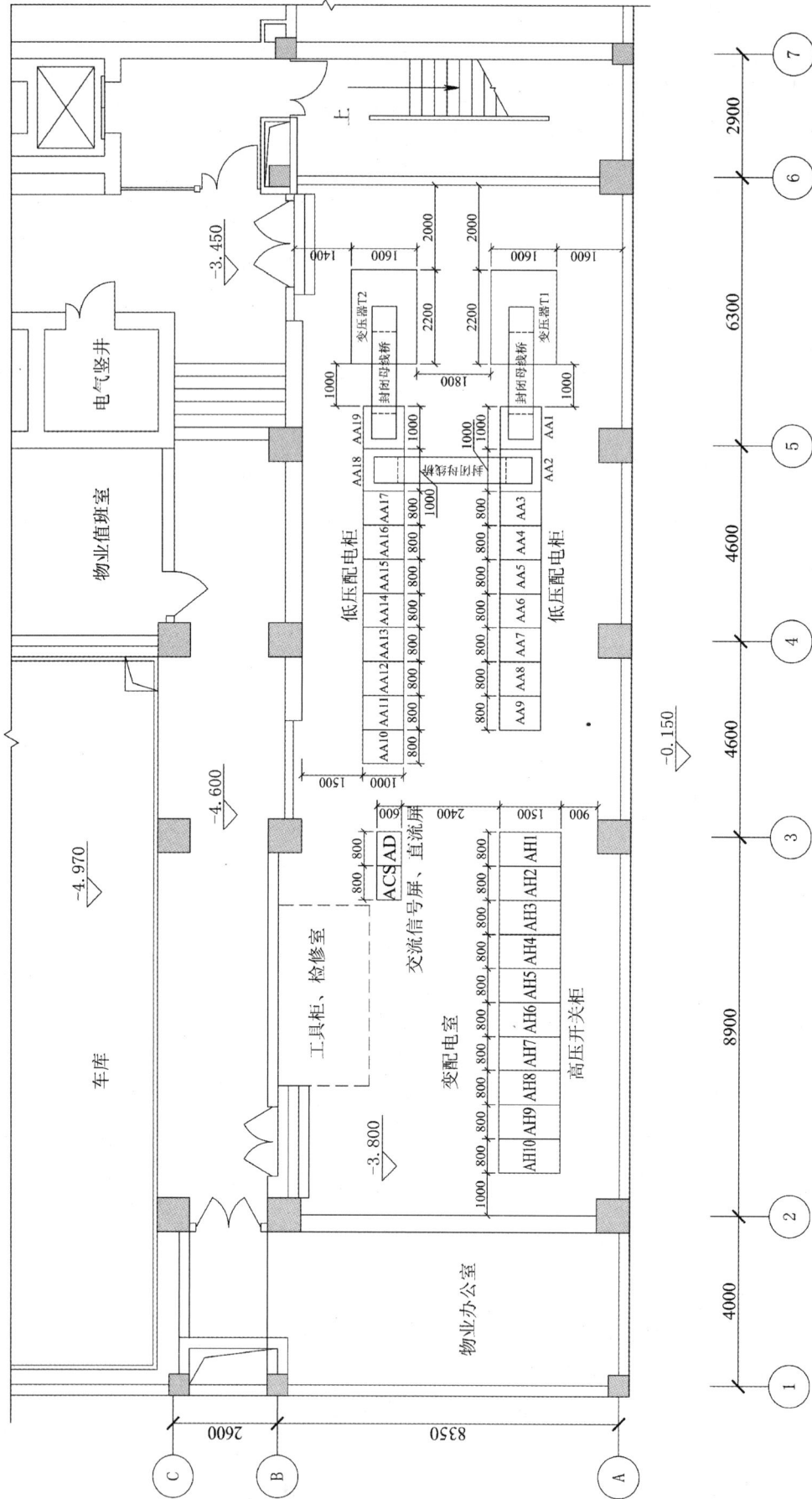

图 7.23 变电所电气设备平面布置图

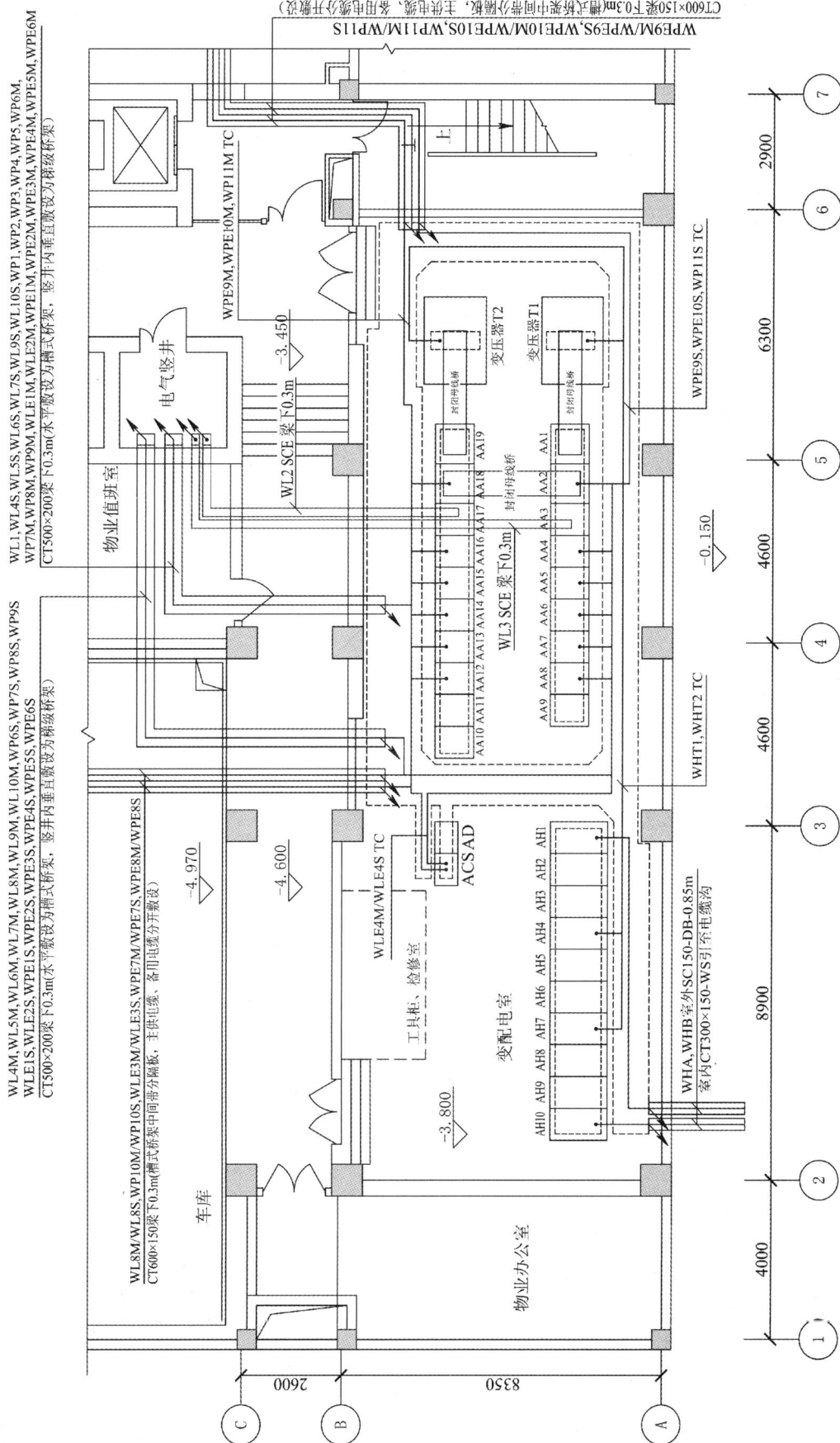

图 7.24　变电所电力干线平面图

低压配电是由 Tl、T2 变压器用封闭母线(排)配到各自的低压开关柜的，各排的低压开关柜是用铜排(TMY-3[2×(100×10)])连接的。AA2、AA18 两排低压开关柜之间的联络也是用封闭母线连接的。由于低压负荷计算电流较大(本工程为 2300A 左右)，所以工程上很少在变压器低压端到低压开关柜之间用电缆作连接的，电缆的拼接(并联)难度大，易发热。

本工程中的低压配电线路采用"上进下出"配线方式，用电缆桥架(托盘)的布线方式进行配线，线路分析如下：

(1) 低压照明柜 AA3、AA17 的布线采用封闭式母线，回路编号分别是 WL3、WL2。从低压配电室出来后，沿纵轴线上行，母线敷设在梁下 0.3 m 的吊顶内。然后在⑤轴、C 轴相汇处的电气竖井内再向上敷设。

(2) 在⑥轴、B 轴相交处有两条向下的敷设线路，它们分别是从 AA12 消防控制柜馈出的 WPE9M(喷淋泵及泵房井坑中排污泵)、WPE10M(消火栓泵)，AA14 柜中馈出的 WP11M(生活泵)的主线路；另一路是从 T1 变压器所在低压配电 AA8 消防备用柜中馈出的 WPE9S、WPE10S，以及 AA6 柜中的 WP11S 备用线路。耐火线槽(桥架)规格为 600 mm×150 mm，梁下吊顶内敷设。

(3) 其余回路请读者按上面的方法，结合前面的低压配电系统图、系统干线图进行分析即可。需要说明的是，按《建筑电气设计规范》要求，对一、二级负荷应由两回路供电，在末端进行切换。这种电缆应放在不同的线槽中，当受条件限制，放在同一线槽内时，主供电电缆和备用电缆必须用阻燃隔板分开。另一种情况是，照明、动力线路也应分槽布线。所以，在⑤轴、C 轴交汇处的电气竖井分别安装有两条 500 mm×200 mm 桥架，两条线槽内所敷设的电缆都是按上述要求分开布线的。

7.5　建筑电气照明平面图

一、照明平面图的读识基础

照明工程是现代建筑工程中最基本的电气工程。照明工程主要包括灯具、开关、插座等电气设备和配电线路的安装。

照明平面图是照明工程的主要图样，是编制工程造价和施工方案，进行安装施工和运行维修的重要依据。

1．一般阅读方法

(1) 阅读系统图。要了解整个系统的组成，各设备之间的相互关系，对系统有一个全面的了解。

(2) 阅读设计说明和图例。设计说明以文字形式描述设计的依据、参考资料以及图中无法表示但又与施工相关的内容。图例中会说明某些非标准图形符号的意义。这些内容对于正确阅读平面图十分重要。

(3) 了解建筑物的基本情况，熟悉电气设备和灯具在建筑物内的分布和安装位置。

(4) 了解各支路的负荷分配和连接情况。一般可从进线开始，经过配线箱后分支路阅读。

(5) 照明灯具的具体安装方法可以通过阅读大样图来解决。

(6) 为避免电气设备、电气线路与其它设备、管路发生冲突，可对照同建筑的其它工程图样综合阅读，并了解相关设计规范。

2．导线敷设基本方法

导线敷设方法有很多种，按照线路在建筑物内敷设位置的不同，分为明敷设和暗敷设；按在建筑结构上敷设位置的不同，分为沿墙、沿柱、沿梁、沿顶棚和沿地面敷设。可参见表 7.14。导线敷设方法也叫配线方法。不同的敷设方法下导线在建筑物上的固定方式不同，使用材料、器件不同，导线的种类也随之不同。

常用的穿管管材有两大类钢管、聚乙烯硬质管、改性聚氯乙烯硬质管(PVC 管)、聚氯乙烯半硬质管、聚氯乙烯波纹管、普利卡金属套管。

管材的规格，厚壁管以内径为准，其它管材以外径为准。现在使用的单位是毫米(mm)，以前使用的单位是英寸(in)。两者之间的对应关系是 1 in = 25.4 mm。例如：15 mm 管材相当于 0.6 in(俗称 6 分管)，20 mm 管材相当于 0.8 in(俗称 8 分管)。

在高层建筑、工业厂房等大电流配电场所一般采用封闭式母线槽配线，在工业与民用建筑中采用较多的是线管配线。

配管时要根据所穿导线的截面积、导线根数以及所采用套管的类型合理选定套管直径。

3. 常用绝缘导线

常用绝缘导线的型号及用途如表 7.18 所示。

表 7.18 常用绝缘导线的型号及用途

型 号	名 称	主 要 用 途
BV	铜芯聚氯乙烯绝缘导线	用于交流 500 V、直流 1000 V 及以下的线路中，供穿钢管和 PVC 管，明敷和暗敷
BLV	铝芯聚氯乙烯绝缘导线	
BVV	铜芯聚氯乙烯绝缘护套导线	用于交流 500 V、直流 1000 V 及以下的线路中，供沿墙、沿平顶、线卡明敷用
BLVV	铝聚氯乙烯绝缘护套导线	
BVR	铜芯聚氯乙烯绝缘软线	与 BV 同，安装要求软线时使用
RV	铜芯聚氯乙烯绝缘连接软线	供交流 250 V 及以下各种移动电器接线用，大部分用于电话、广播、火灾报警等，且常用 RVS 绞线
RVS	铜芯聚氯乙烯绝缘绞型软线	
BXF	铜芯氯丁橡皮绝缘线	具有良好的耐老化性，并具有的一定的耐油性，耐腐蚀性，适于户外敷设
BLXF	铝芯氯丁橡皮绝缘线	
BV-105	铜芯耐 105℃聚氯乙烯绝缘导线	同 BV 和 BLV 但温度较高的场所使用
BLV-105	铝芯耐 105℃聚氯乙烯绝缘导线	
RV-105	铜芯耐 105℃聚氯乙烯绝缘软线	同 RV 但温度较高的场所使用

4. 照明种类

按照明的作用可以把照明分为工作照明、应急照明、值班照明、警卫照明、装饰照明、艺术照明，其中可用正常照明或应急照明的一部分作为值班照明。

5. 照明基本线路

1) 一只开关控制一盏或多盏灯

这是一种最常用、最简单的照明控制线路，其平面图和原理图如图 7.25 所示。开关和灯具的连接线都是两根(两根线不需要标注)。相线(L)经开关控制后连接到灯具，中性线(N)直接连接到灯具。一只开关控制多盏灯时，几盏灯应并联接线。

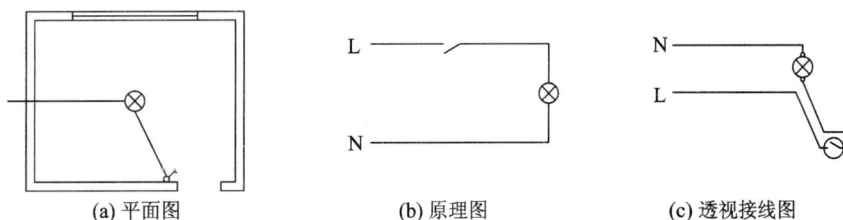

(a) 平面图   (b) 原理图   (c) 透视接线图

图 7.25 一个开关控制一盏灯

2) 多个开关控制多盏灯

当一个空间有多盏灯需要多个开关单独控制时，可以适当把控制开关集中安装，相线(L)可以共用接到各个开关，开关控制后分别连接到各个灯具，中性线(N)直接连接到各个灯具，如图7.26所示。

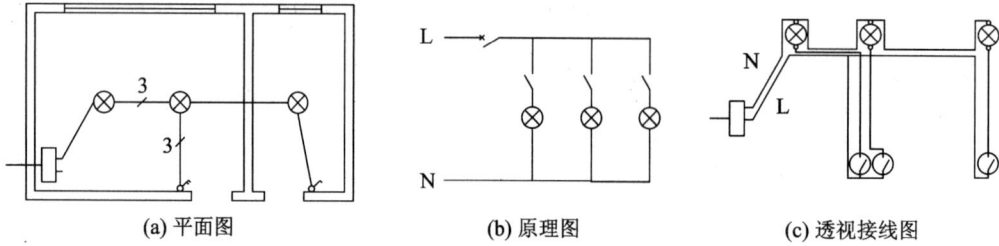

(a) 平面图　　　　　　　　　(b) 原理图　　　　　　　　　(c) 透视接线图

图7.26　一个开关控制多盏灯

3) 两个开关控制一盏灯

用两只双控开关在两处分别控制同一盏灯，通常用于楼上楼下或走廊两端的照明控制，如图7.27所示。

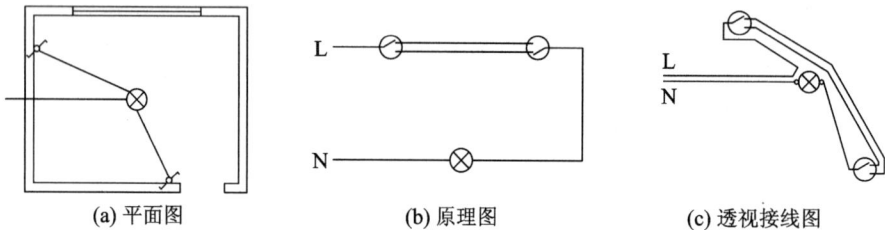

(a) 平面图　　　　　　　　　(b) 原理图　　　　　　　　　(c) 透视接线图

图7.27　两个开关控制一盏灯

二、照明平面工程图实例

某实验楼是一栋两层平顶楼房，该楼的电气照明工程不大，但比较具有代表性，适合初学者使用。根据教学需要，这里选取部分内容进行说明。图7.28为实验楼的照明系统图，图7.29和图7.30分别为该实验楼的一层、二层照明平面图。

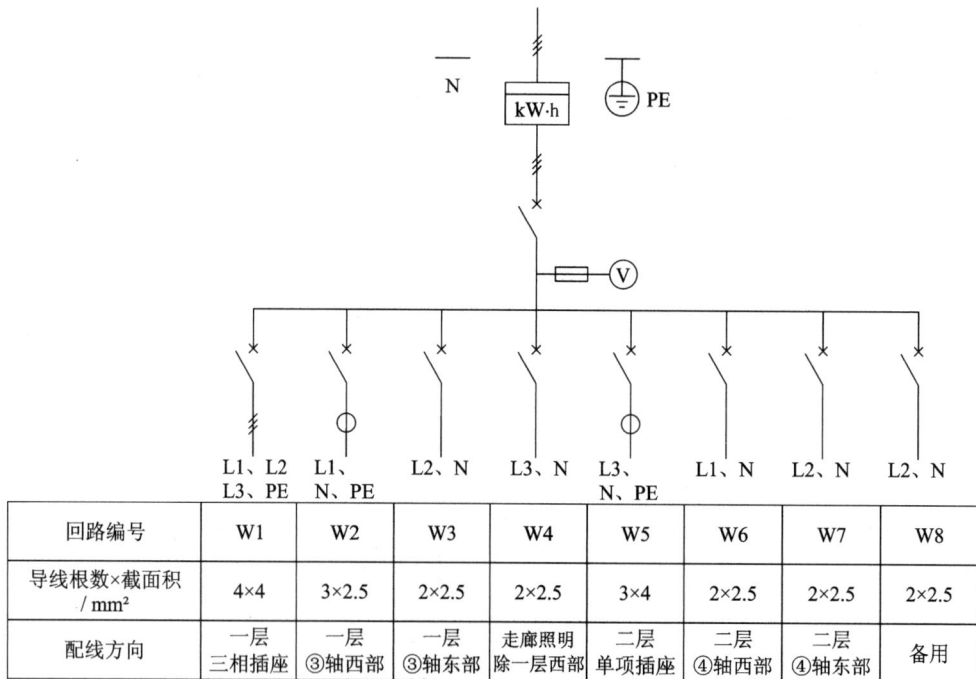

回路编号	W1	W2	W3	W4	W5	W6	W7	W8
导线根数×截面积/mm²	4×4	3×2.5	2×2.5	2×2.5	3×4	2×2.5	2×2.5	2×2.5
配线方向	一层三相插座	一层③轴西部	一层③轴东部	走廊照明除一层西部	二层单项插座	二层④轴西部	二层④轴东部	备用

图7.28　某办公楼照明配电系统图

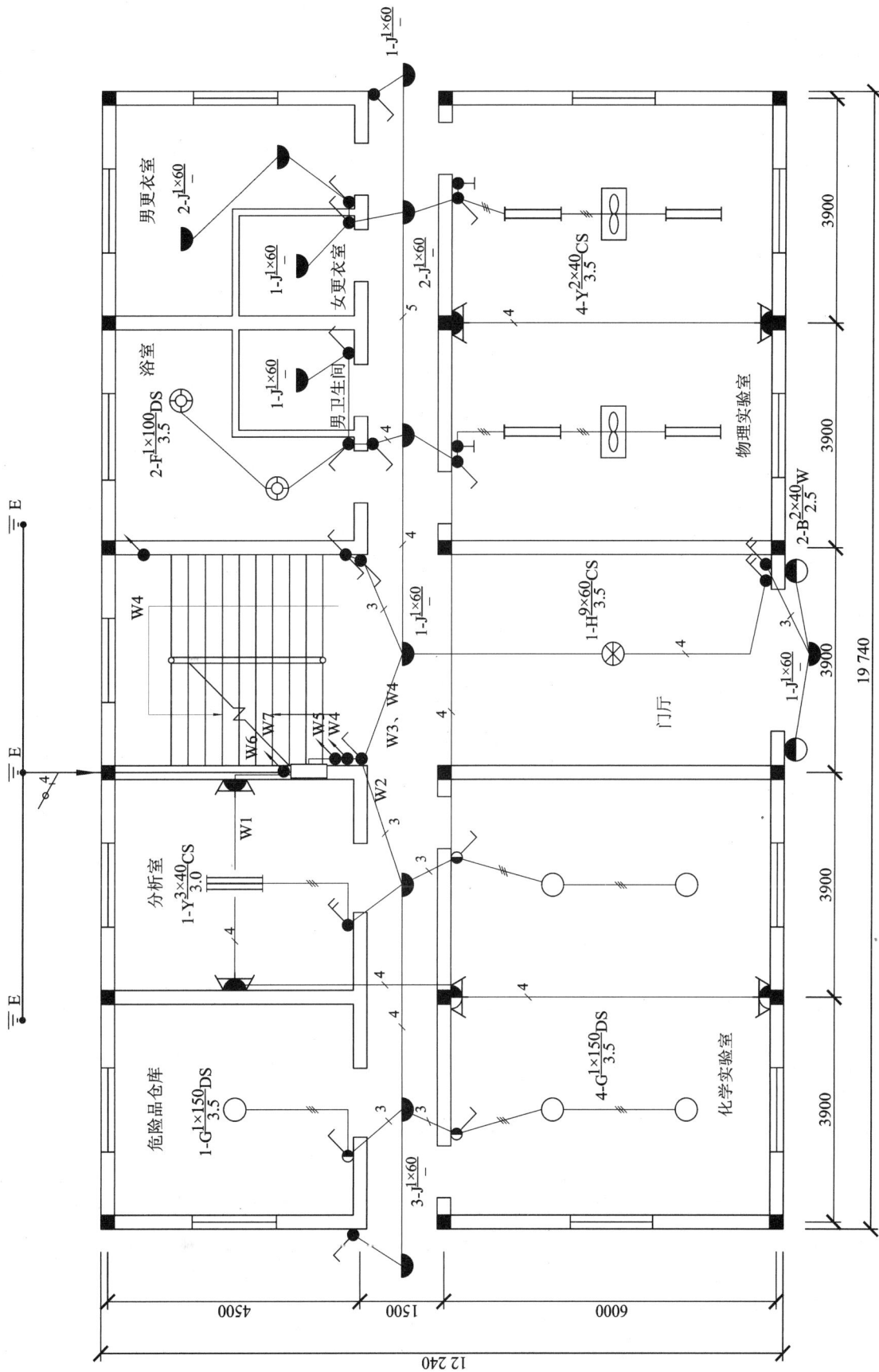

图 7.29　某实验楼一层照明平面图

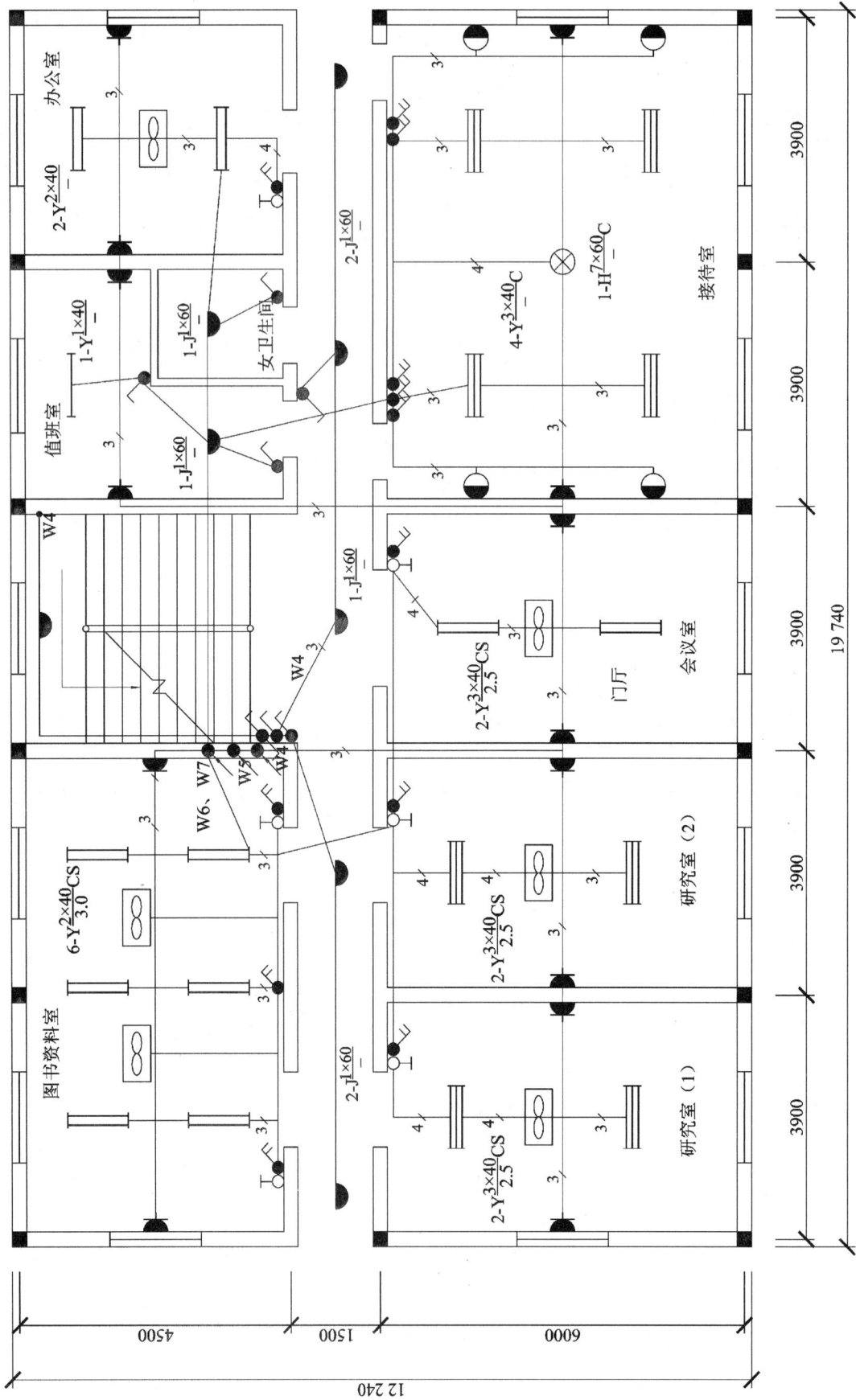

图 7.30　某实验楼二层照明平面图

1．工程说明

(1) 电源采用三相四线制 380/220 V，进户线采用 BLV-500V-4×16 mm²，自室外架空线路引入，进户时在室外埋设接地极进行重复接地。

(2) 化学实验室、危险品仓库按爆炸性气体环境分区，并按防爆要求进行施工。

(3) 配线：三相插座电源导线采用 BV-500V-4×4 mm²，穿直径为 20 mm 的焊接钢管埋地敷设；③轴西部照明线路采用焊接钢管暗敷；其余均采用 PVC 硬质管暗敷。导线采用 BV-500V-2.5 mm²。

(4) 灯具代号说明：G—隔爆灯、J—半球吸顶灯、H—花灯、F—防水防尘灯、B—壁灯、Y—荧光灯。灯具代号一般采用灯具种类名称中第一个汉字的汉语拼音首字母作为标注代号。

2．进户线

根据建筑电气工程平面图的一般规律，按电源入户方向依次阅读，即进户线→配电箱→干线回路→分支干线回路→分支线及用电设备。

进户线采用 4 根 16 mm² 铝芯聚氯乙烯绝缘导线，穿钢管自室外低压架空线路引至室内配电箱，在室外埋设垂直接地体 3 根，进行重复接地。从配电箱开始引出 PE 线，成为三相五线制和单相三线制。

3．照明设备布置情况

楼内房间用途不同，设备型号、数量各不相同，以一层设备布置为例进行说明。

物理实验室装 4 盏双管荧光灯，单管功率为 40 瓦，采用链吊式安装，安装高度为距地 3.5 m，4 盏灯用 2 只单极单控开关控制；2 只暗装三相插座；2 台吊扇。

化学实验室和危险品仓库有防爆要求。化学实验室装有 4 盏防爆灯，每盏灯内装有 1 个 150 瓦光源，管吊式安装，安装高度距地 3.5 m，采用 2 只防爆式单极单控开关控制；另外还装有 2 个三相安装防爆插座。危险品仓库装有 1 个防爆灯，采用 1 个单极单控开关控制。

分析室要求色光较好，装有 1 只暗装双极单控开关控制 1 个三管荧光灯，单管功率为 40 瓦，链吊式安装，安装高度为距地 3 m，另有三相安装插座 2 个。

浴室内水气较多、潮湿，装有防水防尘灯 2 只，内装 100 瓦光源，管吊式安装，安装高度距地 3.5 m，用 1 只单极单控开关控制。

卫生间、更衣室、走廊、东西门厅、正门雨棚下均装有半球吸顶灯。楼梯口装有 1 个单极双控开关控制楼梯吸顶灯。正门门厅装有 1 盏花灯，内装 9 个 60 瓦光源，链吊式安装，安装高度距地 3.5 m。大门两侧分别装有 1 盏壁灯，内装 2 个 40 瓦光源，安装高度为距地 2.5 m。花灯、壁灯、正门吸顶灯由 2 个双极单控开关分别控制。

其它层设备布置可参照此方式阅读。

4．配电回路负荷分配

根据配电系统图可知，该照明配电箱安装有三相进线总开关和三相电能表，共有 8 条回路。其中，W1 为三相回路，向一层三相插座供电；W2 向一层西部室内和走廊照明供电，由于有防爆要求，需要有 PE 保护接地线；W3 向一层东部室内照明及吊扇供电；W4 向门厅、一层东部走廊、二层走廊照明供电；W5 向二层单相插座供电；W6 向二层西部、会议室室内照明及吊扇供电；W7 向二层东部室内照明及吊扇供电；W8 为备用回路。

考虑到负载均衡的原则，将线路 W2～W8 分别接在 L1、L2、L3 三相上。具体分配可参见配电系统图。

5．配电回路连接情况

线路的走向及导线的数量是建筑电气照明平面图的主要表现内容之一，导线的根数及其变化是照明平面图读识的重要内容。在识别线路连接情况时，应特别注意多个开关控制一盏灯的接线。

W1 回路为一条三相回路，外加一根 PE 线，共 4 根，连接一层的三相插座，导线在插座盒内作共头连接。

　　其它回路连接，以线路 W2 为例作具体分析。W2 回路由一根相线和一根中性线，再加上一根 PE 线(接防爆灯外壳)共 3 根线由配电箱引出，在③号轴线与 B/C 轴线交叉处的开关接线盒上方与 W3 和 W4 分开，引向一层西部的房间和走廊，具体连接透视图可参见图 7.31。

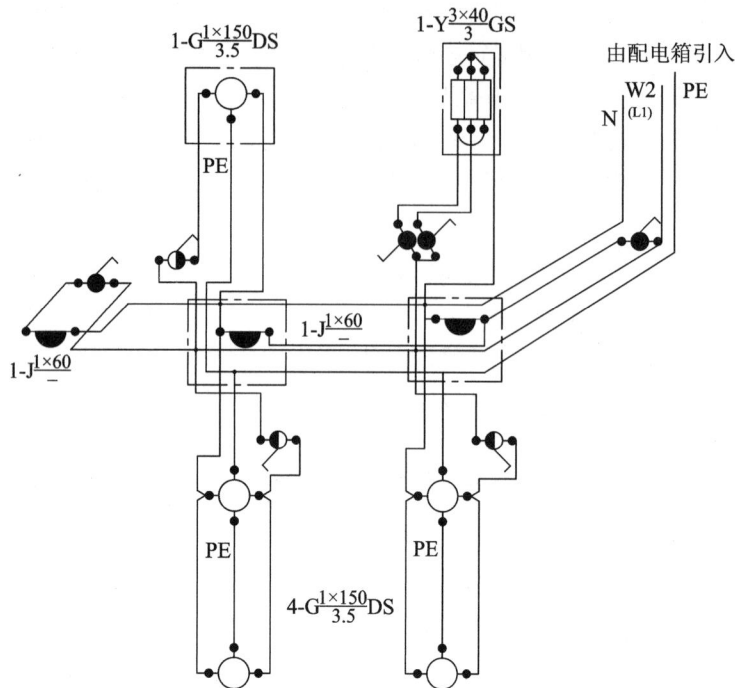

图 7.31　W2 回路连接透视图

　　W2 相线接在 L1 相线上，在③号轴线与 B/C 轴线交叉处接入一只安装单极单控开关，控制走廊西部的两盏半球吸顶灯，同时往西引至西部走廊的第一盏半球吸顶灯的灯头盒内，并在灯头盒内分成三路。第一路引至分析室内，与一个双极单控暗装开关连接，控制一盏三管荧光灯，即 1 只开关控制 1 个灯管，另外一只开关控制两个灯管，以实现开 1 只、2 只、3 只灯管的任意选择。第二路引入化学实验室右侧门内，连接一只防爆开关，控制化学实验室内右侧的两盏防爆灯。第三路向西引至西部走廊的第二盏半球吸顶灯的灯头盒内，在灯头盒内又分成三路，一路引向西部门厅，一路引至危险品仓库，一路引至化学品实验室左侧，控制另外两盏防爆灯。

第8章　建筑弱电工程图

8.1　建筑弱电系统概述

一、建筑弱电系统概念

建筑弱电系统是建筑电气的重要组成部分。所谓"强电"、"弱电"，是工程界的一种泛指。电力、输配电、电气之类归为"强电"；无线电、电子、仪表之类归入"弱电"。常常把建筑弱电系统等同于建筑智能化系统。

建筑或建筑群用电一般指交流 220 V 及以上的强电，主要向人们提供电力能源，将电能转换为其它能源，如动力用电、照明用电、空调用电等。强电的处理对象是能源(电力)，其特点是电压高、电流大、功耗大、频率低，主要考虑的问题是传输中减少损耗、提高效率。建筑中的弱电主要有两类：一类是指国家规定的安全电压及控制电压等低电压电能，有交流与直流之分(交流 36 V 以下，直流 24 V 以下)，如 12 V 直流控制电源、18 V 应急照明灯备用电源；另一类指载有语音、图像、数据等信息的信号源，如电话、电视、计算机中的信息。本书中所指的是后一类弱电。弱电的处理对象主要是信息，即信息的传送与控制，其特点是电压低、电流小、功率小、频率高，主要考虑的问题是信息传送的效果，如准确性、速度、广度和可靠性等。

所谓建筑弱电系统，即建筑智能化系统，可以理解为它是以建筑为平台，兼备信息设施系统、信息化应用系统、建筑设备管理系统、公共安全系统等，集结构、系统、服务、管理及其优化组合为一体，向人们提供安全、高效、便捷、节能、环保、健康的建筑环境。

二、建筑弱电系统的组成

建筑弱电系统由智能化集成系统、信息设施系统、信息化应用系统、建筑设备管理系统、公共安全系统和机房工程等组成。

智能化集成系统是将不同功能的建筑智能化系统，通过统一的信息平台实现集成，以形成具有信息汇集、资源共享及优化管理等综合功能的系统。

信息设施系统是为确保建筑物与外部信息通信网的互联及信息畅通，对语音、数据、图像和多媒体等各类信息予以接收、交换、传输、存储、检索和显示等进行综合处理的多种类信息设备系统加以组合，提供实现建筑物业务及管理等应用功能的信息通信基础设施。信息设施系统包括通信接入系统、电话交换系统、信息网络系统、综合布线系统、室内移动通信覆盖系统、卫星通信系统、有线电视及卫星电视接收系统、广播系统、会议系统、信息导引及发布系统、时钟系统和其它相关的信息通信系统。

信息化应用系统是以建筑物信息设施系统和建筑设备管理系统等为基础，为满足建筑物各类业务和管理功能的多种类信息设备与应用软件而组合的系统。信息化应用系统包括工作业务应用系统、物业运营管理系统、公共服务管理系统、公众信息服务系统、智能卡应用系统和信息网络安全管理系统等其它业务功能所需要的应用系统。

建筑设备管理系统指建筑设备监控系统和公共安全系统等实施综合管理的系统，如楼宇自控系统。

公共安全系统是为维护公共安全，综合运用现代科学技术，以应对危害社会安全的各类突发事件而构建的技术防范系统或保障体系。公共安全系统包括火灾自动报警系统、安全技术防范系统和应急联动系统等。其中安全技术防范系统又包括安全防范综合管理系统、入侵报警系统、视频安防监控系统、出入口控制系统、电子巡查管理系统、访客对讲系统、停车库(场)管理系统及各类建筑物业务功能所需的其它相关安全技术防范系统。

机房工程是为智能化系统的设备和装置等提供安装条件，及确保各系统安全、稳定和可靠地运行与维护的建筑环境而实施的综合工程。

建筑弱电系统包含内容广泛，涉及的技术种类繁多，本书中不可能面面俱到，逐一介绍。本书主要介绍建筑弱电工程图的概念及安全技术防范系统弱电工程图的识读和画法。

三、安全防范系统简介

对于建筑物而言，安全有保障是第一位重要的，安居才能乐业。安全防范系统是建筑弱电系统中必不可少的系统。

安全防范系统是以维护社会公共安全为目的，运用安全防范产品和其它有关产品所构成的具有防入侵、防盗窃、防抢劫、防破坏等功能，给人们提供一个安全的生活和工作环境的系统。达到事前预警、事中记录，事后控制和处理的效果，保护建筑物内外人身生命和财产安全。

安全防范系统包括安全防范综合管理系统、视频监控系统、入侵报警系统、出入口控制系统、电子巡查管理系统、访客对讲系统、停车库(场)管理系统及各类建筑物业务功能所需的其它相关安全技术防范系统。其中又以视频监控系统、入侵报警系统、出入口控制系统、访客对讲系统最常见。

1. 视频监控系统

视频监控系统是利用视频技术探测、监视设防区域，并实时显示、记录现场图像的电子系统或网络。

视频监控系统按发展阶段可分成模拟型视频监控系统、模拟数字混合型视频监控系统和数字型视频监控系统。以常见的模拟数字混合型视频监控系统为例，视频监控系统由三大部分组成，即系统前端(主要由摄像机、解码器、云台等组成)、传输网络(主要由视频信号线、控制信号线组成)以及系统终端(主要由视频分配器、矩阵切换器、硬盘录像机、电视墙和监视器组成)，如图8.1所示。

视频监控系统前端负责信息的采集，系统终端负责信息的显示、记录、存储、控制和处理，传输网络负责前端与终端之间的信息传递。

2. 入侵报警系统

入侵报警系统是利用传感器技术和电子信息技术探测并指示非法进入或试图非法进入设防区域的行为，处理报警信息、发出报警信息的电子系统或网络。

入侵报警系统由三大部分组成，即系统前端(包括探测器和紧急报警装置)、传输部分(主要包括线缆、数据采集和处理器)以及终端控制中心(包括报警控制主机、声光报警器、联动装置等)，如图8.2所示。

前端探测器用于探测防区各种类型的入侵行为；传输通道用于传输报警信号；后端控制中心用于处理警报，发出声光报警信号，记录报警信息，显示被入侵防区的位置，人工及时响应报警。

3. 出入口控制系统

出入口控制系统是利用自定义符识别或/和模式识别技术对出入口目标识别并控制出入口执行机构启闭的电子系统或网络。

出入口控制系统由前端信息输入部分(包括读卡器、卡片、门磁等)、执行部分(包括执行设备电控锁)、传输部分(主要包括线缆)和终端控制管理部分(包括门禁控制器、门禁管理主机等),如图 8.3 所示。

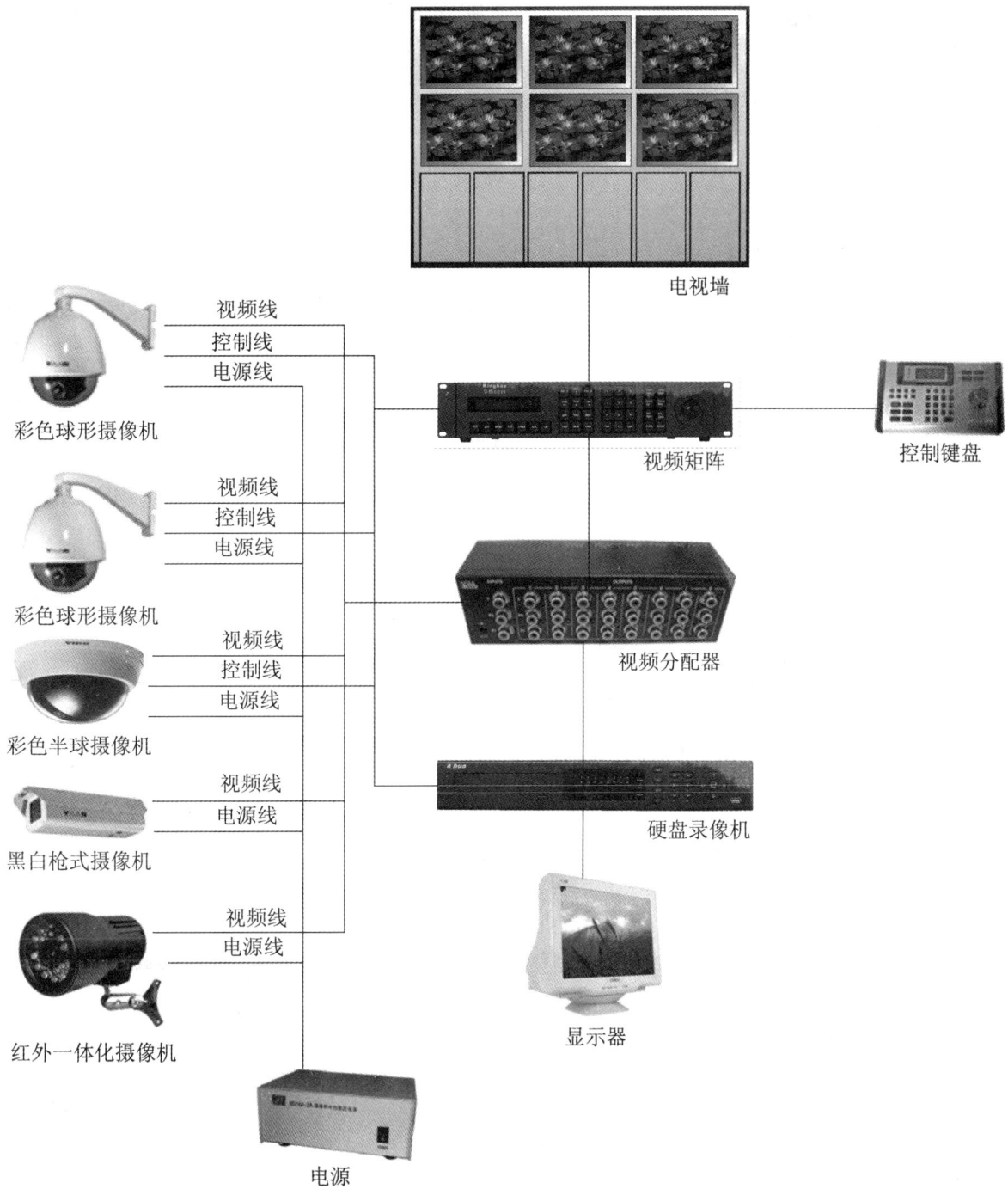

图 8.1　视频监控系统的组成

前端信息输入设备获取信息,通过传输设备把信息传输到门禁控制器,门禁控制器通过权限判断,发出指令到执行设备,多个门禁控制器由中心管理主机统一协调管理。

4.访客对讲系统

访客对讲系统是通过访客和住户的语音或视频对讲,控制住宅的防盗门,阻止无关人员随意进入,方便住户和来访客人进入的电子系统或网络。

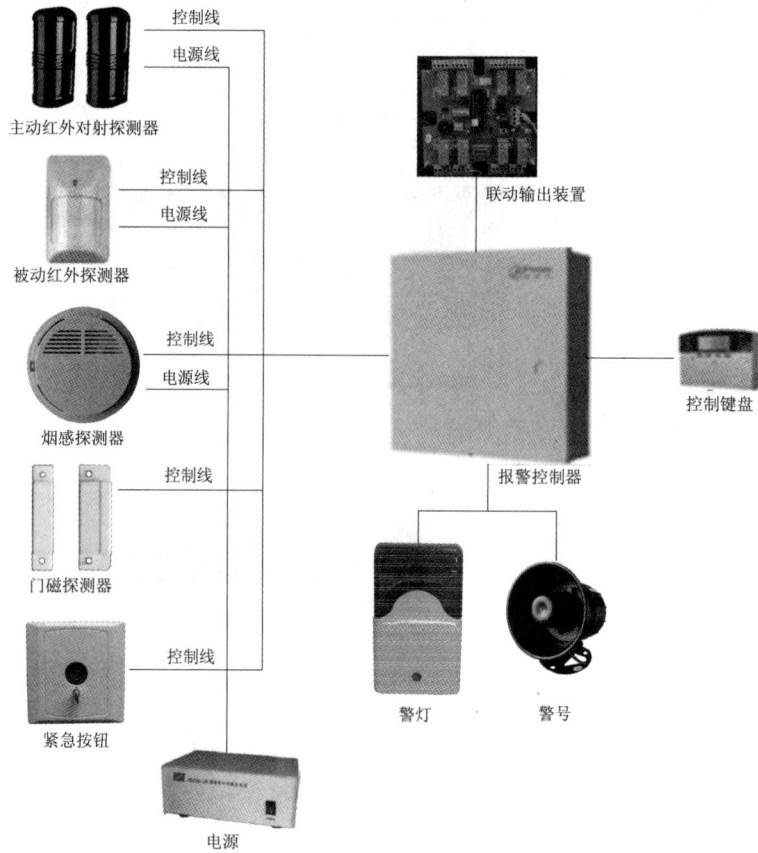

图 8.2　入侵报警系统的组成

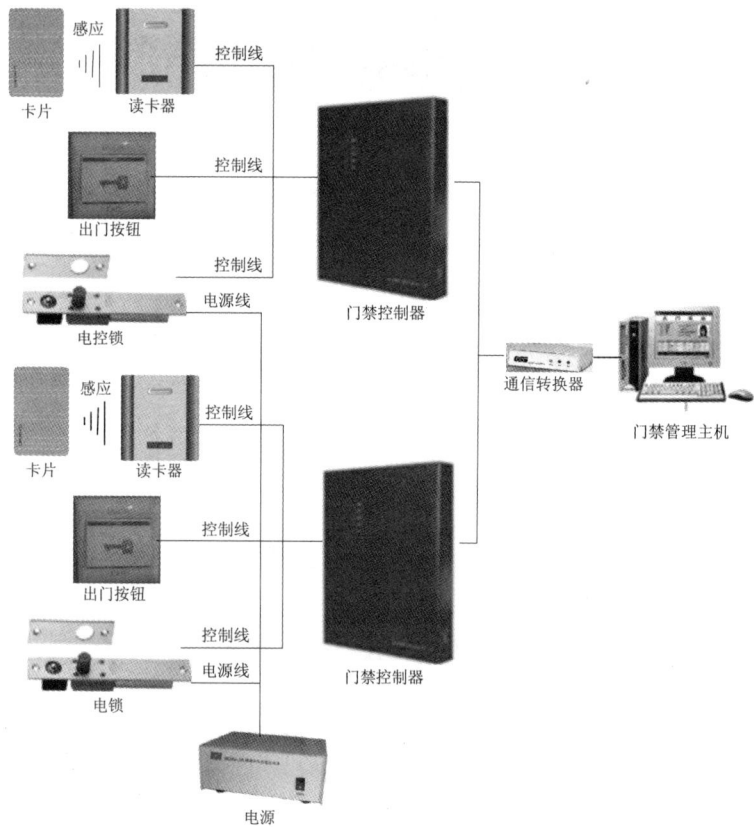

图 8.3　出入口控制系统的组成

以应用较多的基带传输方式下的联网型访客对讲系统为例，系统由管理中心机、门口主机、用户分机、楼层平台、联网器、电控锁、传输线、UPS 电源及其它配套设备组成，如图 8.4 所示。

访客对讲系统可实现可视或非可视对讲，遥控开锁、信息发布、内部通信、安保防盗等功能。

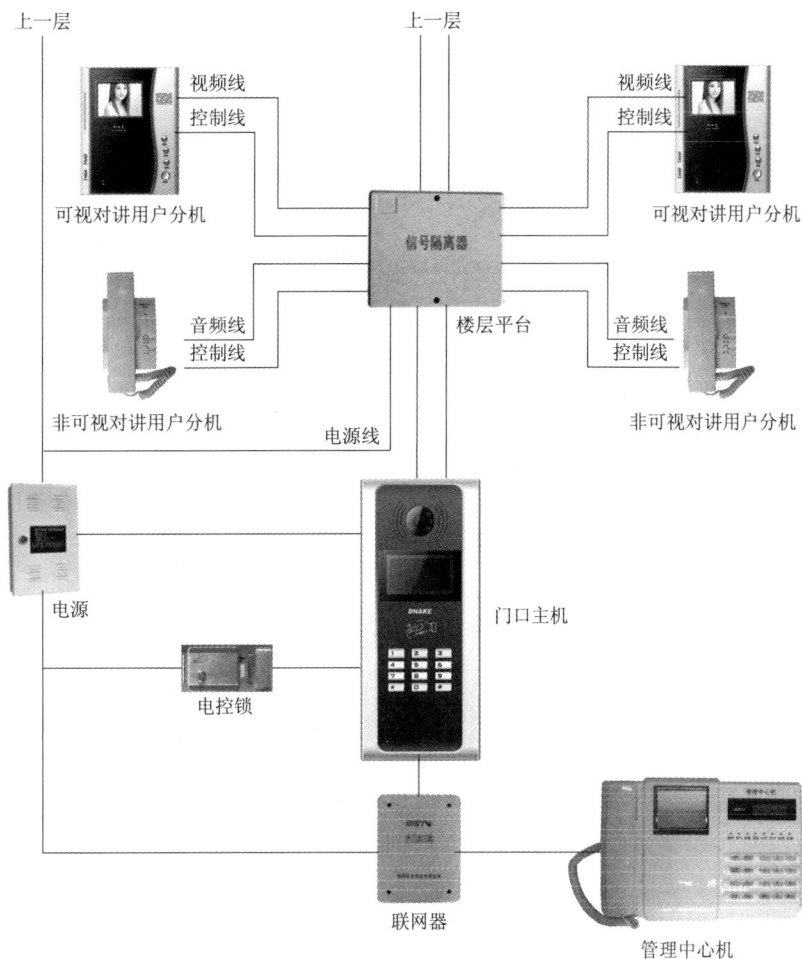

图 8.4　访客对讲系统的组成

8.2　建筑弱电工程图概述

一、建筑弱电工程图概念

建筑弱电工程图(又可称为弱电系统工程图、弱电系统施工图，简称弱电工程图、弱电施工图)是采用图例、文字或图形符号及线路布置来表达弱电系统设计方案、弱电设备与线路布置、弱电系统工作原理、弱电设备规格型号及安装连接的图样。

用建筑弱电工程图，可以较清楚地表达弱电系统设计方案，了解弱电系统的工作原理，指导弱电系统线路的布置及设备的安装调试。弱电工程图是弱电系统的工程预算、设备采购、竣工验收、工程决算的重要依据。

建筑弱电工程图属于建筑设备施工图，它是建筑电气工程图中的一种。

二、建筑弱电工程图的组成

成套的建筑弱电工程图的内容随工程的规模和复杂程度不同有所差异，但其主要内容一般应包括下列图样。

1. 封面

尤如书的封面一样，给出弱电工程项目名称、分部工程名称、分项工程名称、设计单位等。

2. 图纸目录

图纸目录是图纸内容的索引，由序号、图纸名称、图号、张数、图幅等组成，便于有目的、有针对性地查找、阅读图纸。

3. 设计施工总说明

设计施工总说明是对整个弱电工程项目的总体介绍，主要阐述设计者应该集中说明的问题，主要包括工程概况、设计依据、设计范围、各子系统说明及图纸中未能表达清楚的各有关事项说明等，能帮助读图者了解设计意图和对整个弱电工程施工的要求，提高读图效率，如图8.5所示。

4. 平面图

建筑弱电平面图(也可称为建筑弱电平面布置图)是在建筑平面图的基础上，用图形符号和文字符号绘出弱电装置、设备、元件、管线的实际布置的图样，主要表示其安装位置、安装方式、数量及线路连接等，如图8.6所示。

建筑弱电平面图主要反映前端装置、设备、元件的布置以及管线的走向，是安装施工、编制工程预算、工程竣工验收、工程决算的主要依据。

5. 系统图

建筑弱电系统图是用图形符号概略表示弱电系统的基本组成、相互关系及其主要特征的图样，主要表示弱电系统中装置、设备和元件的组成，设备和元件之间的连接关系，如图8.7所示。

建筑弱电系统图是用图形符号和文字符号绘制的简图，且用单线表示法，所反映的是弱电系统的基本组成，即主要设备及其连接关系，不反映弱电系统的全貌及设备安装位置。弱电系统的组成有大有小，所以弱电系统图所表示的系统也可大可小。

6. 工作原理图

工作原理图又可称为电路图，它是用图形符号并按工作顺序排列，详细表示装置、设备、元件和线路的全部基本组成和连接关系的图样。

通过识读工作原理图，能了解弱电系统的工作原理和工作过程，有助于系统的安装和调试。

7. 安装接线图

安装接线图是表示装置和设备的连接关系，用以进行接线和检查的图样。

安装接线图中线路采用多线表示法，接线时可对号入座，它不能反映各设备和元件之间的功能关系和动作关系，但在进行系统校线时可查出设备和元件接点位置及错误之处。

8. 详图

详图就是表示弱电系统中某一区域的详细布置和设备、装置等的具体安装方法的图样。

弱电系统中常见的有弱电机房详图、弱电竖井详图、会议室或多媒体教室详图等，还有安装大样图等。安装大样图用于详细表示设备安装方法。

在我国，设计院一般不设计详图，而只给出参照某标准图集某图实施的要求即可。

9. 主要设备及材料表

主要设备及材料表以表格的形式给出某工程设计所使用的设备及主要材料，包括序号、设备材料名称、规格型号、单位、数量等主要内容，为编写工程概算、预算及设备、材料的订货提供依据。

在上述这些图样中，建筑弱电平面图和建筑弱电系统图是较重要的两种弱电工程图样。

设计施工总说明

一、工程概况

本工程为科研所办公楼，建筑面积 144 00 m²，地上五层，主要为办公室、实验室、资料室、报告厅、会议室、信息中心、财务室等。层高 4.5 m，建筑主体总高 25.50 m。

二、设计依据

1. 国家有关规范、标准

- 智能建筑设计标准　　　　　　　　GB/T50314—2006
- 智能建筑工程质量验收规范　　　　GB50339—2003
- 综合布线系统工程设计规范　　　　GB50311—2007
- 民用闭路监视电视工程技术规范　　GB50198—94
- 安全防范工程技术规范　　　　　　GB50348—2004
- 视频安防监控系统工程设计规范　　GB50395—2007
- 入侵报警系统工程设计规范　　　　GB50394—2007
- 民用建筑电气设计规范　　　　　　JGJ16—2008

2. 建筑单位初步设计文本

3. 本所建筑、电气等各工种提供的有关资料

4. 建设单位的意见与要求

三、安全防范系统设计范围

安全防范系统设计包括视频监控系统、入侵报警系统。

四、监控中心

监控中心设在办公楼一层，面积约 80 m²。

五、各设计系统说明

1. 视频监控系统

(1) 本办公楼一层各出入口、大厅、电梯桥箱内、各层电梯厅、重要通道、楼梯间、财务室、阅览室、开放型办公室等场所设监控摄像机。

(2) 所有摄像机的电源均由监控中心供给，监控中心设有 UPS 电源。

(3) 摄像机采用 CCD 摄像机。

(4) 系统主机采用视频矩阵控制器，所有视频信号可手动/自动切换。

(5) 录像主机选用 4 台数字硬盘录像机，容量不低于录像存储 15 天的空间，并可随时快速检索和图像调阅，图像中应包括摄像机位置提示、日期、时间等，配光盘刻录机。

(6) 系统配置 9 台彩色专业监视器。

(7) 监视器的图像质量按五级损伤制评定，图像质量不低于 4 级。

(8) 监视器图像水平清晰度：彩色监视器不应低于 480 线。

(9) 监视器图像画面的灰度不应低于 8 级。

(10) 系统各部分信噪比指标分配应符合：摄像部分为 50 dB；传输部分为 40 dB；显示部分为 45 dB。

2. 入侵报警系统

(1) 入侵报警系统主机设置在监控中心。

(2) 在所长室、财务室、信息中心、资料室、书库、机房设吸顶式被动红外和微波复合入侵探测器。

(3) 在实验室、总工程师室、副所长室设被动红外入侵探测器。

(4) 在各层电梯厅、主要通道安装动红外入侵探测器。

(5) 在所长室、财务室、消防控制室安装紧急按钮开关；财务室设置脚挑开关。

(6) 在一层有外窗的房间安装玻璃破碎入侵探测器。

(7) 入侵报警系统可以与视频监控系统进行联动控制。

图 8.5　设计施工总说明

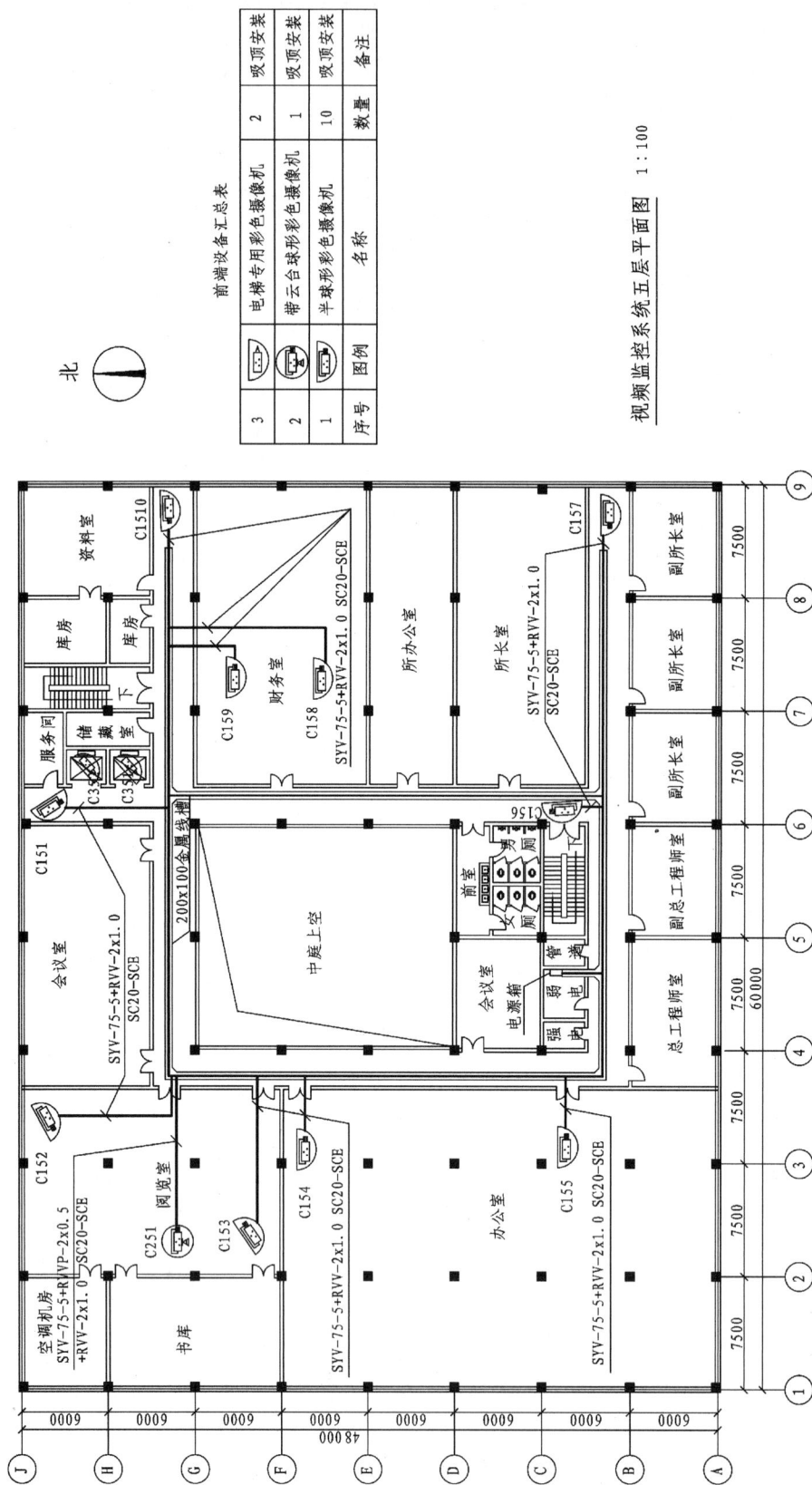

前端设备汇总表

序号	图例	名称	数量	备注
3		电梯专用彩色摄像机	2	吸顶安装
2		带云台球形彩色摄像机	1	吸顶安装
1		半球形彩色摄像机	10	吸顶安装

北

视频监控系统五层平面图 1:100

图 8.6 视频监控系统平面图

主要设备汇总表

序号	图例	名称	数量
9	UPS	不间断电源	1
8	⊡	彩色监视器	9
7	KP／	控制键盘	1
6	DVR	硬盘录像机	4
5	VD	视频分配器	4
4	⊘	电源变压器	5
3	⊲⋯	电梯专用彩色摄像机	2
2	🎥	带云台球形彩色摄像机	8
1	⊲⋯	半球形彩色摄像机	44

说明：监控中心的视频线只标根数，型号：SYV-75-5

视频监控系统图

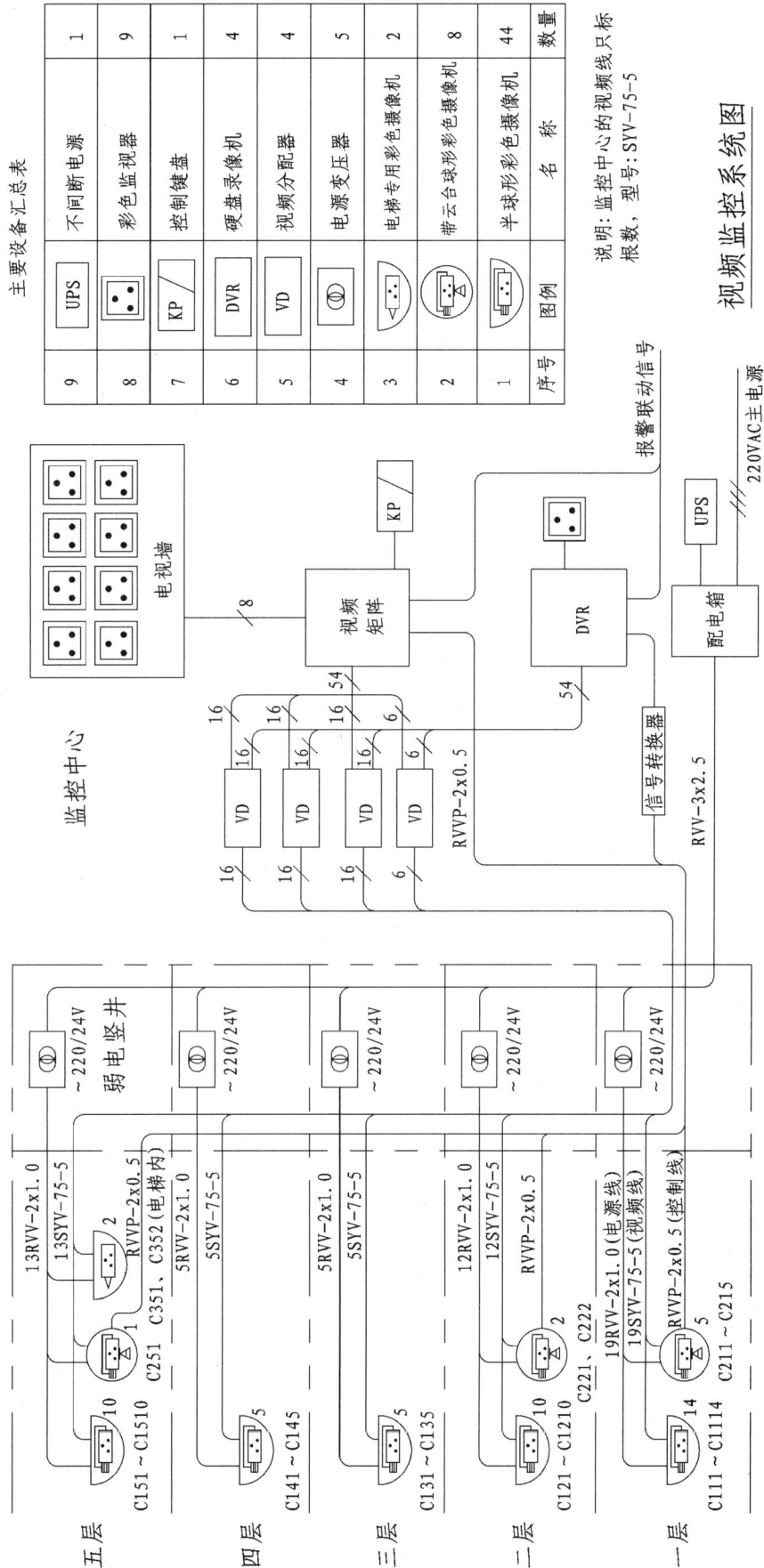

图 8.7　视频监控系统图

三、建筑弱电工程图的特点

建筑弱电工程图不同于建筑工程图和机械工程图，具备下列特点：

(1) 建筑弱电工程图均是采用标准的图形符号及文字符号绘制出来的，属简图之列。因为建筑弱电工程的设备、元件、线路很多，而且结构不一，安装方法各异，只有用统一的图形符号、文字符号来表达，才比较合适。所以，要阅读弱电工程图，首先就必须认识和熟悉这些图形符号所代表的内容和含义，以及它们之间的相互关系。

(2) 建筑弱电工程是多种技术的集成，是多门学科的综合。随着通信技术、计算机技术、自动化技术的发展，建筑弱电工程还在朝着复杂化、高技术化方向发展。因此，要读懂弱电工程图，不能只要求认识图形符号，还要求具备一定的相关技术的基础知识。

(3) 建筑弱电工程平面图是在建筑平面图的基础上绘制的，这就要求读图者应具有一定的建筑工程图阅读能力。建筑弱电工程的施工是与建筑主体工程及其它安装工程(给排水、暖通空调、设备安装等工程)施工相互配合进行的，所以弱电工程施工图不能与建筑施工图及其它安装工程施工图发生冲突。例如，各种线路(线管、线槽等)的走向与建筑结构的梁、柱、门窗、楼板的位置、走向有关，还与其它各种管道的规格、用途、走向有关；安装方法与墙体结构、楼板材料有关。因此，阅读弱电工程图时应对照阅读与之相关的建筑工程图、管道工程图，以了解相互之间的配合关系。

(4) 建筑弱电工程图对于所属设备的安装方法、技术要求等，往往不能完全反映出来，而且也没有必要一一标注出来，因为这些技术要求在相应的标准图集和规范、规程中有明确的规定。因此设计人员为保持图面清晰，都采用在设计说明中给出"参照某规范"或"参照某标准图集"的方法。所以，在阅读弱电工程图时，有关安装方法、技术要求等问题，要注意阅读有关标准图集和有关规范并参照执行，完全可以满足估算造价和安装施工的要求。

了解弱电工程图的主要特点，可以帮助提高读图效率，改善识图效果，尽快完成读图目的。

8.3 建筑弱电工程图的识读

一、建筑弱电工程图中常用图例和符号

建筑弱电工程图均是采用标准的图形符号及文字符号绘制出来的，所以，要阅读建筑弱电工程图，首先就必须认识和熟悉这些图形符号及文字符号所代表的内容和含义。

在建筑弱电工程图中常用图形符号(也可称为图例)表达一些设备和装置，用文字符号来表示线路的敷设方式和敷设部位以及所用线缆的规格和型号。

1. 图形符号

行业标准《安全防范系统通用图形符号》(GA/T 74—2000)规定了在安全防范系统工程图中用到的有关图形符号，常用的一些图形符号见附录表。

2. 文字符号

在建筑弱电工程图中常用文字符号来表示线路的敷设方式、敷设部位，设备的安装方式以及所用线缆的规格和型号。

常用的表示线路敷设方式的文字符号标注见表 7.13，常用的表示线路敷设部位的文字符号标注见表 7.14。

二、建筑弱电工程图识读的方法和步骤

因为建筑弱电工程图属于电气工程图的一种，所以阅读建筑弱电工程图必须熟悉电气图基本知识(表达形式、通用画法、图形符号、文字符号)和建筑电气工程图的特点，同时掌握一定的阅读方法，才能比较迅速全面地读懂图纸，以完全实现读图的意图和目的。

阅读建筑弱电工程图的方法没有统一规定，但通常可按下面方法去做：了解概况先浏览，重点内容反复看；安装方法找详图，技术要求查规范。

具体针对一套建筑弱电工程图纸，一般多按以下顺序阅读，而后再重点阅读。

1) 看封面、图纸目录和标题栏

通过看封面和图纸目录，了解工程名称、项目内容、设计日期及图纸数量和内容等。每一张图纸都有一个标题栏，虽然标题栏的内容很简单，但很重要，必须引起读图者的重视。因为首先要根据标题栏来确定这张图纸是否是所需要阅读的图纸。有时遇到设计变更，改过的新图纸标题栏内容比原来设计图纸标题栏内容只多出一个"改"字和设计时间的不同，如不注意，就会出错。

2) 看设计施工总说明

通过读设计施工总说明，了解工程总体概况及设计依据，了解图纸中未能表达清楚的各有关事项。如供电电源的来源、电压等级、线路敷设方法、设备安装高度及安装方式、补充使用的非国标图形符号、施工时应注意的事项等。有些分项局部问题是在分项工程的图纸上说明的，看分项工程图时，也要先看设计说明。

3) 看系统图

各分项工程的图纸中都包含系统图。如视频监控系统的系统图、入侵报警系统的系统图。看系统图的目的是了解系统的基本组成，主要弱电设备、元件等的连接关系及它们的规格、型号、参数等，掌握该系统的组成概况。

4) 看平面图

平面图(也称为平面布置图)是建筑弱电工程图纸中的重要图纸之一，是弱电工程施工的主要依据，也是用来编制弱电工程预算和施工方案的主要依据。如视频监控系统平面图、入侵报警系统平面图、出入口控制系统平面图等。这些平面图都是用来表示设备安装位置、线路敷设部位、敷设方法及所用导线型号、规格、数量、管径大小的。通过阅读系统图，了解了系统组成概况之后，就可依据平面图编制工程预算和施工方案，具体组织施工了。所以对平面图必须熟读。阅读平面图时，一般可按此顺序：设备元件→水平布线→弱电间→垂直布线→总控机房。

5) 看工作原理图

通过看工作原理图(即电路图)，可了解各弱电系统中弱电设备的基本工作原理，掌握弱电系统的工作过程，用来指导设备的安装和系统的调试工作。熟悉各种设备的性能和特点，对读懂图纸将是一个极大的帮助。

6) 看安装接线图

通过阅读弱电设备安装接线图，可以了解设备或元件的布置与接线。便于进行设备的安装、接线，有助于进行弱电系统的配线、检查和测试工作。

7) 看详图

详图是表示弱电系统中某一区域的详细布置和设备、装置等的具体安装方法的图样。通过阅读详图能详细了解某一区域的布置和设备的具体安装方法。

安装大样图是用来详细表示设备安装方法的图纸，是依据施工平面图进行安装施工和编制工程材料计划时的重要参考图纸。特别是对于初学安装的人员更显得重要，甚至可以说是不可缺少的。安装大样图多采用全国通用电气装置标准集，其选用的依据是：设计施工总说明或施工平面图内容。

8) 看设备材料表

设备材料表提供了该工程使用的设备、材料的型号、规格和数量，是编制购置设备、材料计划的重要依据之一。还可以根据设备材料表提供的产品规格、型号，查阅有关设备材料，从而了解该设备的性能特点及安装尺寸要求，配合施工做好预留、预埋工作。

上面内容是阅读弱电工程图纸最基础的步骤和方法，对于实际图纸，可根据情况对读图顺序加以变动。

三、建筑弱电工程图识读注意点

为了更好地掌握弱电工程图所表达的内容和要求，识读建筑弱电工程图时要注意以下几点：

(1) 读图切忌粗糙，应精读。要看清图纸名称、图纸号、图纸版本、设计时间、图纸比例、图例说明以及有关标注说明。

(2) 读图时要做好记录，要边读边记。在识读弱电工程图过程中，重要的内容要做好记录，对有疑问的、不清楚的地方也要及时记录下来，以便和设计人员、施工人员、其它工种的技术人员进行商讨。

(3) 读图切忌无头无绪，杂乱无章。识读建筑弱电工程图时，特别是弱电平面图时，要先识读建筑工程图，对弱电工程的建筑基础有一个较全面的了解。对整个一套弱电工程图纸，按照封面、图纸目录、设计施工总说明、系统图、平面图、工作原理图、安装接线图、详图、设备材料表的顺序依次识读。对系统图、平面图等某一类弱电图，则可按前端设备、传输线路、终端设备的顺序依次识读。

(4) 读图必须弄清各种图形符号、文字符号及标注的含义。可对照有关标准、规范、图集掌握相关图形符号、文字符号和标注说明的意义。

(5) 读图时，对图中所有设备、元件、材料的规格、型号、数量、备注要求准确掌握。可对照图例表、设备材料表了解各设备、元件、材料的规格、型号、数量、安装要求等。

(6) 读图时，凡遇到涉及土建、给排水、暖通、空调等其它专业的问题时要及时翻阅对应专业的图样。

(7) 读图时，应注意图中采用的比例。虽然弱电工程图是一种简图，但其中的平面图、详图等也都是在建筑工程图的基础上绘制的，所以要注意弱电工程图所用的比例。通过建筑物的尺寸、弱电线路布置及图纸比例，可以估算出系统所用线材数量。

四、建筑弱电工程图的识读

下面以某科研所办公楼视频监控系统的弱电系统图和弱电平面图为例来说明建筑弱电工程图的识读。

通过识读设计施工总说明和五层平面图可以大概了解办公楼的建筑结构情况。

从图 8.5 和图 8.6 可以看出，办公楼的建筑面积为 14 400 m²，地上五层，主要为办公室、实验室、资料室、报告厅、会议室、信息中心、财务室等。层高 4.5 m，建筑主体总高 25.50 m。

办公楼五层中间为一层大厅上空，房间位于四周，南面有总工程师室、副总工程师室、三间副所长室；东面为所长室、所办公室、财务室；西面有大办公室、阅览室、书库和空调机房；北面有会议室、资料室、库房等。大楼东北面有一个楼梯和两部电梯，大楼南面有一个楼梯。每层的弱电间在总工程师室对面，监控中心在一层。

办公楼安全防范系统设计包括视频监控系统和入侵报警系统。

1. 弱电系统图识读

从图 8.7 可以看出，该图为办公楼的视频监控系统图，对照有关图例可以了解该系统的组成情况。

该系统可分成三大部分，即前端设备部分和终端设备部分，传输线路将这两部分联系在一起，组成一个完整的系统。

1) 前端设备

办公楼的一至五层安装各种类型的摄像机 54 台，其中半球形彩色摄像机 44 台、带云台球形摄像机 8 台、电梯专用摄像机 2 台。一层配置半球形彩色摄像机 14 台、带云台球形彩色摄像机 5 台；二层配置半球形彩色摄像机 10 台、带云台球形彩色摄像机 2 台；三层配置半球形彩色摄像机 5 台；四层配置半球形彩色摄像机 5 台；五层配置半球形彩色摄像机 10 台、带云台球形彩色摄像机 1 台；每部电梯内配置电梯专用摄像机 1 台。

2) 终端设备

办公楼监控中心安装有 4 台视频分配器、1 台视频矩阵(带控制键盘)、4 台数字硬盘录像机、由 8 台彩色监视器组成的电视墙及配电箱、UPS 电源、信号转换器等。

3) 传输线路

系统中共有三种线路，即视频信号线、控制信号线和电源线。

前端摄像机获得的视频信号经视频电缆(SYV-75-5)传到监控中心进视频分配器，然后分两路送出视频信号(一进二出)。一路到视频矩阵进行切换控制，再通过电视墙上的彩色监视器显示出来；一路到数字硬盘录像机，将模拟视频信号转变成数字视频信号进行 24 小时录像，再通过彩色监视器显示出来。

由监控中心的视频矩阵或数字硬盘录像机发出的控制信号经控制电缆(RVVP-2×0.5)传给前端带云台的摄像机，实现对摄像机方位及镜头焦距的调节控制。

系统通过市电供电，经配电箱连接到每层弱电间里的电源变压器，将 220 V 交流电转换成 24 V 交流电，再通过电源线(RVV-2×1.0)给前端摄像机供电；市电经配电箱同时也给监控中心的设备供电。停电时由 UPS 供电。

2. 弱电平面图识读

从弱电系统图可以了解弱电系统的组成及传输线路连接情况。至于设备的安装位置、安装方法及线路的敷设方式和敷设部位应主要阅读弱电平面图。

从图 8.6 可以看出，该图为办公楼五层的视频监控系统平面图，对照有关图例和文字符号可以了解视频监控系统前端摄像机的安装位置、安装方法，以及传输线缆的敷设方式和敷设部位。

在大楼五层东北面电梯间前配置 1 台半球形彩色摄像机(C151)，监控电梯内人员的进出；阅览室内配置 2 台半球形彩色摄像机(C152、C153)、1 台带云台球形彩色摄像机(C251)，监控阅览室内人员的活动及进出书库的人员；西面大办公室内配置 2 台半球形彩色摄像机(C154、C155)，监控大办公室中人员的活动；南面楼梯口配置 1 台半球形彩色摄像机(C156)，监控南面楼梯内人员的进出及中间过道内人员的活动；南面过道东面配置 1 台半球形彩色摄像机(C157)，监控南面过道内人员的活动；财务室配置 2 台半球形彩色摄像机(C158、C159)，主要用于监控财务室出纳柜台情况；北面过道东面配置 1 台半球形彩色摄像机(C1510)，监控北面过道内人员的活动及东北面楼梯内人员的进出。两部电梯内各配置 1 台电梯专用摄像机(C351、C352)，用于监控电梯内人员的活动。所有摄像机均采用吸顶方式安装。

主干水平安装金属线槽规格为 200×100，沿北、西、中、南过道引到南面弱电间，再通过弱电间竖井内垂直安装的金属线槽引至一层监控中心。

从摄像机引出的视频线(SYV-75-5)、控制线(RVVP-2×0.5)、电源线(RVV-2×1.0)均先穿过焊接钢管在吊顶内敷设(SC20-SCE)，再沿主干金属线槽以最短路径方式引至弱电间。视频线、控制线经弱电间内的竖井直接引至监控中心，而电源线连接到弱电间的电源变压器箱。

8.4　建筑弱电工程图的画法

一、建筑弱电工程图绘制的方法和步骤

1. 确定图幅、比例

一般建筑施工设计文件中，建筑平面图比例为 1∶100，所以建筑弱电工程图一般也采用 1∶100 的比例。

弱电工程图纸的最大图幅为 A0，其它一般采用 A1 图幅或 A2 图幅，一般不用 A3 图幅。一般一套图样主要图幅为两种，即 A1、A2；如建筑物规模较大，则弱电平面图可采用 A0。弱电系统图可采用与弱电平面图一样大小的图幅，也可以采用比弱电平面图小一号的图幅。

2. 导入建筑平面图并作一些处理

(1) 删去细小尺寸，无关的文字。

(2) 对剪力墙、柱子虚化。

(3) 对建筑图线淡化处理，但不能将建筑平面图的功能文字、标高、轴线及编号等有关内容删去。

3. 分系统绘制弱电平面图

根据弱电工程的范围，分系统绘制弱电平面图。如上节介绍的办公楼安全防范系统由视频监控系统和入侵报警系统组成，则分别画出视频监控系统平面图和入侵报警系统平面图。在某些情况下，也可将某一类的系统平面图画在一起，如将安全防范系统中的视频监控系统和入侵报警系统画在一张平面图上。

4. 统计信息点，建立信息点统计表

分别统计信息点，如视频监控系统中安装摄像机的位置，入侵报警系统中安装入侵探测器的位置，然后建立一张信息点统计表。信息点统计表中包括序号、位置、设备名称、安装形式等。

5. 分系统绘制弱电系统图

分系统画弱电系统图，如办公楼安全防范系统中，分别画出视频监控系统图和入侵报警系统图。

6. 统计设备数量，建立设备表

根据前面所画好的弱电平面图、弱电系统图和信息点统计表，汇总所用主要设备，建立系统设备清单。设备清单中应包括序号、设备名称、型号与规格、单位、数量、备注等。设备的型号与规格按设计深度要求进行标注。

7. 编写设计说明

最后编写设计施工总说明，包括工程概况、设计依据、设计范围、各子系统说明及图纸中未能表达清楚的各有关事项说明等。

1) 工程概况

对工程区位、周边道路、建筑总面积、总高度、层数、各层主要功能、弱电系统设计施工目标要做简略介绍。

2) 设计依据

包括国家现行标准、规范、行业标准；建设单位的设计委托书、设计任务书、合同书；有关设计评审、协调等会议纪要；建筑及水、电、暖各专业的施工图及修改的设计文件。

3) 设计范围

说明列入本次设计的子系统，注明未列入设计的子系统，如通信、有线电视等子系统由电信、广电等有关部门设计。

4) 子系统说明

在安全防范系统中，如视频监控系统、入侵报警系统等均要描述主要特性，采用的技术。前端设备布点数量，注明机房位置。

以上为一般情况下绘制弱电工程图的总体步骤，根据弱电工程的具体情况也可做部分调整。

二、建筑弱电工程图绘制注意点

为了提高弱电系统的工程质量，必须首先做好弱电系统工程图的设计和绘制，并注意以下几点：

(1) 弱电工程图的设计必须与有关专业密切配合，如给排水、动力照明、暖通空调等专业工种。确保设计的管线与其它专业的管线不发生冲突，以保证管线的预埋、穿线和系统调试顺利进行。

(2) 弱电工程施工图的绘制应当认真执行绘图的规定，所用图形符号和文字符号必须符合有关国家

标准和行业标准的要求，如符合公安部颁布的"安全防范系统通用图形符号"等有关标准的规定。不足部分应当补充并加以说明。

(3) 绘图要求清晰整洁、字体规整，原则上要求书写仿宋体字，力求图纸简化、方便施工，既详细又不烦琐地表达设计意图。

(4) 绘制弱电工程图要求主次分明，突出设备布置和线路敷设，设备元件用中实线绘制，线路用粗实线表示，建筑轮廓为细实线，凡建筑图的主要房间应标示房间名称、绘出主要轴线编号。

(5) 各类有关的防范区域，应当根据平面图明显标出，以检查防范的方法以及区域是否符合设计要求。摄像机、探测器的布置力求准确，墙面或吊顶上安装的器件要求标出距地面的高度(即标高)。

(6) 若某几层有相同的平面图、相同的防范要求，可合在一起绘制一张弱电平面图；局部不同时，应按轴线绘制局部弱电平面图。

(7) 在弱电平面图上需绘制多种设备，且数量又较多时，宜采用 1∶100 的比例。若面积很大，设备又较少，能表达清楚，则可采用 1∶200 的比例。剖面图复杂的宜采用 1∶20，1∶30，甚至 1∶5 的比例，根据图样的清晰度而定。

(8) 弱电系统设备表中所列设备要完整，数量与图纸无出入，要注明设备的主要技术性能指标，设备的型号与规格按设计深度要求进行标注。

(9) 弱电工程图的设计施工说明，力求语言简练、表达明确。凡在弱电平面图上表示清楚的，不必在说明中重复叙述；弱电工程图中未注明或属于共性的情况，以及图中表达不清楚的，均需补充说明，如空间防范的防范角等。单项工程可在首张图纸的右下方、图样的侧上方列举说明事项。如果一个系统的子项较多，且属于统一性的问题，则应编制设计施工总说明，排列在其它图纸的前面。

(10) 图纸目录中，工程名称、项目名称与图纸要一致，图纸名称与图纸要一致，图幅与图纸要一致，并且要把所有图纸全部列上，不可遗漏。

(11) 弱电工程图一般都用 AutoCAD 绘图软件绘制，此时应注意图层、线型、颜色的设置，充分利用图块、属性等绘图功能，并注意图纸版本的控制。

三、弱电平面图绘制

1. 弱电平面图绘制步骤和方法

以绘制某科研所办公楼入侵报警系统的五层弱电平面图为例来说明建筑弱电平面图的绘制步骤和方法。

1) 审清读懂建筑图

因弱电平面图都是在建筑平面图基础上绘制的，所以要先审清每一幅建筑图纸所表示的建筑结构，要求找到每一层的弱电间及总控制室和分控制室。

从图 8.8 可以看出，该图纸为办公楼第五层的平面图。办公楼第五层中间为一层大厅上空，房间位于四周，有办公室、阅览室、书库、空调机房、资料室、库房等。大楼东北面有一个楼梯和两部电梯，大楼南面有一个楼梯。南面、西面、北面、中间各有一条相互连通的过道。弱电间在总工程师室对面。

2) 初步确定桥架走向

根据办公楼第五层的建筑结构，确定桥架(即金属线槽)的水平走向为：沿南面、西面、北面、中间相互连通的过道，最后通入五层的弱电间；再由弱电间的弱电井内垂直安装的桥架通入一层的总控室。

3) 画图例

以表格的形式，按照标准的规定画出平面图中所用到的图例(即图形符号)，注明图例所代表的元件或设备，并说明对应的安装方式。如果元件设备相同，但元件设备安装方式不同，要用不同的图例来表达。标准中没有的元件、设备图例可以补充并加以说明，如图 8.9 所示。

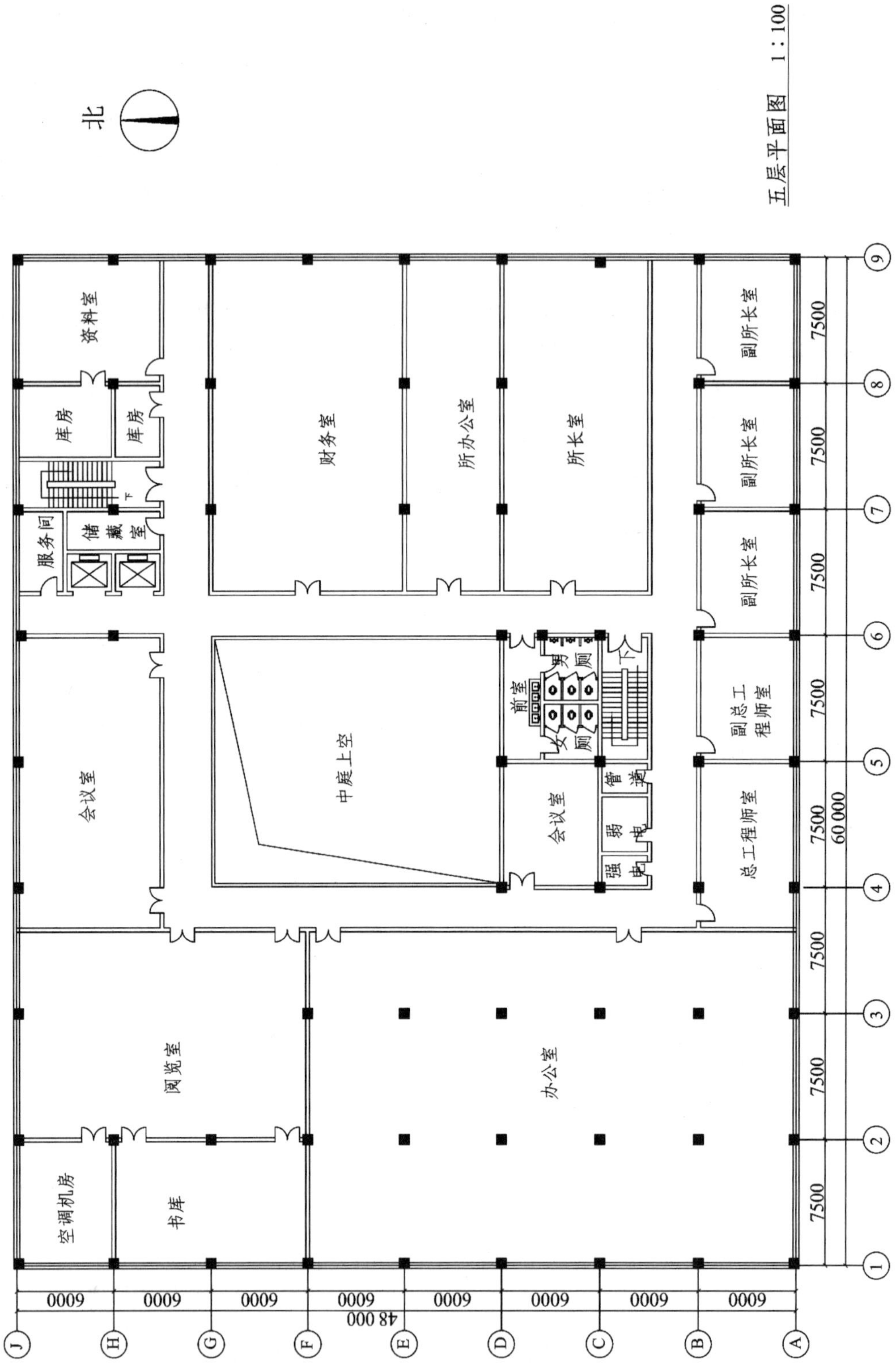
五层平面图 1:100
北
资料室
库房
库房
服务间
储藏室
财务室
所办公室
所长室
副所长室
副所长室
副所长室
副总工程师室
总工程师室
会议室
中庭上空
前室
男厕
女厕
管道
弱电
强电
会议室
阅览室
办公室
空调机房
书库
7500
7500
7500
7500
7500
7500
7500
7500
60 000
6000
6000
6000
6000
6000
6000
6000
6000
48 000
1
2
3
4
5
6
7
8
9
A
B
C
D
E
F
G
H
J

图 8.8 建筑平面图

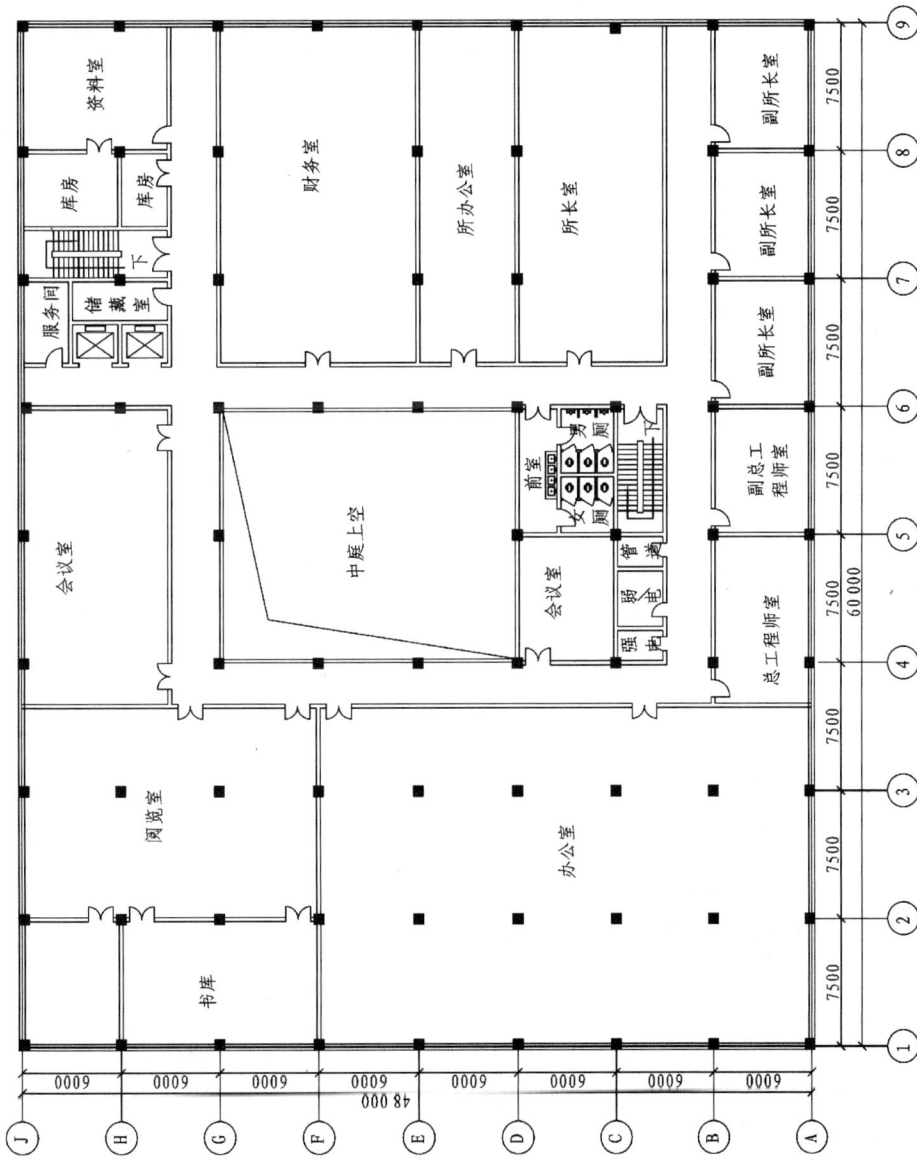

前端设备汇总表

序号	图例	名称	数量	备注
1	IR	被动红外入侵探测器		吸顶安装
2	IR/M	被动红外和微波复合入侵探测器		吸顶安装
3	⊙	紧急按钮开关		墙壁安装
4	⊘	紧急脚挑开关		地面安装
5	⊟	门磁开关		门框安装

北

入侵报警系统五层平面图 1：100

图 8.9 画弱电平面图中的图例

4) 布置信息点

根据弱电系统的防范需求，确定布置设备元件的信息点位置，并画上相应的图例。

对于本办公楼，安全防范需求为：所长室、总工程师室、副所长室、财务室、信息中心、资料室、书库、大厅、机房、各层电梯厅、楼梯口均有警戒要求；所长室、财务室、消防控制室有紧急报警的要求。

根据防范要求，在办公楼五层布置了下列探测器：所长室布置 1 个被动红外和微波复合入侵探测器，1 个紧急按钮开关；财务室布置 1 个被动红外和微波复合入侵探测器，1 个紧急按钮开关，1 个紧急脚挑开关；总工程师室、副总工程师室和各副所长室各布置 1 个被动红外入侵探测器；书库、资料室各布置 1 个被动红外和微波复合入侵探测器；北面电梯口和过道处、中间楼梯口和过道处各布置 1 个被动红外入侵探测器；强电间和弱电间门上各布置 1 个门磁开关。

用图例将这些探测器画到平面图上，如图 8.10 所示。

5) 统计信息点，填写信息点统计表

统计平面图中布置了信息点的数量，制作信息点统计表，如表 8.1 所示。

表 8.1　入侵报警系统信息点统计表

序号	编号	楼层	安装位置	设备名称	单位	数量	安装形式
1	T51		书库门内	被动红外和微波复合入侵探测器	个	1	吸顶安装
2	T52		资料室内	被动红外和微波复合入侵探测器	个	1	吸顶安装
3	T53		财务室门内	被动红外和微波复合入侵探测器	个	1	吸顶安装
4	T54		所长室门内	被动红外和微波复合入侵探测器	个	1	吸顶安装
5	D51		北面电梯口和过道处	被动红外入侵探测器	个	1	吸顶安装
6	D52		总工程师室内	被动红外入侵探测器	个	1	吸顶安装
7	D53	五层	副总工程师室内	被动红外入侵探测器	个	1	吸顶安装
8	D54 D55 D56		各副所长室内	被动红外入侵探测器	个	3	吸顶安装
9	D57		中间楼梯口和过道处	被动红外入侵探测器	个	1	吸顶安装
10	Y51		财务室出纳柜台下	紧急按钮开关	个	1	壁装
11	Y52		所长室办公桌下	紧急按钮开关	个	1	壁装
12	J51		财务室出纳柜台地上	紧急脚挑开关	个	1	地面安装
13	M51		强电间门	门磁开关	个	1	门框安装
14	M52		弱电间门	门磁开关	个	1	门框安装

6) 画桥架，把管线连接到桥架上

根据前面确定的桥架走向，在平面图上画出桥架，并把设备元件的管线连接到桥架内的线缆上，如图 8.11 所示。

7) 画其它设备

画出布置在平面图上的其它有关设备。

如图 8.11 所示，画出布置在五层弱电间的报警控制分机的图例(这里仅用长方形框表示报警控制分机，后面再标注相关说明文字)。

8) 标注线路所用线缆、敷设方式和敷设部位

按传输信号的不同，选用不同的线缆，并加以标注，同时注明线缆的敷设方式和敷设部位。

如图 8.12 所示，有源探测器(如被动红外入侵探测器)使用型号为 RVV-4×0.5 的四芯软电缆，先穿过焊接钢管在吊顶内敷设(SC20-SCE)，再沿水平桥架(即金属线槽)以最短路径方式引至弱电间，接入报警控制分机。无源探测器(如紧急按钮开关)使用型号为 RVV-2×0.5 的二芯软电缆，先穿焊接钢管在吊顶内敷设(SC15-SCE)，再沿水平桥架(即金属线槽)以最短路径方式引至弱电间，接入报警控制分机。

前端设备汇总表

序号	图例	名称	数量	备注
5	◯	门磁开关	2	门框安装
4	◯	紧急脚挑开关	1	地面安装
3	◎	紧急按钮开关	2	墙壁安装
2	IR/M	被动红外和微波复合入侵探测器	4	吸顶安装
1	IR	被动红外入侵探测器	7	吸顶安装

北

入侵报警系统五层平面图　1：100

图 8.10　弱电平面图中布置探测信息点

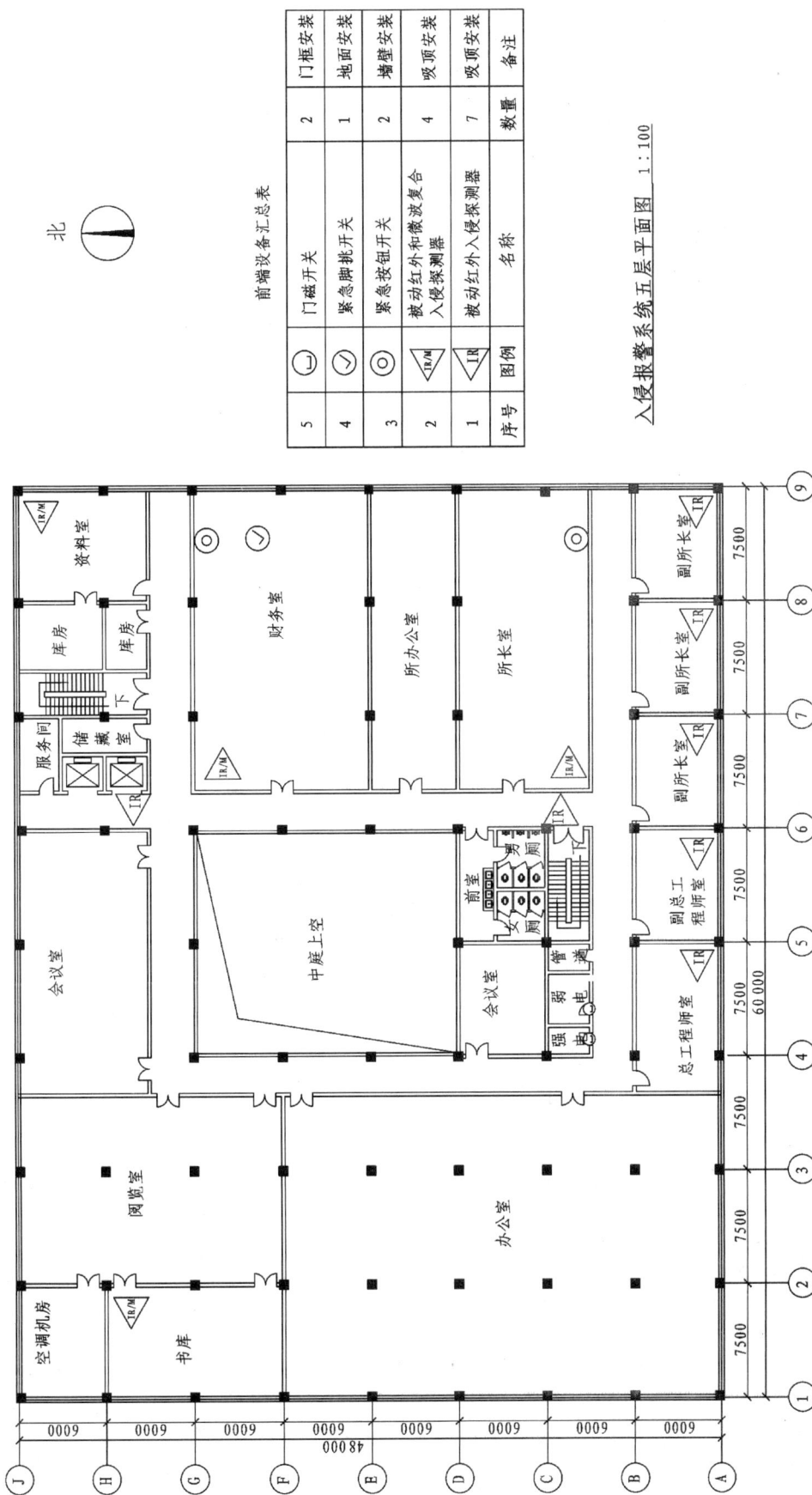

前端设备汇总表

序号	图例	名称	数量	备注
5	⊡	门磁开关	2	门框安装
4	⊘	紧急脚挑开关	1	地面安装
3	◎	紧急按钮开关	2	墙壁安装
2	▽IR/M	被动红外和微波复合入侵探测器	4	吸顶安装
1	▽IR	被动红外入侵探测器	7	吸顶安装

北

入侵报警系统五层平面图 1:100

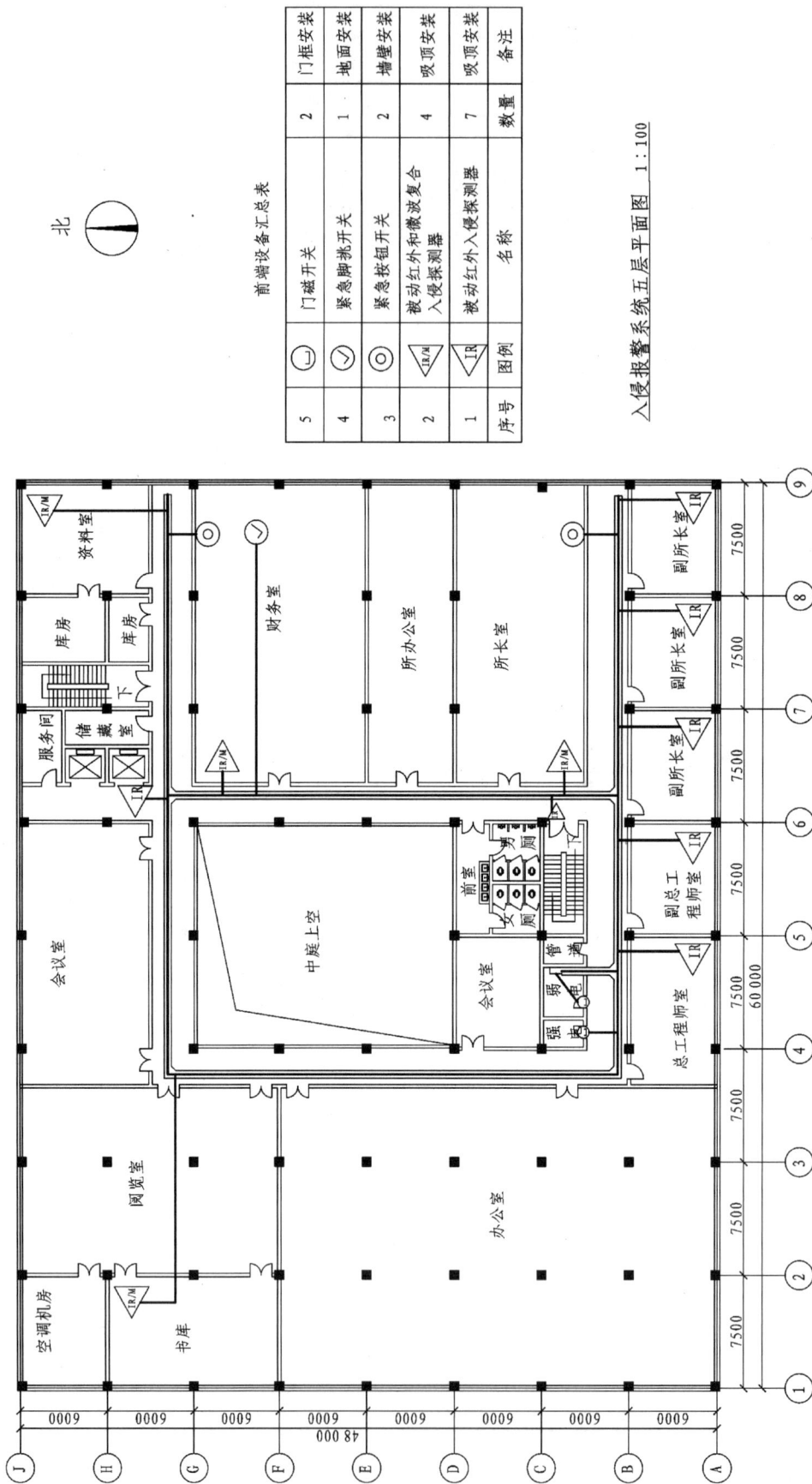

图 8.11 画弱电平面图中的桥架和线缆

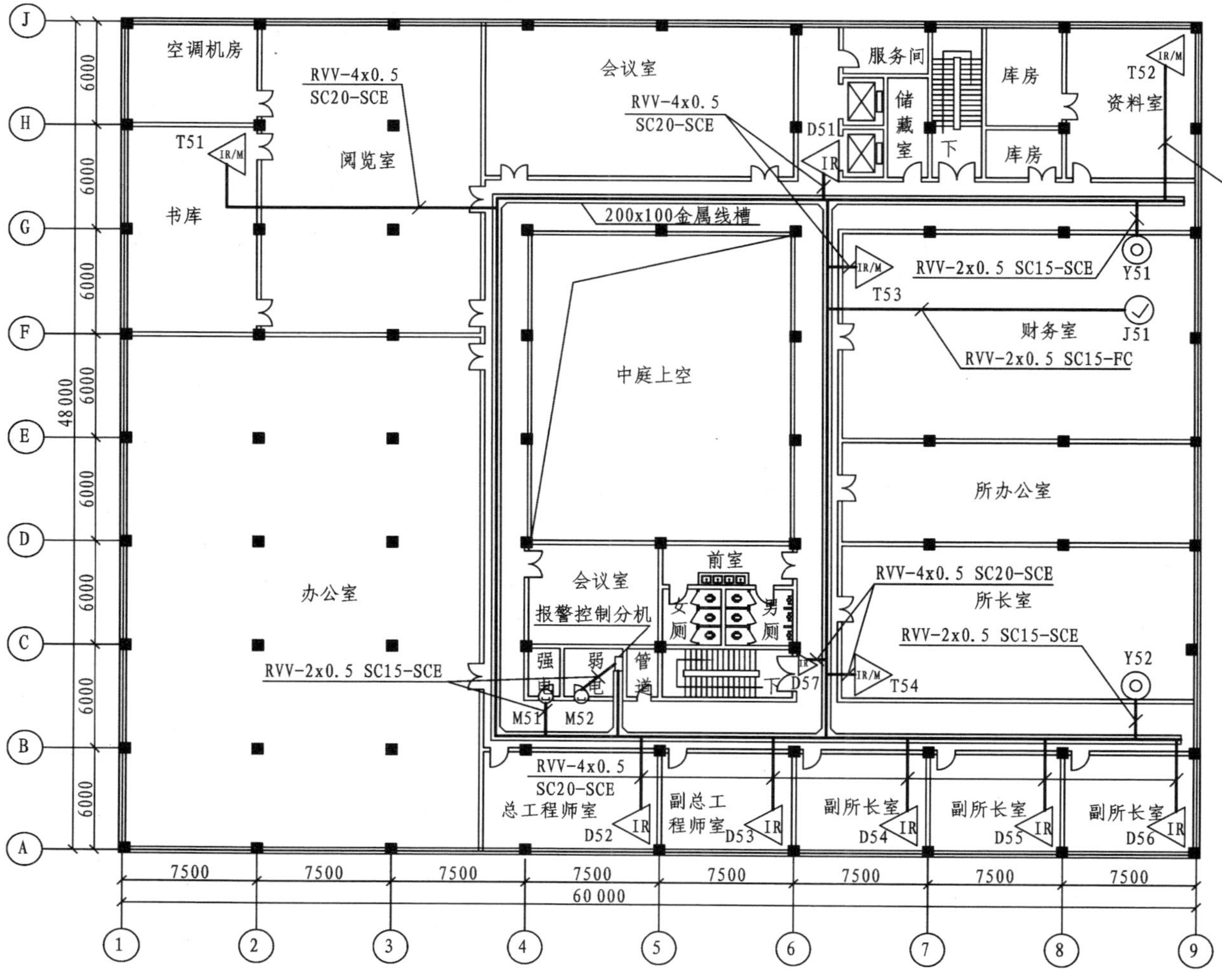

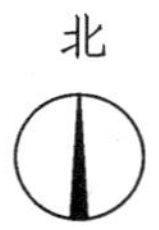

前端设备汇总表

序号	图例	名称	数量	备注
5	⊐	门磁开关	2	门框安装
4	⊗	紧急脚挑开关	1	地面安装
3	⊙	紧急按钮开关	2	墙壁安装
2	▽IR/M	被动红外和微波复合入侵探测器	4	吸顶安装
1	▽IR	被动红外入侵探测器	7	吸顶安装

入侵报警系统五层平面图　1:100

图 8.12　标注线缆和注写说明

9) 注写说明

注写有关设备的编号、设计施工说明、技术要求、设备说明、图名、比例等，并完成整个系统的信息点统计表的填写，如图 8.12 所示。

2. 弱电平面图绘制注意点

弱电平面图主要反映的是前端布点和桥架、管线的走向。绘制时要注意以下几点：

(1) 建筑物引入管线，如电话、网络、电视等进线要标注；进线穿越地下层剪力墙需敷设刚性防水套管，要标注管间距、行间距、标高；有进线井时，注明井外形尺寸、距墙尺寸。

(2) 建筑物出线管线，如建筑群之间管线、室外广播音响、室外监控管线要标注。

(3) 室内布点一种图例表示一种不同的设备；同一种设备安装方式或安装高度不一样也要采用不同的图例。

(4) 桥架要注明规格、型号，分清是槽式、托盘式还是梯架式，一般常用槽式，注明标高。管线按走向画，不能画直线了之。

(5) 管线来龙去脉要交代清楚，标注文字说明，并用图形符号表示路由。

(6) 垂直管线沿墙敷设穿楼板要有箭头示意，并用文字标注。

(7) 在平面图上局部标注管线与敷设方式，穿越人防墙、沉降缝(伸缩缝)等要作标注；在地下层不能采用薄壁管。不同管线最好用不同线型标注。

(8) 设备安装高度要标注。

(9) 平面图中在图边列一个设备表，注明图例、名称、型号规格、数量、安装方式等。

3. 弱电系统信息点布置常用方法

1) 视频监控系统

除用户的明确定点需求外，一般在大楼门厅设置全球摄像机，楼梯两端、电梯内部设置半球摄像机，车库的出入口设置枪式摄像机。

2) 入侵报警系统

除用户的明确定点需求外，一般在重要的办公区域，如财务室等设置红外探测器、紧急按钮，在大楼外围设置红外对射探测器等。

四、弱电系统图绘制

1. 弱电系统图绘制步骤和方法

绘制完成所有弱电系统平面图后，绘制弱电系统图。同样以绘制某科研所办公楼入侵报警系统图为例来说明建筑弱电系统图的绘制步骤和方法。

绘制系统图，主要依据前面已完成的弱电平面图及系统的信息点统计表，熟悉系统的组成及原理后，将系统的设备连接图绘制出来。

1) 画图例

以表格的形式，画出在前面平面图中所用到的图例(即图形符号)，并画出需在系统图中增加的图例，如图 8.13 所示。

2) 绘制信息点

根据前面画好的平面图及系统信息点统计表，画出相应设备元件的图例。注意图例按楼层等有规律地排列，同一种设备元件的图例画一个就可以。

如图 8.14 所示，画出系统前端设备入侵探测器图例，在五层画被动红外入侵探测器、被动红外和微波复合入侵探测器、紧急脚挑开关、紧急按钮开关、门磁开关等的图例各 1 个；四、三、二层相同，各画被动红外入侵探测器、被动红外和微波复合入侵探测器、门磁开关等的图例各 1 个；一层画被动红外入侵探测器、被动红外和微波复合入侵探测器、紧急按钮开关、门磁开关等的图例各 1 个；玻璃破碎探测器图例 1 个。

主要设备汇总表

9	 UPS	不间断电源	1
8	 ⊗	警灯	1
7	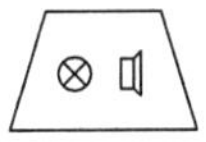 ⊗◁	声光报警器	1
6	 ⊔	门磁开关	15
5	 ✓	紧急脚挑开关	1
4	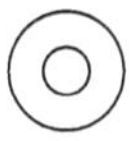 ○	紧急按钮开关	4
3	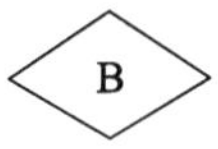 B	玻璃破碎探测器	19
2	 IR/M	被动红外和微波复合 入侵探测器	23
1	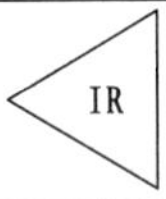 IR	被动红外入侵探测器	25
序号	图例	名称	数量

图 8.13　画弱电系统图中的图例

3) 绘制其它设备

根据系统组成，按图例画出相应的其它设备。

如图 8.14 所示，按图例画出布置在每层的报警控制分机，以及在系统总控室配置的报警控制主机、声光报警器、警灯、不间断电源等。

4) 绘制连接线路

根据设备元件间的连接关系，画出设备间的连接线缆。连接线缆用单线表示法绘制，即用一条线表示两根或两根以上的线缆，如图 8.15 所示。

5) 标注设备的编号、线路所用线缆

标注设备的数量、编号，标注线路所用线缆的根数、型号。

如图 8.16 所示，五层有被动红外入侵探测器编号为 D51～D57，共 7 台，被动红外和微波复合入侵探测器编号为 T51～T54，共 4 台，它们使用型号为 RVV-4×0.5 的四芯软电缆，共 11 根(每个探测器 1 根线)，接入本层的报警控制分机；紧急脚挑开关 J51，共 1 个，紧急按钮开关 Y51、Y52，共 2 个，门磁开关 M51、M52，共 2 个，它们使用型号为 RVV-2×0.5 的两芯软电缆，共 5 根(每个探测器 1 根线)，接入报警控制分机；其它类似标注。

6) 注写说明

注写有关设计施工说明，如图 8.16 所示。

2. 弱电系统图绘制注意点

绘制弱电系统图时应注意：

主要设备汇总表

序号	图例	名称	数量
9	UPS	不间断电源	1
8	⊗	警灯	1
7	⊗◁	声光报警器	1
6	⌐	门磁开关	15
5	✓	紧急脚挑开关	1
4	◎	紧急按钮开关	4
3	B	玻璃破碎探测器	19
2	IR/M	被动红外和微波复合入侵探测器	23
1	IR	被动红外入侵探测器	25

入 侵 报 警 系 统 图

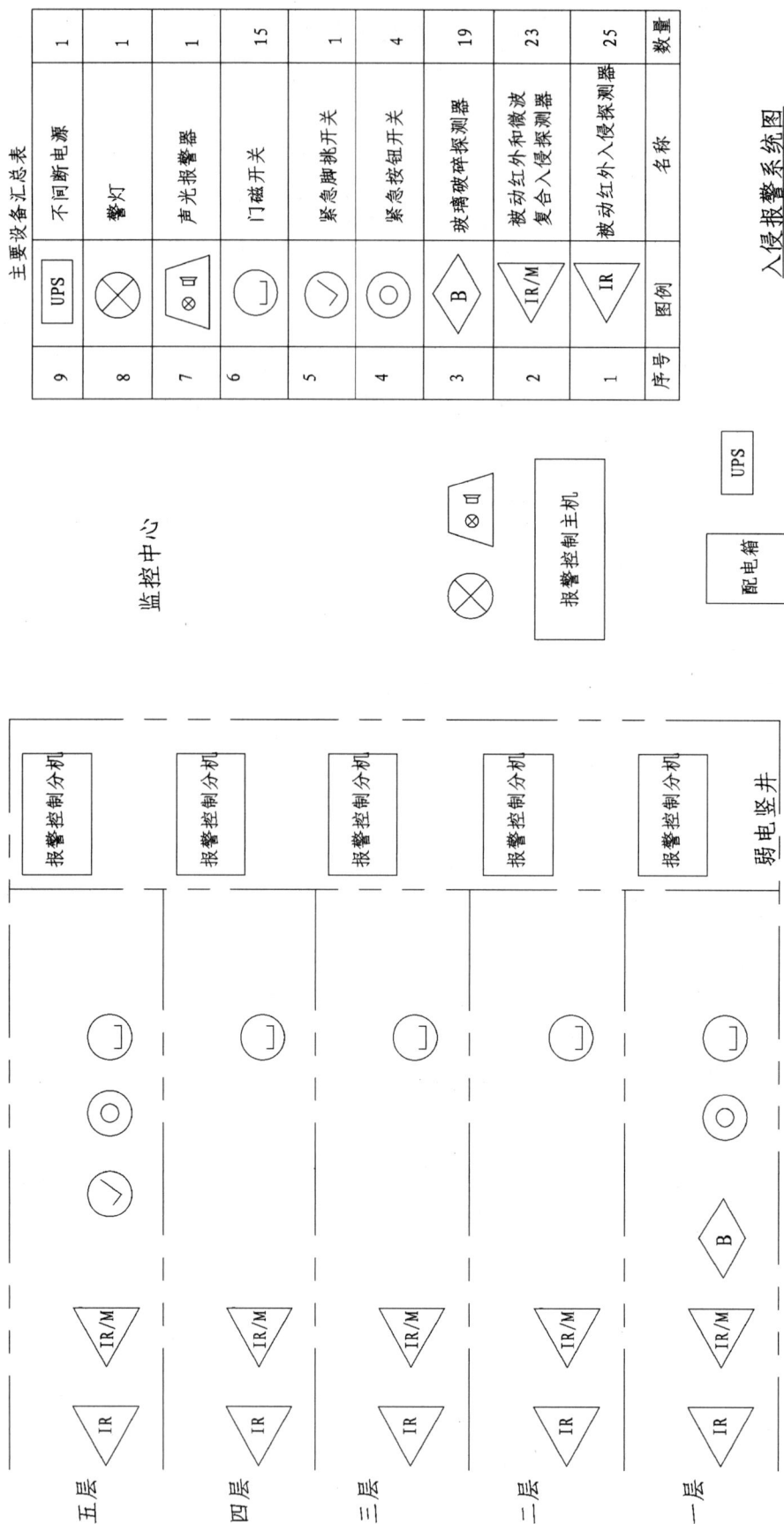

图 8.14　画弱电系统中的信息点图例和其它相关设备

主要设备汇总表

序号	图例	名称	数量
9	UPS	不间断电源	1
8	⊗	警灯	1
7	⊗◁	声光报警器	1
6	⌐	门磁开关	15
5	✓	紧急脚挑开关	1
4	⊙	紧急按钮开关	4
3	B	玻璃破碎探测器	19
2	IR/M	被动红外和微波复合入侵探测器	23
1	IR	被动红外入侵探测器	25

入侵报警系统图

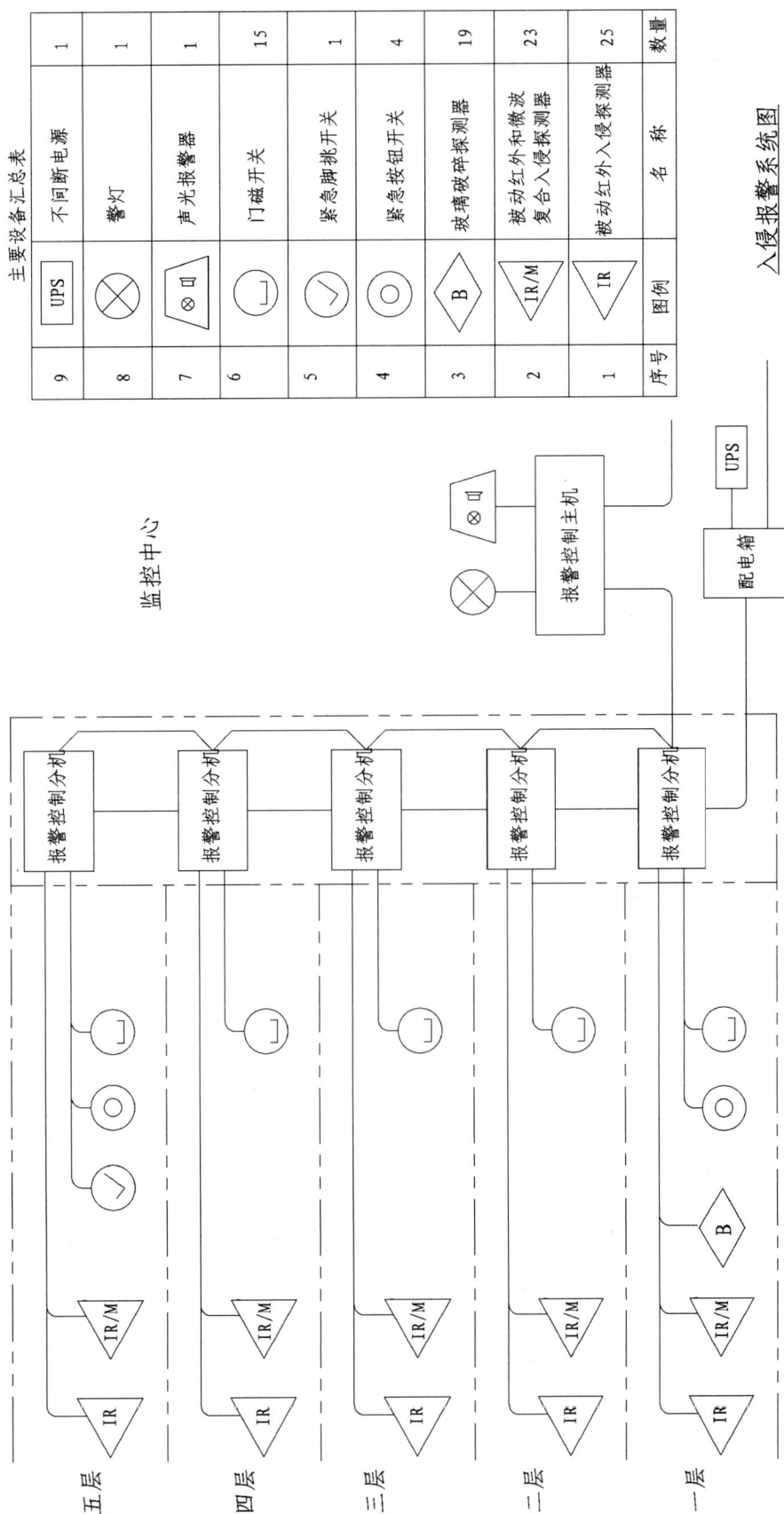

图 8.15　画系统中的连接线缆

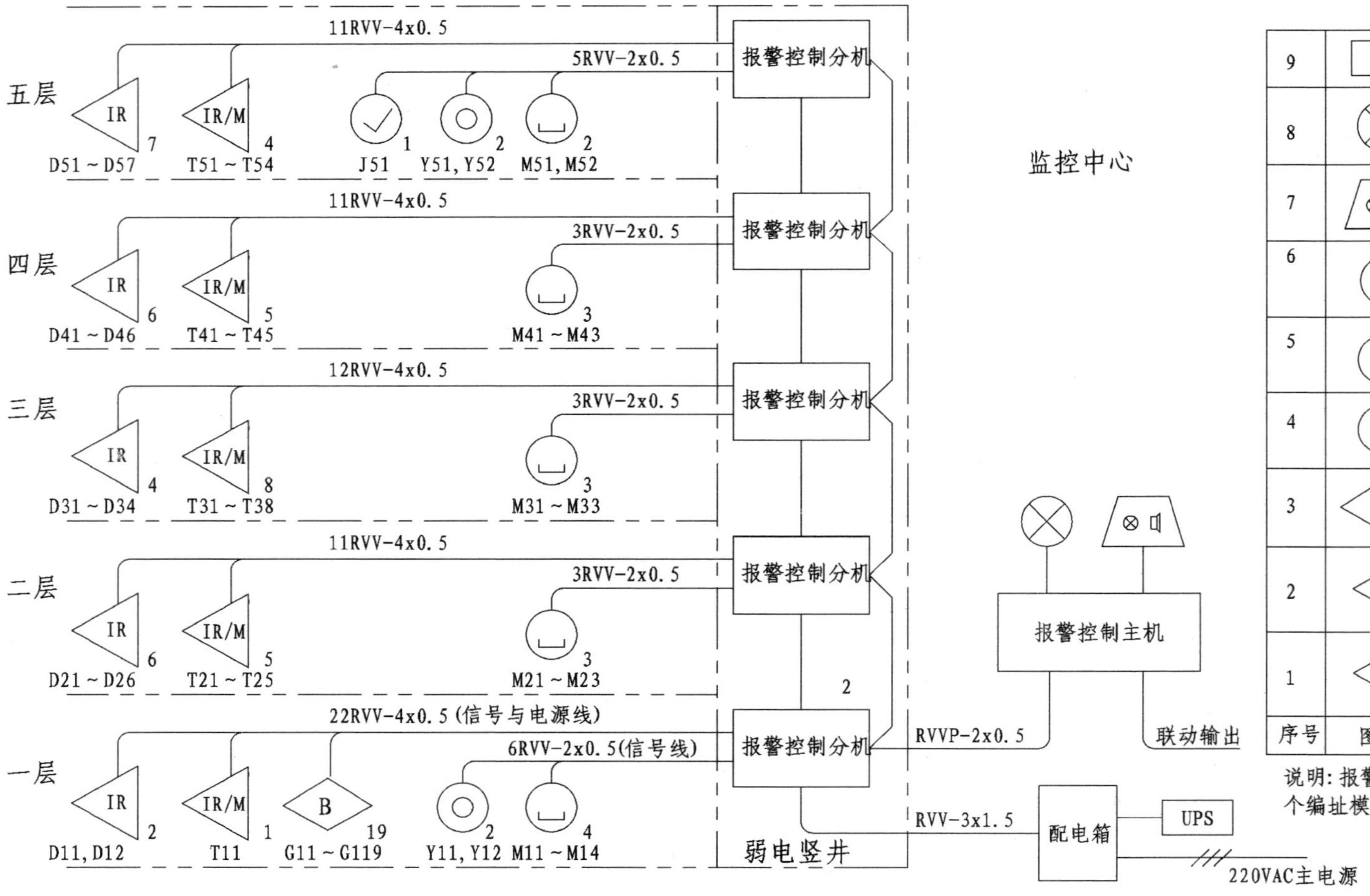

主要设备汇总表

序号	图例	名称	数量
9	UPS	不间断电源	1
8	⊗	警灯	1
7	⊗◁	声光报警器	1
6	◡	门磁开关	15
5	✓	紧急脚挑开关	1
4	⊙	紧急按钮开关	4
3	B	玻璃破碎探测器	19
2	IR/M	被动红外和微波复合入侵探测器	23
1	IR	被动红外入侵探测器	25

说明：报警控制分机包括16个编址模块和电源整流器

入侵报警系统图

图 8.16 标注线缆和注写说明

监控中心

报警控制主机
联动输出
UPS
220VAC主电源
配电箱

RVVP-2x0.5
RVV-3x1.5

弱电竖井

五层
11RVV-4x0.5
IR 7 D51~D57
IR/M 4 T51~T54
J51 Y51,Y52 1
⊙ 2
◡ M51,M52 2
5RVV-2x0.5

四层
11RVV-4x0.5
IR 6 D41~D46
IR/M 5 T41~T45
12RVV-4x0.5
◡ M41~M43 3
3RVV-2x0.5

三层
IR 4 D31~D34
IR/M 8 T31~T38
11RVV-4x0.5
◡ M31~M33 3
3RVV-2x0.5

二层
IR 6 D21~D26
IR/M 5 T21~T25
22RVV-4x0.5(信号与电源线)
◡ M21~M23 3
3RVV-2x0.5

一层
IR 2 D11,D12
IR/M 1 T11
B 19 G11~G119
⊙ 2 Y11,Y12
◡ 4 M11~M14
6RVV-2x0.5(信号线)

(1) 弱电系统图不能绘制成示意图，更不能将厂家在产品宣传资料上的图搬过来用。

(2) 弱电系统图和弱电平面图上的信息点设备数要统一，弱电系统图上的设备和设备配置清单也应统一。

(3) 弱电系统图要有深度。如视频监控系统图、入侵报警系统图中，要有前端设备的图形符号，注明编号、数量、使用线缆。垂直桥架要注明型号规格等。

(4) 要有配电系统图，在需用电的系统图中不能只用电源箱表示，电源引自何处要清楚。如视频监控系统图中摄像机用交流 24 V 电源来自何处？入侵报警系统图中探测器用直流 12 V 电源又来自何处？安防接线箱中有何设备也要清楚标明。

(5) 系统图中的监控中心设备规格及数量要标注好。

五、建立主要设备材料表

根据前面已完成的视频监控系统图和入侵报警系统图，统计系统主要设备材料表，如表 8.2 所示。

表 8.2　主要设备材料表

序号	名　称	规　格	单位	数量
视频监控系统				
1	半球形彩色摄像机	CCD，定焦	台	44
2	带云台球形彩色摄像机	CCD，变焦	台	8
3	电梯专用彩色摄像机	针孔摄像机	台	2
4	电源变压器	220VAC/24VAC	个	5
5	视频分配器	16 路入/32 路出	台	4
6	视频矩阵	64 路入/8 路出	台	1
7	控制键盘	与视频矩阵配套	个	1
8	硬盘录像机	16 路	台	4
9	彩色监视器	21"	台	9
10	UPS 电源	24 小时	个	1
11	信号转换器	RS485/RS232	个	1
12	电视墙	定制	套	1
入侵报警系统				
1	被动红外和微波复合入侵探测器	吸顶式	个	23
2	被动红外入侵探测器	幕帘式	个	25
3	玻璃破碎入侵探测器	声控型	个	19
4	紧急按钮开关	钥匙复位型	个	4
5	紧急脚挑开关	金属型	个	1
6	门磁开关	木门磁	个	15
7	报警控制分机	包括 16 个编址模块和电源整流器	台	5
8	报警控制主机	大型报警控制器	台	1
9	声、光报警器	LED 频闪式	个	1

第9章 计算机绘图基本知识

AutoCAD 是由美国 Autodesk 公司开发的通用计算机辅助绘图与设计软件包，自 1982 年问世以来，已经进行了多次升级，其功能逐渐强大，且日趋完善。如今，AutoCAD 已广泛应用于机械、建筑、电子、石油化工、土木工程、轻工业等领域，是工程设计领域中应用最为广泛的计算机辅助设计软件之一。本章以 AutoCAD 2011 版为例，介绍计算机绘图的方法。

AutoCAD 2011 的主要功能：

- ✧ 二维绘图与编辑；
- ✧ 创建表格；
- ✧ 文字标注；
- ✧ 尺寸标注；
- ✧ 参数化绘图；
- ✧ 三维绘图与编辑；
- ✧ 视图显示控制。

9.1 计算机绘图基础

一、AutoCAD 2011 的启动

一般有以下几种方法可以启动 AutoCAD 2011：

✧ 安装 AutoCAD 2011 后，系统会自动在 Windows 桌面上生成对应的快捷方式。双击该快捷方式（ ），即可启动 AutoCAD 2011。

✧ 通过 Windows 资源管理器、Windows 任务栏按钮等启动 AutoCAD 2011。

✧ 在 Windows 的【开始】菜单中选择【程序】子菜单中的【AutoCAD 2011】项，启动 AutoCAD 2011。

二、AutoCAD 2011 经典工作界面

AutoCAD 2011 的经典工作界面由标题栏、菜单栏、各种工具栏、绘图窗口、光标、命令窗口、状态栏、坐标系图标、模型/布局选项卡等组成，如图 9.1 所示。

1. 标题栏

在屏幕的首行显示的是标题栏，标题栏与其它 Windows 应用程序类似，用于显示 AutoCAD 2011 的程序图标以及当前所操作图形文件的名称。AutoCAD 2011 的工作空间有"二维草图与注释"、"三维基础"、"三维建模"和"AutoCAD 经典"四个选项。本章介绍 AutoCAD 2011 的经典工作界面。

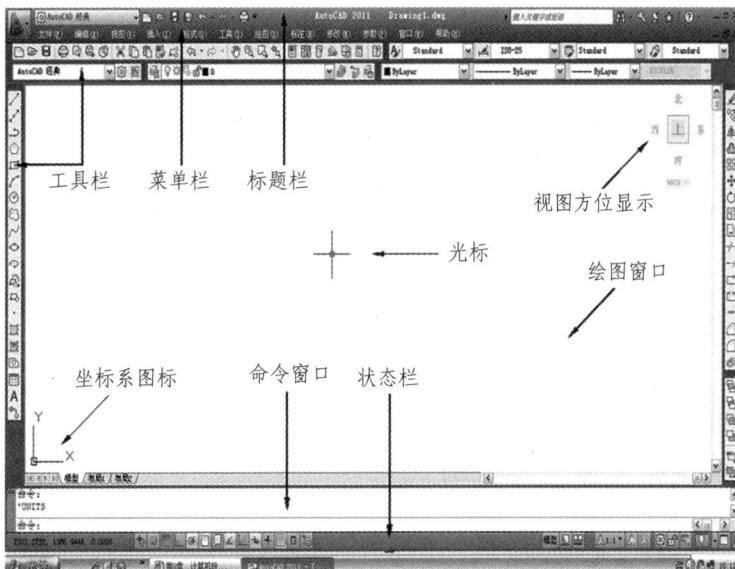

图 9.1　AutoCAD 2011 的经典工作界面

2. 菜单栏

在标题栏的下面是菜单栏，菜单栏是主菜单，可利用其执行 AutoCAD 的大部分命令。单击菜单栏中的某一项，会弹出相应的下拉菜单。图 9.2 为【视图】下拉菜单。下拉菜单中，右侧有小三角的菜单项，表示它还有子菜单，图中显示出了【缩放】子菜单；右侧有三个小点的菜单项，表示单击该菜单项后要显示出一个对话框；右侧没有内容的菜单项，单击它后会执行对应的 AutoCAD 命令。

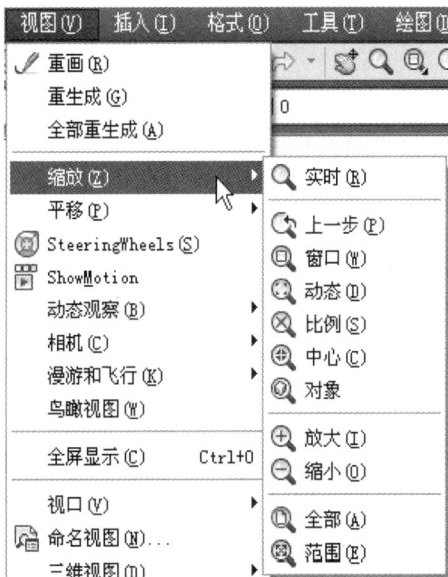

图 9.2　【视图】下拉菜单

3. 工具栏

AutoCAD 2011 提供了 40 多个工具栏，每一个工具栏上均有一些形象化的按钮。单击某一按钮，可以启动 AutoCAD 的对应命令。用户可以根据需要打开或关闭任一个工具栏。方法是：在已有工具栏上右击，AutoCAD 弹出工具栏快捷菜单，通过其可实现工具栏的打开与关闭。

此外，通过选择与下拉菜单【工具】|【工具栏】|【AutoCAD】对应的子菜单命令，也可以打开 AutoCAD 的各工具栏。

4. 绘图窗口

AutoCAD 2011 的界面上最大的区域就是绘图窗口，也称为视图窗口。绘图窗口类似于手工绘图时的图纸，是用户用 AutoCAD 2011 绘图并显示所绘图形的区域。模型/布局选项卡用于实现模型空间与图纸空间的切换。利用水平和垂直滚动条，可以使图纸沿水平或垂直方向移动，即平移绘图窗口中显示的内容。

5. 光标

当光标位于 AutoCAD 的绘图窗口时为"十"字形状，所以又称其为十字光标。十字线的交点为光标的当前位置。AutoCAD 的光标用于绘图、选择对象等操作。

6. 坐标系图标

坐标系图标通常位于绘图窗口的左下角，表示当前绘图所使用的坐标系的形式以及坐标方向等。AutoCAD 提供有世界坐标系(World Coordinate System，WCS)和用户坐标系(User Coordinate System，UCS)两种坐标系。世界坐标系为默认坐标系。

7. 命令窗口

命令窗口是 AutoCAD 显示用户从键盘键入的命令和显示 AutoCAD 提示信息的地方。默认时，AutoCAD 在命令窗口保留最后三行所执行的命令或提示信息。用户可以通过拖动窗口边框的方式改变命令窗口的大小，使其显示多于 3 行或少于 3 行的信息。

8. 状态栏

状态栏用于显示或设置当前的绘图状态。状态栏上位于左侧的一组数字反映当前光标的坐标，其余按钮从左到右分别表示当前是否启用了捕捉模式、栅格显示、正交模式、极轴追踪、对象捕捉、对象捕捉追踪、动态 UCS、动态输入等功能以及是否显示线宽、当前的绘图空间等信息。

9. 视图方位显示

视图方位显示(ViewCube)工具是在二维模型空间或三维视觉样式中处理图形时显示的导航工具，在视图发生更改时可提供有关模型当前视点的直观反映。

三、文件管理

1. 创建新图形文件

在 AutoCAD 2011 中，可以通过以下几种方法建立新的图形文件：

✦ 命令行：NEW；

✦ 工具栏：▢；

✦ 菜单：【文件】|【新建】。

输入新建命令后，AutoCAD 会弹出【选择样板】对话框，在对话框中选择一个样板图形文件，就可以建立一个新的图形文件。

通过此对话框选择对应的样板后(初学者一般选择样板文件 acadiso.dwt 即可)，单击【打开】按钮，就会以对应的样板为模板建立一新图形。

*.dwg：是 CAD 图纸文件的标准文件格式。

2. 打开图形文件

如果想要修改已经建立的图形文件，可采用以下几种方式：

✦ 命令行：OPEN；

✦ 工具栏：▢；

✦ 菜单：【文件】|【打开】。

执行 OPEN 命令，AutoCAD 会弹出与前面类似的【选择文件】对话框，可通过此对话框确定要打开的文件并打开它。

3. 保存当前的图形文件

在 AutoCAD 2011 中，可以通过以下几种方法保存当前的图形文件：

- ✧ 命令行：QSAVE；
- ✧ 工具栏：🖫；
- ✧ 菜单：【文件】|【保存】。

如果当前图形没有命名保存过，AutoCAD 会弹出【图形另存为】对话框。通过该对话框指定文件的保存位置及名称后，单击【保存】按钮，即可实现保存。如果要将当前绘制的图形以新文件名存盘。执行【SAVE AS】命令，AutoCAD 会弹出【图形另存为】对话框，要求用户确定文件的保存位置及文件名，用户响应即可。

四、AutoCAD 环境设置

1. 系统配置

对大部分绘图环境的设置，最直接的方法是使用【选项】对话框，其中选项卡用来设置 AutoCAD 系统的有关特性。效果参看图 9.3 所示。

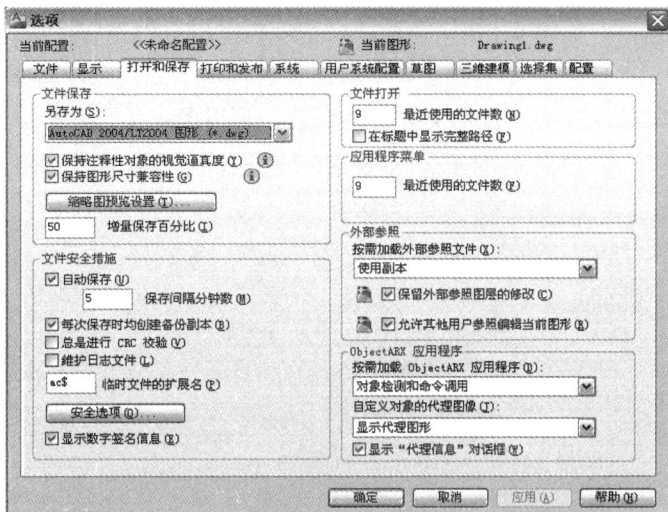

图 9.3　系统设置对话框

1) 文件

该选项卡用于确定 AutoCAD 2011 搜索支持文件、驱动文件、菜单文件和其它文件时的路径，以及用户定义的一些设置。

2) 显示

该选项卡用于设置窗口元素、布局元素、显示精度、显示性能、十字光标大小等显示属性。改变窗口的颜色，可单击【显示】|【颜色】，在打开的【图形窗口颜色】对话框中设置背景颜色。

3) 打开和保存

该选项卡用于设置是否自动保存文件以及保存文件的时间间隔，在【安全选项】对话框中可以设置文件保护密码，以及其它文件设置。

4) 打印和发布

该选项卡用于设置 AutoCAD 2011 的输出设备。

5) 系统

该选项卡用于设置当前三维图形的显示特性、设置定点设备、是否显示 OLE 特性对话框、是否显示所有警告信息、是否显示启动对话框等。

6）用户系统配置

该选项卡用于设置是否使用快捷菜单和对象的排序方式以及进行坐标数据输入的优先级设置，为了提高绘图速度，避免重复使用相同命令，通常单击【自定义右键单击】按钮，在对话框中进行设置。

7）草图

该选项卡用于设置自动捕捉、自动追踪、对象捕捉标记框的颜色和大小，以及靶框的大小，这些选项的具体设置需要配合状态栏的功能操作情况而定。

8）三维建模

该选项卡用于对三维绘图模式下的三维十字光标、UCS光标、动态输入光标、三维对象和三维导航选项进行设置。

9）选择集

该选项卡用于设置选择集模式、拾取框大小以及夹点大小等。

10）配置

该选项卡用于实现新建、重命名以及删除系统配置文件等操作。

2．设置图形单位

绘制图形前，可以先确定一个图形单位来代表实际大小。要更改图形单位可选择【格式】|【单位】选项，打开图形单位对话框，如图9.4所示。在该对话框内可以分别设置长度类型、精度，角度类型、精度等参数。AutoCAD在默认情况下是按照逆时针方向进行测量的，可以选择【顺时针】复选框进行修改设置，图形单位的起始角度也可按照需要进行设置，可以单击【方向】按钮，打开【方向控制】对话框进行设置。

图9.4 图形单位和方向控制

3．设置图形界限

图形界限就是AutoCAD的绘图区域，也称图限。设置图形界限可采用以下两种方法：

◇ 命令行：limits；

◇ 菜单：【格式】|【图形界限】。

使用limits命令的具体方法如下：

　　_limits↙

　　指定左下角点 或[开(ON)/关(OFF)]<0.0000,0.000>：

重新设置图形界限，输入左下角位置坐标(0，0)回车后输入右上角位置坐标(420,297)，即可确定图幅尺寸为A3。动态输入功能可以直接在屏幕上输入角点坐标。

选项说明：ON 使绘图边界有效，系统将在绘图边界以外拾取的点视为无效；OFF 使绘图边界无效，用户可以在绘图边界以外拾取点。

五、命令的输入

1. 执行 AutoCAD 命令的方式

✧　通过键盘输入命令；

✧　通过菜单执行命令；

✧　通过工具栏执行命令。

2. 重复执行命令

在"命令："提示下按键盘上的 Enter 键或按 Space 键，可重复执行上一命令；使光标位于绘图窗口，右击，AutoCAD 弹出快捷菜单，并在菜单的第一行显示出【重复执行上一次所执行的命令】，选择此命令亦可重复执行对应的命令。

3. 命令的中断

在命令的执行过程中，用户可以通过按 Esc 键，或右击，从弹出的快捷菜单中选择【取消】命令的方式终止 AutoCAD 命令的执行。

4. 命令的操作选项

多数命令在输入后将显示命令提示，我们以画圆命令为例来说明选项操作。

命令：_circle

指定圆的圆心或[三点(3P)/两点(2P)/切点、切点、半径(T)]：　　(若指定一点)

指定圆的半径或[直径(D)] <20.000>：

选项说明：

(1) 提示行的"指定圆的圆心"为默认项，此时指定的一点即为圆心。

(2) 提示行中的方括号中的内容为可选项。如果使用两点方式画圆，则在提示行后用键盘输入(2P)。

(3) 提示行中的尖括号中的内容为选项的当前值。使用当前值，直接按回车键；修改，则输入需要的数值。

5. 透明命令

透明命令是指当执行 AutoCAD 的命令过程中可以插入并执行的某些命令。透明命令执行完毕后，AutoCAD 会返回到执行透明命令之前的提示，即继续执行对应的操作。例如，平移命令(PAN)、缩放命令(ZOOM)都属于透明命令。

六、数据和点的输入

在 AutoCAD 2011 中，点的坐标可以用直角坐标、极坐标、球面坐标和柱面坐标表示。每一种坐标又有两种输入方式：绝对坐标和相对坐标，其中直角坐标和极坐标较为常用。

1) 绝对坐标

绝对坐标：指对应于坐标原点的坐标。

直角坐标：A 点的 X、Y 表示该点坐标值，且各坐标值之间要用逗号隔开。

极坐标：用于表示二维点，其表示方法为距离<角度。

2) 相对坐标

相对坐标是指相对于前一点的坐标。其输入格式与绝对坐标相同，但要在输入的坐标前加前缀"@"。

图 9.5 为四种数据输入方法：

图(a)：(15,18)，A 点的直角坐标、绝对坐标输入方式。

图(b)：(23<52)，A 点的极坐标、绝对坐标输入方式。

图(c)：(@9,11)，A 点相对于 B 点的直角坐标、相对坐标输入方式。

图(d)：(@14<51)，A 点相对于 B 点的极坐标、相对坐标输入方式。

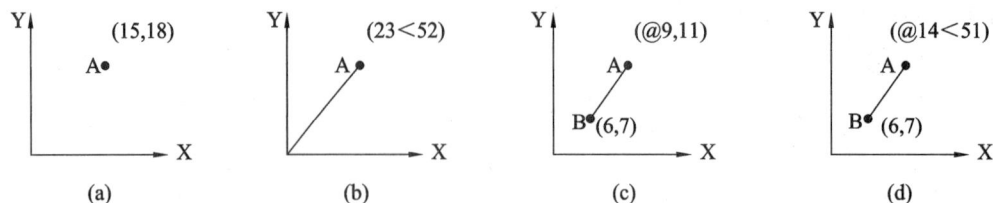

图 9.5　数据输入方法

七、图层的使用

图层用于在图形中组织对象信息，设置对象的线型、颜色及其它特性。可以使用图层控制对象的可见性，还可以使用图层将特性指定给对象，可以锁定图层以防止对象被修改。一个图层就如一张透明的图纸，将画在各个图层上的图形重叠在一起即可成为一张完整的图纸。

图层的特点如下：

(1) 开始绘制新图形时，AutoCAD 将创建一个名为 0 的特殊图层，它不能被删除或重命名。

(2) 用户可以在一个图形文件中建立任意数量的图层。

(3) 每个图层都有一个名称，其名称可以是汉字、字母或个别的符号(如下划线 "_")。

(4) 每个图层上可绘制任意数量的图形对象。

(5) 同一图层上的图形对象具有同一种颜色、同一种线型等相同的特性。在绘图过程中，可以根据需要，随时改变各图层的颜色、线型等特性，此时同一层上的图形对象的颜色、线型等特性也随之改变。

(6) 每一个图层都可以设置为当前层，但新绘制的图形只能生成在当前层上。

(7) 同一图形文件中的每个图层的原点都是精确对正的。

(8) 可以对图层进行打开、关闭、锁定、解锁等操作。

(9) 如果删除或清理某个图层，则无法恢复该图层。

(10) 包含图形对象的图层是无法删除的。

在绘图过程中，将不同性质的图形对象建立在不同的图层上，可以方便管理图形对象。也可以通过修改所在图层的颜色、线型等特性，快速、准确地完成图形对象特性的修改。通过图层的应用，用户可以把多个相关的图形进行合成，形成一个完整的图形。

1. 新建图层和设置图层特性

新建图层和设置图形特性是在【图层特性管理器】对话框中进行的。打开【图层特性管理器】的方法有三种：

◇　命令行：layer；

◇　工具栏：【图层】|【图层特性管理器】 ；

◇　菜单：【格式】|【图层】。

执行后，AutoCAD 打开【图层特性管理器】对话框，如图 9.6 所示。

在该对话框中，用户可以新建图层，并设置其名称、颜色、线型和线宽等特性。下面以设置"轴线"图层为例，介绍新建图层并设置其特性的方法。

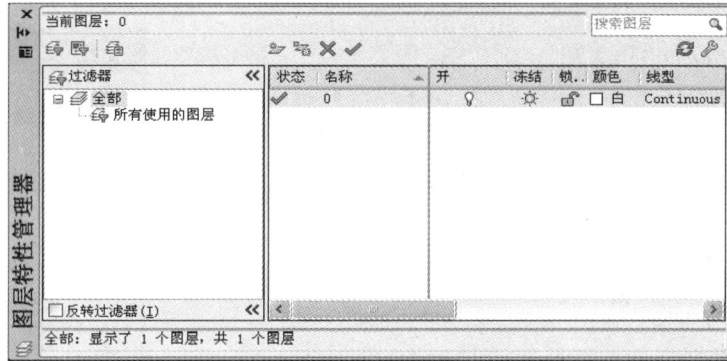

图 9.6　【图层特性管理器】对话框

1) 新建图层并设置名称

单击"新建图层"按钮 ，系统会自动新建名称为"图层 1"的图层，并且名称"图层 1"处于可编辑状态，如修改为"轴线"，则新建了名称为"轴线"的图层，如图 9.7 所示。

2) 设置颜色

单击"轴线"图层对应的颜色图标，打开【选择颜色】对话框，如图 9.8 所示。单击颜色图标选择颜色后，如选择"红"色，按【确定】按钮返回【图层特性管理器】对话框，完成图层颜色的设置。

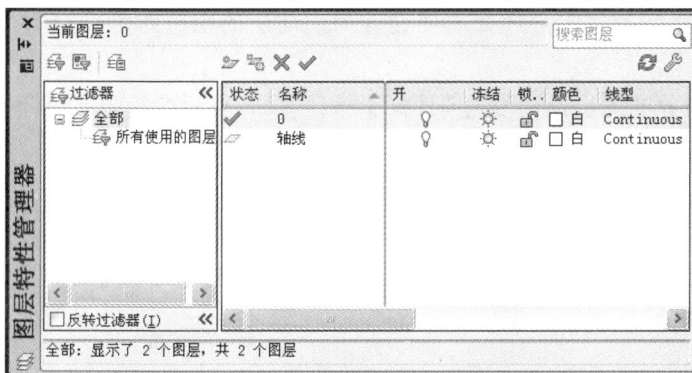

图 9.7　新建图层

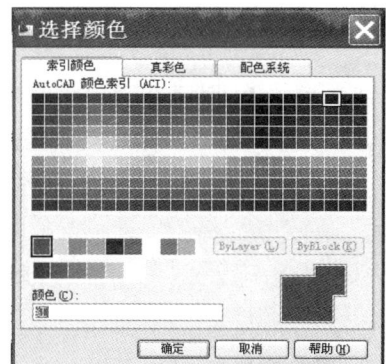

图 9.8　设置图层颜色

3) 设置线型

常用的线型有实线、点画线、虚线等。图层中默认的线型是细实线"Continuous"。

单击"轴线"图层对应的线型图标，打开【选择线型】对话框，如图 9.9 所示。在其中如有需要的线型，可直接选取；如没有需要的线型，则单击"加载"按钮，打开【加载或重载线型】对话框，如图 9.10 所示，选中线型，如点画线"center"，按"确定"自动返回【选择线型】对话框，在其中会列出刚才所选的"center"线型，选择该线型，按"确定"按钮返回【图层特性管理器】对话框，此时"轴线"图层线型就改成了"center"线型了。

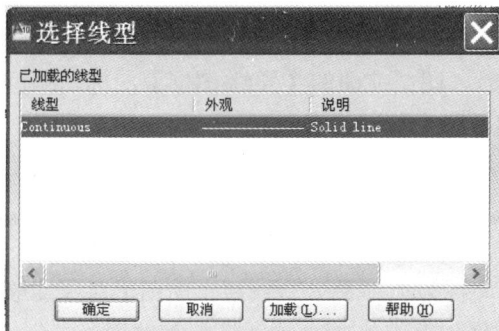

图 9.9　设置图层线型

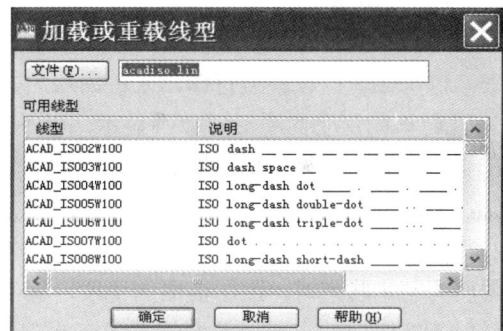

图 9.10　【加载和重载线型】对话框

4）设置线宽

各图层可以设置成不同的线宽。

单击"轴线"图层对应的线宽图标，打开【线宽】对话框，如图 9.11 所示。在其中选择线宽选项，如"0.20 mm"，单击"确定"按钮，返回【图层特性管理器】对话框，"轴线"图层的线宽即被设置成了"0.20 mm"。

单击状态栏中的【显示/隐藏线宽】按钮 ![plus]，使其处于亮显状态，不同的线宽才能显示出来。

2. 设置当前图层

在 AutoCAD 中，虽然可以建很多的图层，但只有一个是当前图层。当前图层是指正在使用的图层，用户绘制的图形对象将保存在当前层上。默认情况下，在【图层】工具栏中显示了当前层的状态信息。

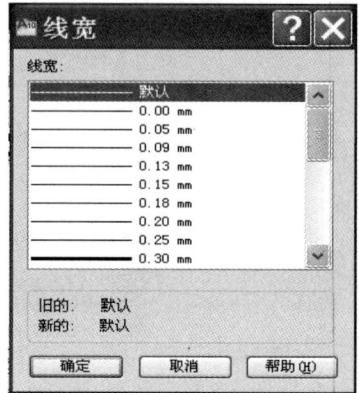

图 9.11　设置图层线宽

设置当前图层的常用方法有如下三种：

◇　在【图层特性管理器】对话框中选择需要设置为当前层的图层，然后单击【置为当前】按钮 ![check]，被设置为当前层的图层前面有 ![check] 标记。

◇　在【图层】工具栏的图层控制下拉列表中，选择需要设置为当前层的图层即可，如图 9.12 所示。

◇　单击【图层】工具栏中的【将对象的图层设置为当前图层】按钮 ![icon]，然后在绘图窗口选择某个对象，则该对象所在图层被设置为当前层。

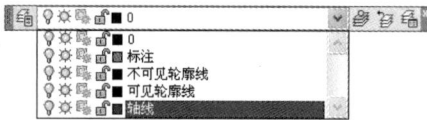

图 9.12　图层工具栏

3. 转换图层

图形对象的转换图层是指将一个图层中的图形对象转换到另一个图层中。例如，将图层 1 中的图形对象转换到图层 2，被转换后的图形对象的颜色、线型等将拥有图层 2 的特性。

在需要转换图层时，先在绘图窗口中选择需要转换图层的图形对象，然后单击【图层】工具栏中图层控制下拉列表，在其中选择要转换的图层即可。

4. 控制图层的状态

在 AutoCAD 中，绘制较复杂的图形时，对暂时不用的图层可进行关闭、锁定等操作，以方便绘图操作。

1）打开/关闭图层

图层为打开状态时，图层前面的【开/关图层】图标的颜色为黄色 ![icon]，该图层上的图形对象能够显示出来，也可在输出设备上打印出来；图层为关闭状态时，图层前面的【开/关图层】图标的颜色为灰色 ![icon]，此时该图层上的图形对象不显示，也不能在输出设备上打印出来。

在【图层】工具栏中单击图层控制下拉列表中的【开/关图层】图标，即可进行打开或者关闭图层的操作，如图 9.13 所示。

2）锁定/解锁图层

图层为锁定状态时，图层前面的【锁定/解锁图层】图标为加锁 ![icon]，该图层上的图形对象能够显示出来，但不能编辑；当图层前面的【锁定/解锁图层】图标为解锁 ![icon] 时，表示图层被解锁。

在【图层】工具栏中单击图层控制下拉列表中的【锁定/解锁图层】图标，即可进行锁定或者解锁图层的操作，如图 9.14 所示。

<table>
<tr><td>图 9.13　打开/关闭图层</td><td>图 9.14　锁定/解锁图层</td></tr>
</table>

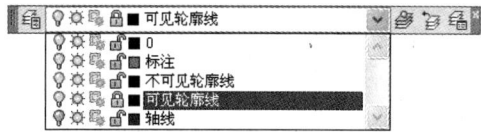

八、辅助绘图工具

在 AutoCAD 中，使用精确定位工具能够帮助用户快速准确地定位特殊的点(如端点、中点、圆心、象限点等)和特殊位置(如水平位置、垂直位置等)。包括捕捉、栅格、正交、对象捕捉、极轴追踪、动态输入等这些工具，主要集中在状态栏上，如图 9.15 所示。单击这些工具按钮，使其处于亮显状态，即开启这些功能。

图 9.15　状态栏

1．捕捉、栅格和正交

在绘制图形时，为了提高绘图效率，可以使用栅格、捕捉和正交功能来辅助绘图。使用捕捉、栅格可以快速指定点的位置，使用正交模式可以用来绘制水平直线和垂直直线。

1) 捕捉

执行方式：

◇　菜单：【工具】|【草图设置】；

◇　状态栏：⊞；

◇　快捷键 F9。

启用捕捉功能时，光标将沿着栅格点或线进行移动，捕捉间距可以在【草图设置】对话框【捕捉和栅格】选项卡中进行设置，如图 9.16 所示。

2) 栅格

执行方式：

◇　菜单：【工具】|【草图设置】；

◇　状态栏：▦；

◇　快捷键：F7。

图 9.16　草图设置

栅格是指点或线的矩阵遍布指定为栅格界限的整个区域。使用栅格类似于在图形下面放置一张坐标纸，来提供直观的距离和位置参照。

在【草图设置】对话框中选择【捕捉和栅格】选项卡，可以修改栅格间距，在【栅格样式】中选择【二维模型空间】，可以将线栅格改为点栅格，如图 9.16 所示。

3) 正交

执行方式：

◇　命令行：ortho；

◇　状态栏：⌐；

◇　快捷键：F8。

在绘图过程中使用正交功能，可以使光标限制在水平和垂直方向上移动，便于精确地创建和修改对象。

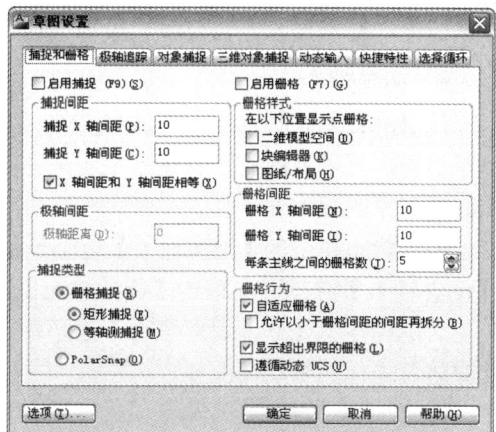

2．极轴追踪

极轴追踪，是指当 AutoCAD 提示用户指定点的位置时(如指定直线的另一端点)，拖动光标，使光标接近预先设定的方向(即极轴追踪方向)，AutoCAD 会自动将橡皮筋线吸附到该方向，同时沿该方向显示出极轴追踪矢量，并浮出一小标签，说明当前光标位置相对于前一点的极坐标。

在【草图设置】对话框中选择【极轴追踪】选项卡，可以设置是否启用极轴追踪功能以及极轴追踪方向等性能参数。极轴追踪角的设置可以在【状态栏】中右击 ☑ 按钮直接设置。

3．对象捕捉

在 AutoCAD 绘图过程中利用对象捕捉功能，可以快速、准确地确定一些特殊点，如圆心、端点、中点、切点、交点、垂足等。

通过【对象捕捉】工具栏，可以方便地实现捕捉特殊点的目的。【对象捕捉】工具栏可以在【工具】|【工具栏】|【AutoCAD】中的下拉列表中找到，如图 9.17 所示。也可按下 Shift 键后点击右键，弹出对象捕捉菜单，从中选择要捕捉的特殊点，启动对象捕捉功能。

图 9.17　【对象捕捉】工具栏

对象捕捉追踪可以在【草图设置】对话框中的【对象捕捉】选项卡设置，也可以在【状态栏】中右击☑进行设置。

对象捕捉追踪是对象捕捉与极轴追踪的综合，启用对象捕捉追踪之前，应先启用极轴追踪和自动对象捕捉，并根据绘图需要设置极轴追踪的增量角，设置好对象捕捉的捕捉模式。

4．动态输入

在 AutoCAD 2011 启用状态栏中的【动态输入】功能，便会在指针位置处显示标注输入和命令提示等信息，可以直接在工具提示栏中输入坐标值，而不用在命令行中输入，以帮助用户专注于绘图区域，提高绘图效率。

启用状态栏中的【动态输入】功能 ☑，系统默认【指针输入】功能处于开启状态，在【草图设置】|【动态输入】选项卡中单击【指针输入设置】可以设置指针输入显示方式，如图 9.18 所示。

启用标注输入功能时，当命令提示输入第二点时，工具提示将显示距离和角度值，工具提示中的值会随着光标的移动而改变。

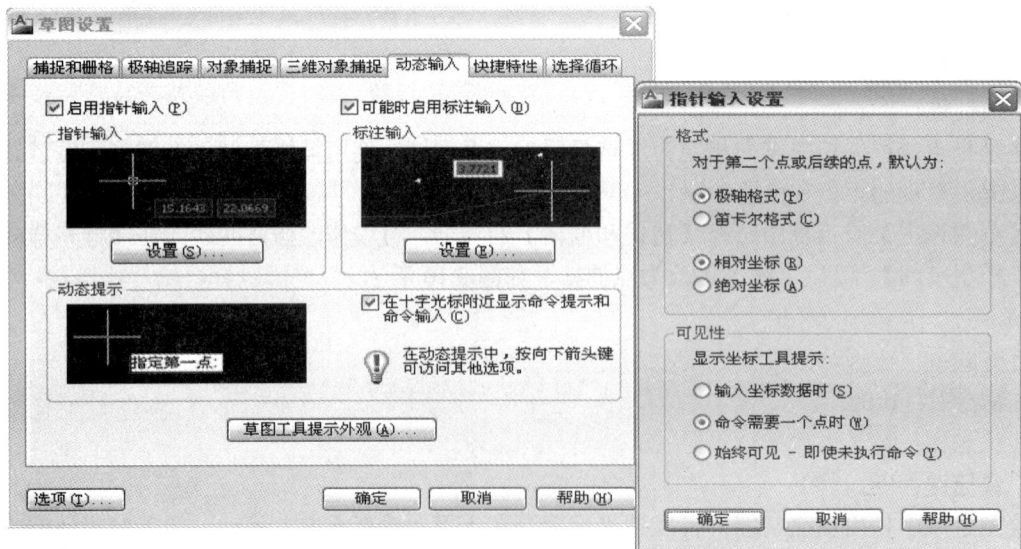

图 9.18　启用【动态输入】功能

九、视图的显示控制

1. 图形缩放

图形显示缩放只是将屏幕上的对象放大或缩小其视觉尺寸，就像用放大镜或缩小镜(如果有的话)观看图形一样，从而可以放大图形的局部细节，或缩小图形观看全貌。执行显示缩放后，对象的实际尺寸仍保持不变。

实现方式：

(1) 利用菜单命令或工具栏实现缩放。可选择【视图】|【缩放】或者【标准】|【缩放】，或使用【缩放】工具栏，如图 9.19 所示。

图 9.19　【缩放】工具栏

(2) 利用 zoom 命令实现缩放。

_zoom

指定窗口的角点，输入比例因子(nX 或 nXP)，或者[全部(A)/中心点(C)/动态(D)/范围(E)/上一个(P)/比例(S)/窗口(W)/对象(O)] <实时>：

该提示行中各选项的含义如表 9.1 所示。

表 9.1　【缩放】命令中各选项的含义

选　项	含　义
实时	按住鼠标左键上下平移，可以缩放图形大小
全部(A)	在当前视窗中显示整张图形
中心(C)	建立新的中心点按比例或高度缩放图形
动态(D)	动态缩放图形
范围(E)	尽可能大地显示整个图形
上一个(P)	显示上一个视屏
比例(S)	按指定比例缩放图形
对象(D)	尽可能大地显示整个图形
窗口(O)	通过一个矩形框来指定缩放区域

2. 图形平移

当显示窗口大于当前视口时，可以通过图形的平移来观察整个图形，执行移动命令后，图形相对于图纸的实际位置并不发生变化。

(1) 利用菜单命令或工具栏实现平移。可选择【视图】|【平移】或者【标准】|【实时平移】　。

(2) 利用 pan 命令实现图形平移。pan 命令用于实现图形的实时移动。执行该命令，AutoCAD 在屏幕上出现一个小手光标，并提示：按 Esc 或 Enter 键退出，或单击右键显示快捷菜单。同时在状态栏上提示："按住拾取键并拖动进行平移"。此时按下拾取键并向某一方向拖动鼠标，就会使图形向该方向移动。按 Esc 键或 Enter 键可结束 pan 命令的执行。如果右击，AutoCAD 会弹出快捷菜单供用户选择。

9.2　基本图形画法

一、绘制直线

1. 执行方式

◇　命令行：line；

◇　工具栏：　；

◆ 菜单：【绘图】|【直线】。

2．命令行提示

命令：_line

　　指定第一点：(确定直线段的起始点，用鼠标指定点，或者输入点的坐标)

　　指定下一点或 [放弃(U)]：(确定直线段的端点，或执行"放弃(U)"，放弃前面的输入)

　　指定下一点或 [放弃(U)]：(确定下一直线段的端点，也可直接按 Enter 键或 Space 键结束命令，或执行"放弃(U)")

　　指定下一点或 [闭合(C)/放弃(U)]：(确定下一直线段的端点，也可直接按 Enter 键或 Space 键结束命令，或执行"放弃(U)"，或执行"闭合(C)"使图形闭合)

3．实例——标高的绘制

标高如图 9.20 所示，绘制步骤如下：

　　命令：_line

　　指定第一点：100，100✓　(1 点，绝对坐标点)

　　指定下一点或 [放弃(U)]：@40<-135✓　(2 点，相对 1 点的极坐标输入点)

　　指定下一点或 [放弃(U)]：@40<135✓　(3 点，相对 2 点的极坐标输入点)

　　指定下一点或 [闭合(C)/放弃(U)]：@120，0✓　(4 点，相对 3 点的直角坐标输入点)

　　指定下一点或 [闭合(C)/放弃(U)]：✓　(回车结束直线命令)

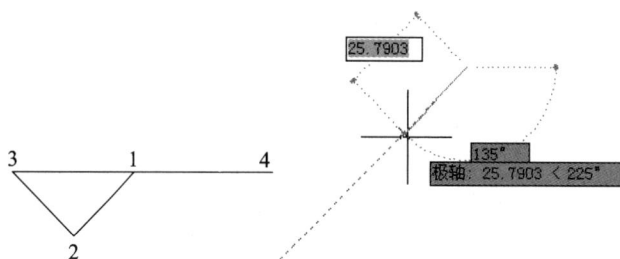

图 9.20　直线图形绘制和动态输入

二、绘制矩形

1．执行方式

◆ 命令行：rectang；

◆ 工具栏：□；

◆ 菜单：【绘图】|【矩形】。

2．命令行提示

命令：_rectang

　　指定第一个角点或[倒角(C)/标高(E)/圆角(F)/厚度(T)/宽度(W)]：(确定矩形的左上角角点位置)

　　指定另一个角点或[面积(A)/尺寸(D)/旋转(R)]：(确定矩形右下角角点的位置，然后按 Enter 键或 Space 键结束命令)

选项说明：

(1) 倒角(C)。指定倒角的距离，绘制带倒角的矩形，每一个角点的逆时针距离和顺时针距离可以相同，也可以不同。第一个倒角的距离是角点的逆时针距离，第二个倒角的距离是角点的顺时针距离。

(2) 标高(E)。指定矩形的标高(Z 坐标)，即把矩形画在标高为 Z 和 XOY 坐标面平行的平面上。

(3) 圆角(F)。指定圆角半径，绘制带圆角的矩形。

(4) 厚度(T)。指定矩形的厚度。

(5) 宽度(W)。指定矩形的线宽。

(6) 尺寸(D)。使用长和宽来创建矩形。

(7) 面积(A)。指定面积和长或者宽来创建矩形。

(8) 旋转(R)。旋转所绘制矩形的角度。

3. 实例——绘制办公桌面

办公桌面如图 9.21 所示，单击【绘图】|【矩形】 ⬚，命令提示行如下：

命令：_rectang

指定第一个角点或 [倒角(C)/标高(E)/圆角(F)/厚度(T)/宽度(W)]：(在绘图区域内任意位置单击确定矩形的左上角角点位置)

指定另一个角点或 [面积(A)/尺寸(D)/旋转(R)]：@130，−90✓ (输入矩形右下角角点位置，然后按 Enter 键或 Space 键结束命令)

注意：在 AutoCAD 2011 中第二点坐标默认为相对坐标，如果需要绝对坐标输入，可在动态输入中修改。

单击【修改】|【偏移】 ⬚，命令提示行如下：

命令：_offset

指定偏移距离或 [通过(T)/删除(E)/图层(L)]<通过>：2✓ (偏移距离为2)

选择要偏移的对象，或[退出(E)/放弃(U)] <退出>：(单击选择已经画好的矩形)

指定要偏移的那一侧上的点，或[退出(E)/多个(M)/放弃(U)] <退出>：✓ (在图形内侧单击，然后按 Enter 键或 Space 键结束命令)

图 9.21　办公桌面

三、绘制圆形

1. 执行方式

◇　命令行：circle；

◇　菜单：【绘图】|【圆】；

◇　工具栏： ⬚。

2. 命令行提示

命令：_circle

指定圆的圆心或[三点(3P)/两点(2P)/切点、切点、半径(T)]：✓(指定圆心位置)

指定圆的半径或 [直径(D)]：　✓(直接输入半径，然后按 Enter 键或 Space 键结束命令，如果输入 D，则在下一提示行中输入直径)

选项说明：

(1) 三点(3P)。指定圆周上的三点画圆。

(2) 两点(2P)。指定直径的两个端点画圆。

(3) 相切、相切、半径(T)。先给出两个相切的对象，然后给出半径画圆。图 9.22 给出了几种用"相切、相切、半径"画圆的情况。

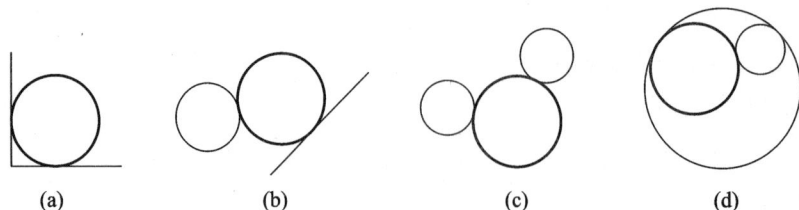

(a)　　　　　(b)　　　　　(c)　　　　　(d)

图 9.22　圆与另外两个对象相切

3．实例——绘制灯泡

灯泡图形参见图 9.23(b)所示。

单击【绘图】|【圆】⊘，命令提示行如下：

命令：_circle

指定圆的圆心或[三点(3P)/两点(2P)/切点、切点、半径(T)]：　(在绘图区任意指定一点，作为圆心)

指定圆的半径或 [直径(D)]：40↙

启用极轴追踪功能，在【工具】|【草图设置】|【极轴追踪】选项卡中，设置增量角 45°，并启用所有极轴角设置追踪。

命令：_line

指定第一点：　(使用极轴追踪功能，从圆心开始找到极轴与圆的第一个 45°交点)

指定下一点或 [放弃(U)]：↙　(沿着极轴线找到与圆的另一个交点，回车确认)

用同样的方法绘制另一条直线。

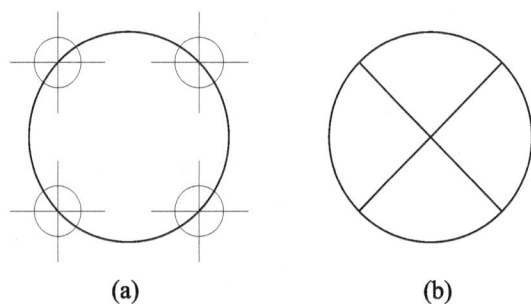

(a)　　　　　　　　　　　(b)

图 9.23　灯泡图例的绘制

四、绘制与编辑多线

1．绘制多线

多线由两条或两条以上相互平行的直线构成，并且这些直线可以分别具有不同的线型和颜色。

1) 执行方式

◇　命令行：mline；

◇　菜单：【绘图】|【多线】。

2) 命令行提示

命令：_mline

当前设置：对正 = 上，比例 = 20.00，样式 = STANDARD　(系统默认设置)

指定起点或 [对正(J)/比例(S)/样式(ST)]：↙　(可先修改选项，再指定起点)

指定下一点：　　　　(给定下一点)

指定下一点或 [放弃(U)]：✓　　　(继续给定下一点，如果输入 U，则放弃前一段的绘制，按 Enter 键
　　　　　　　　　　　　　　　　　或 Space 键结束命令)

指定下一点或 [闭合(C)/放弃(U)]：✓　　　　(继续给定下一点，如果输入 C，则闭合线段结束命令)

选项说明：

(1) 对正(J)。给定绘制多线的基准。共有 3 种对正方式"上"、"无"和"下"。其中"无"表示以多线的 0 线对齐。

(2) 比例(S)。多线的平行线之间的间距比例，例如：两条平行线之间的偏移距离为 100，比例 S = 2.00，那么绘制多线时，两条平行线之间的实际距离为 200。

(3) 样式(ST)。绘制多线前要首先设置多线样式。在菜单【格式】中，打开【多线样式】选项卡可以新建多线样式。

2．多线编辑

1) 执行方式

◇　命令行：mledit；

◇　菜单：【修改】|【对象】|【多线】；

◇　快捷方式：双击要编辑的多线。

2) 操作过程

调用该命令后，打开【多线编辑工具】对话框，如图 9.24 所示。

图 9.24　【多线编辑工具】对话框

利用该对话框，可以修改多线的模式。该对话框分四列显示，其中第一列编辑十字交叉形式的多线；第二列编辑 T 形多线；第三列编辑角点和顶点；第四列用于多线修剪和接合。

下面以 T 形合并为例说明多线的编辑方法。

双击要合并的多线，打开【多线编辑工具】对话框，选择 T 形合并，命令行提示：

选择第一条多线：　　　(选择第一条多线)

选择第二条多线：　　　(选择第二条多线)

选择结束后，第二条多线将第一条多线截断，同样的两条多线，选择的顺序不一样，执行的结果也不一样。系统继续提示"选择第一条多线"，一次操作可以编辑多条多线。多线编辑的编辑过程和结

果如图 9.25 所示。

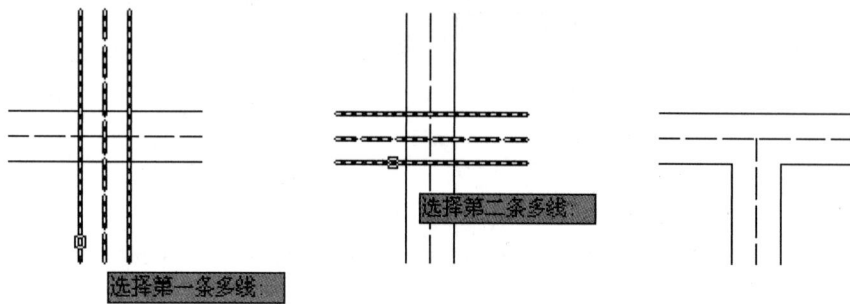

图 9.25 多线编辑执行过程

3．实例——绘制墙体

1) 绘制辅助线(定位轴线)

单击【绘图】|【构造线】，命令提示行如下：

命令：_xline

指定点或[水平(H)/垂直(V)/角度(T)/二等分(B)/偏移(O)]：　(在绘图区任意指定一点)

指定通过点：(指定水平方向一点)

指定通过点：✓

_xline

指定点或[水平(H)/垂直(V)/角度(T)/二等分(B)/偏移(O)]：O✓

指定偏移距离或[通过(T)]：4900✓

指定直线对象：(继续选择刚才绘制的水平构造线)

指定向哪侧偏移：(指定上侧一点)

绘制一条水平构造线和垂直构造线，组成"十字"构造线。用同样的方法或偏移指令依次向上偏移 600、1500、650、1750、900、1200、1200，绘制水平构造线。用同样方法绘制垂直构造线，向右依次偏移 2300、1150、3900、700、1700、1300，绘制结果如图 9.26 所示。

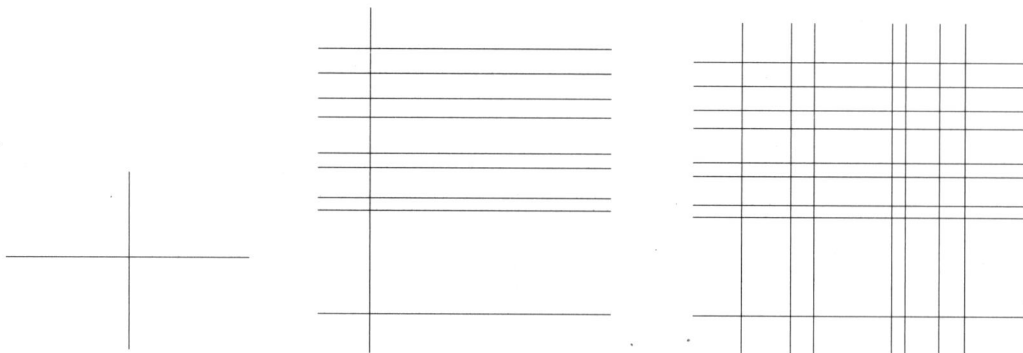

图 9.26 构造线绘制辅助线执行过程

2) 定义多线样式

单击菜单【格式】|【多线样式】，或在命令行输入 mlstyle，系统打开【多线样式】对话框。单击"新建"按钮，系统打开【创建新的多线样式】对话框，在"新样式名"中输入 240，单击"继续"按钮，打开【新建多线样式：240】对话框，把其中的图元偏移量设为 120 和 −120，在"封口"选项组中设置如图 9.27 所示的设置，确定退出。并确认退出【多线样式】对话框。

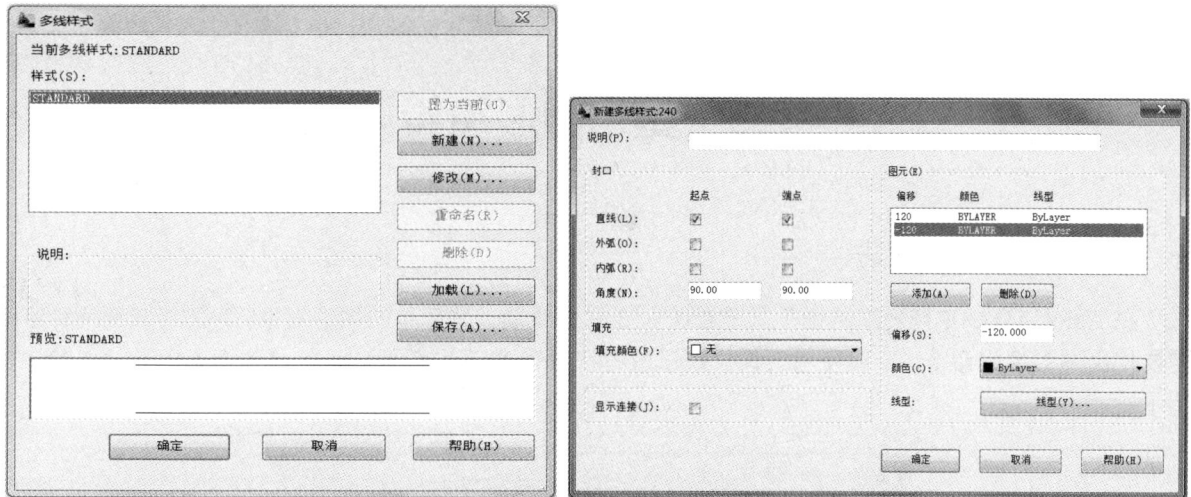

图 9.27　【新建多线样式】对话框

3) 绘制多线墙体

命令: _mline

当前设置: 对正 = 上, 比例 = 20.00, 样式 = STANDARD

指定起点或 [对正(J)/比例(S)/样式(ST)]: S↙

输入多线比例< 20.00 >: 1↙

指定起点或 [对正(J)/比例(S)/样式(ST)]: J↙

输入对正类型[上(T)/无(Z)/下(B)] <上>: Z↙

指定起点或 [对正(J)/比例(S)/样式(ST)]: ST↙

输入多线样式名或[?]: 240↙

当前设置: 对正 = 无, 比例 = 1.00, 样式 = 240

指定起点或 [对正(J)/比例(S)/样式(ST)]: (在绘制好的辅助线交点上指定一点)

指定下一点: (在绘制好的辅助线交点上指定下一点)

指定下一点或 [放弃(U)]: ↙ (在绘制好的辅助线交点上指定下一点)

⋮

指定下一点或 [闭合(C)/放弃(U)]: C↙

用相同的方法绘制其它墙体, 绘制结果如图 9.28 所示。

4) 多线编辑

双击要修改的多线或者单击菜单栏【修改】|【对象】|【多线】, 系统打开【多线编辑工具】对话框。如图 9.24 所示, 选择"T 形合并"选项, 确认后命令行提示与操作如下:

选择第一条多线: (选择多线)

选择第二条多线: (选择多线)

选择第一条多线[放弃(U)]: (选择多线)

⋮

选择第一条多线[放弃(U)]: ↙

用同样的方法可以继续进行多线编辑。在【多线编辑工具】对话框, 选择"全部剪切"选项可以进行门洞的修剪。门洞的修剪结果如图 9.29 所示。

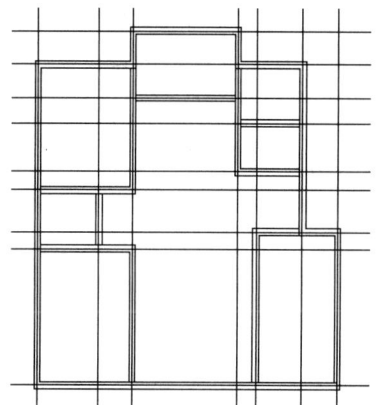

图 9.28　全部多线绘制结果

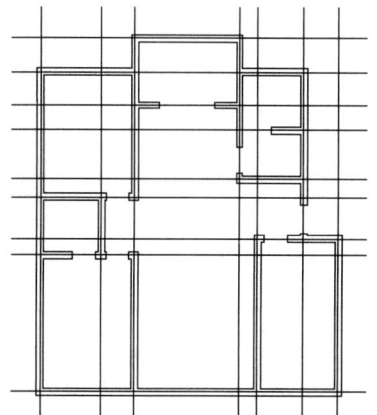

图 9.29　墙体门洞的修剪结果

9.3 基本图形编辑

一、执行编辑命令的方法

在 AutoCAD 中单纯使用绘图工具或绘图命令只能绘制一些简单的图形对象，为了绘制复杂对象就需要使用图形编辑命令，一般使用工具栏按钮或者在命令窗口直接输入命令。【修改】工具栏如图 9.30 所示。

图 9.30 【修改】工具栏

在 AutoCAD 2011 中提供两种途径编辑图形，并且两种方式执行的效果是相同的：

◇ 先执行编辑命令，然后选择要编辑的对象。

◇ 先选择要编辑的对象，然后执行编辑命令。

二、图形对象选择方式

AutoCAD 在对图形进行编辑之前，系统往往会提示选择要编辑的对象。同时把"十字"光标改为小方框形状(称之为拾取框)。AutoCAD 中变虚显示所选择的对象，所有选中的对象的集合构成了"选择集"。在菜单栏中选择【工具】|【选项】，打开【选项】对话框，可以设置选择模式、拾取框的大小及夹点编辑功能。

在命令行中输入 select 执行选择命令。

1．直接选取

直接将光标拾取框移动到选取对象上，并单击左键可完成对象选取。

2．窗口选取

使用选择窗口选择对象时，可以单击确定第一个角点以后，从左向右拖动鼠标，选取区域将以实线矩形的形式显示，单击确定第二个角点后，完成窗口选取。窗口选取仅选择完全包含在选择区域内的对象。如图 9.31 所示，鼠标从 A 点拖动到 B 点后，图形对象的选择效果为两个圆。

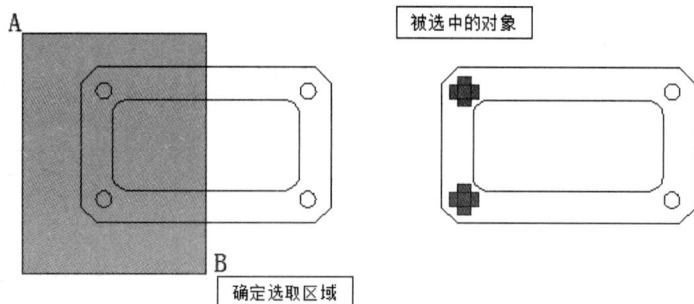

图 9.31 窗口选取

3．交叉窗口选取

交叉选取对象时，在确定第一点后，从右向左拖动鼠标，无须将所有预选择对象都包含在矩形框内，交叉窗口可选择包含在选择区域内以及与选择区域的边框相交义的对象。如图 9.32 所示，鼠标从

A 点拖动到 B 点后，图形对象的选择效果为左边两个圆和两个矩形。

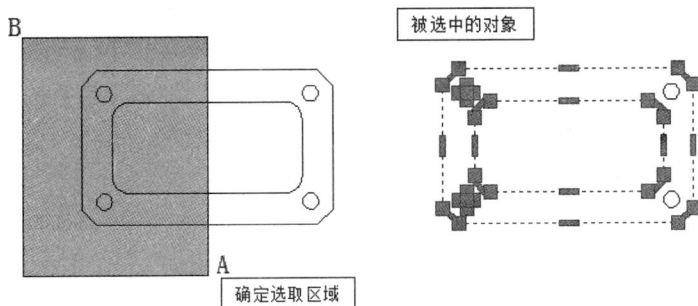

图 9.32　交叉窗口选取

4．不规则窗口选取

不规则窗口选取是以指定若干点的方式，定义不规则形状的区域来选择对象的，包括圈围和圈交两种，类似于窗口选取和交叉窗口选取。在"选择对象"提示下输入 WP，指定多边形各角点，窗口多边形只选择它完全包含的对象；在"选择对象"提示下输入 CP，指定多边形各角点，交叉多边形选择包含或相交的对象。

5．栏选方式选取

在"选择对象"提示下输入 F，使用选择栏可以很容易地从复杂图形中选择非相邻对象。选择栏是一条直线或者多段直线，可以选择它穿过的所有对象。

三、偏移

使用偏移指令可以创建同心圆、平行线或等距曲线。偏移操作又称为偏移复制。

1．执行方式

◇　命令行：offset；

◇　菜单：【修改】|【偏移】；

◇　工具栏：🖼。

2．命令行提示

命令：_offset
当前设置：删除源 = 否　图层 = 源　OFFSETGAPTYPE = 0
指定偏移距离或 [通过(T)/删除(E)/图层(L)] <通过>：　　(指定距离值)
选择要偏移的对象，或[退出(E)/放弃(U)] <退出>：　　(选择偏移对象，回车结束对象选择)
指定要偏移的那一侧上的点，或[退出(E)/多个(M)/放弃(U)] <退出>：　　(在要复制到的一侧任意确定一点。)

选择要偏移的对象，或[退出(E)/放弃(U)] <退出>：↙　　(也可以继续选择对象进行偏移复制)

选项说明：

(1) 指定偏移距离。输入一个距离值，或者回车使用当前的距离值，作为偏移距离。

(2) 通过(T)。使偏移复制后得到的对象通过指定的点。

(3) 删除(E)。实现偏移源对象后删除源对象。

(4) 图层(L)。确定将偏移对象创建在当前图层上还是源对象所在的图层上。

(5) 多个(M)。选项用于实现多次偏移复制。

四、修剪

1．执行方式

◇ 命令行：trim；

◇ 菜单：【修改】|【修剪】；

◇ 工具栏： -/--。

2．命令行提示

命令：_trim

当前设置：投影 = UCS，边 = 无

选择剪切边：

选择对象或 <全部选择>： (选择用来剪切边界的对象，按 Enter 键选择全部对象)

选择要修剪的对象，或按住 Shift 键选择要延伸的对象，或[栏选(F)/窗交(C)/投影(P)/边(E)/删除(R)/放弃(U)]：

选项说明：

(1) 选择要修剪的对象，或按住 Shift 键选择要延伸的对象。在上面的提示下选择被修剪对象，AutoCAD 会以剪切边为边界，将被修剪对象上位于拾取点一侧的多余部分或将位于两条剪切边之间的部分剪切掉。如果被修剪对象没有与剪切边相交，在该提示下按下 Shift 键后选择对应的对象，则 AutoCAD 会将其延伸到剪切边。

(2) 栏选(F)。以栏选方式确定被修剪对象。这是 AutoCAD 2011 的新增功能。

(3) 窗交(C)。使与选择窗口边界相交的对象作为被修剪对象。这是 AutoCAD 2011 的新增功能。

(4) 投影(P)。确定执行修剪操作的空间。

(5) 边(E)。确定剪切边的隐含延伸模式，可以选择延伸(E)和不延伸(N)两种修剪方式，当选择延伸边界进行修剪时，对于不相交的修剪对象，系统会延伸剪切边至对象相交，然后修剪。

五、延伸

1．执行方式

◇ 命令行：extend；

◇ 菜单：【修改】|【延伸】；

◇ 工具栏： --/。

2．命令行提示

命令：_extend

当前设置：投影 = UCS，边 = 无

选择边界的边：

选择对象或 <全部选择>： (选择对象来定义边界，按 Enter 键则选择全部对象作为可能的边界对象)

选择对象： ↙ (也可以继续选择对象)

选择要延伸的对象，或按住 Shift 键选择要修剪的对象，或[栏选(F)/窗交(C)/投影(P)/边(E)/放弃(U)]：

选项说明：

(1) 选择要延伸的对象，或按住 Shift 键选择要修剪的对象。选择对象进行延伸或修剪，为默认项。用户在该提示下选择要延伸的对象，AutoCAD 把该对象延长到指定的边界对象。如果延伸对象与边界交叉，在该提示下按下 Shift 键，然后选择对应的对象，那么 AutoCAD 会修剪它，即将位于拾取点一侧的对象用边界对象将其修剪掉。

(2) 其它选项含义与修剪相同。

六、倒角

倒角是指用斜线连接两个不平行的线形对象，可以连接直线段、构造线、多段线。

1．执行方式

◇　命令行：chamfer；

◇　菜单：【修改】|【倒角】；

◇　工具栏：⬜。

2．命令行提示

命令：_chamfer

（"修剪"模式）当前倒角距离 1 = 0.0000，距离 2 = 0.0000　(提示的第一行说明当前的倒角操作
　　　　　　　　　　　　　　　　　　　　　　　　　属于"修剪"模式，且第一、第二
　　　　　　　　　　　　　　　　　　　　　　　　　倒角距离分别为 1 和 2)

选择第一条直线或 [放弃(U)/多段线(P)/距离(D)/角度(A)/修剪(T)/方式(E)/多个(M)]：
　　　　　　　　　　　　　　　　　　　　　　　　(选择第一条直线或其它选项)

选择第二条直线，或按住 Shift 键选择要应用角点的直线：　(选择相邻的第二条直线)

选项说明：

(1) 多段线(F)。对整条多段线倒角，当多段线的宽度发生改变时，为了获得更好的连接效果，连接线以斜线构成。

(2) 距离(D)。选择倒角的两个斜线距离，这两个斜线距离可以相同或不同。

(3) 角度(A)。选择第一条直线的斜线距离和第一条直线的倒角角度。

(4) 修剪(T)。确定倒角后是否修剪原对象，如图 9.33 所示。

(5) 方式(E)。确定将以什么方式倒角，采用"距离"方式倒角，还是"角度"方式倒角。

(6) 多个(M)。如果执行该选项，当用户选择了两条直线进行倒角后，可以继续对其它直线倒角，不必重新执行 chamfer 命令。

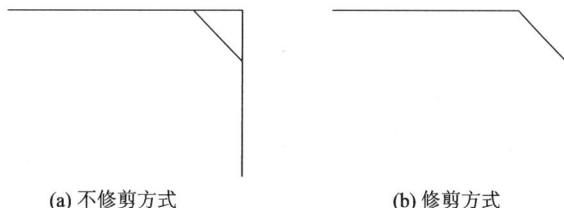

(a) 不修剪方式　　　　(b) 修剪方式

图 9.33　倒角修剪方式

七、圆角

圆角是指用指定的半径决定一段平滑的圆弧连接两个对象。可以连接直线段、非圆弧的多段线、构造线、圆、圆弧、样条曲线。

1．执行方式

◇　命令行：fillet；

◇　菜单：【修改】|【圆角】；

◇　工具栏：⬜。

2．命令行提示

命令：_fillet

当前设置: 模式 = 修剪，半径 = 0.0000

选择第一个对象或 [放弃(U)/多段线(P)/半径(R)/修剪(T)/多个(M)]: (选择第一个对象或别的选项)

选择第二个对象，或按住 Shift 键选择要应用角点的对象: (选择第二个对象)

选项说明:

(1) 提示中，第一行说明了当前的设置情况: 创建圆角采用 "修剪" 模式，且圆角半径为 0。选择创建圆角的第一个对象，为默认项。系统提示选择第二个对象时，如果按住 Shift 键选择相邻的另一对象，则可以使两对象准确相交。

(2) 多段线(P)。在一条二维多段线的节点处创建圆角。

(3) 半径(R)。设置圆角半径。

(4) 修剪(T)。确定创建圆角操作的修剪模式。与倒角命令相同。

(5) 多个(M)。执行该选项且用户选择两个对象创建出圆角后，可以继续对其它对象创建圆角，不必重新执行 fillet 命令。

八、移动

将选中的对象从当前位置移到另一位置，即更改图形在图纸上的位置。

1. 执行方式

✧ 命令行: move;

✧ 菜单:【修改】|【移动】;

✧ 工具栏: ✛。

2. 命令行提示

命令: _move

选择对象: (选择要移动位置的对象)

选择对象: ✓ (也可以继续选择对象，用 Enter 键结束选择)

指定基点或 [位移(D)] <位移>: (确定移动基点，为默认项)

指定第二个点或 <使用第一个点作为位移>: (指定一点作为位移第二点，或直接按 Enter 键或 Space 键，将第一点的各坐标分量(也可以看成为位移量)作为移动位移量移动对象)

选项说明:

位移(D)。根据位移量移动对象。此提示下输入坐标值(直角坐标或极坐标)，AutoCAD 将所选择对象按与各坐标值对应的坐标分量作为移动位移量移动对象。

九、复制

复制对象是指将选定的对象复制到指定位置。

1. 执行方式

✧ 命令行: copy;

✧ 菜单:【修改】|【复制】;

✧ 工具栏: ⅋。

2. 命令行提示

命令: _copy

选择对象: (选择要复制的对象)

选择对象: ✓ (也可以继续选择对象)

指定基点或 [位移(D)/模式(O)] <位移>：　　　(确定复制基点，为默认项)

指定第二个点或 <使用第一个点作为位移>：　　(指定第二点后，系统将根据这两点确定位移矢量把选
择的对象复制到第二点。还可以不断指定新的第二
点，从而实现多重复制，如果直接按 Enter 键或 Space
键，则将第一点的各坐标分量(也可以看成为位移量)
作为位移量复制对象)

选项说明：

(1) 位移(D)。直接输入位移值，根据位移量复制对象。此提示下输入坐标值(直角坐标或极坐标)，
AutoCAD 将所选择对象按与各坐标值对应的坐标分量作为位移量复制对象。

(2) 模式(O)。确定复制模式。

执行该选项，AutoCAD 提示：

输入复制模式选项 [单个(S)/多个(M)] <多个>：

其中"单个(S)"选项表示执行 COPY 命令后只能对选择的对象执行一次复制，而"多个(M)"选
项表示可以多次复制，AutoCAD 默认为"多个(M)"。

十、旋转

旋转对象是指将指定的对象绕指定点(称其为基点)旋转指定的角度。

1. 执行方式

◇　命令行：rotate；

◇　菜单：【修改】|【旋转】；

◇　工具栏： ○ 。

2. 命令行提示

命令：_rotate

选择对象：　　　(选择要旋转的对象)

选择对象：✓　　　(也可以继续选择对象)

指定基点：　　　(确定旋转基点)

指定旋转角度，或[复制(C)/参照(R)] <0>：　　　(指定旋转角度，输入角度值，AutoCAD 会将对象绕基点
转动该角度。在默认设置下，角度为正时沿逆时针方向
旋转，反之沿顺时针方向旋转)

选项说明：

(1) 复制(C)。创建出旋转对象后仍保留原对象。

(2) 参照(R)。以参照方式旋转对象。

执行该选项，AutoCAD 提示：

指定参照角<0>：　　　(指定参照角度)

指定新角度或 [点(P)] <0>：　　　(输入新角度值，或通过"点(P)"选项指定两点来确定新角度)

AutoCAD 会根据参照角度与新角度的值自动计算旋转角度(旋转角度 = 新角度 − 参照角度)，然后
将对象绕基点旋转该角度。

十一、缩放

缩放对象是指放大或缩小指定的对象。

1. 执行方式

◇　命令行：scale；

◇ 菜单：【修改】|【缩放】；

◇ 工具栏： ▯ 。

2．命令行提示

命令： _scale

选择对象：   (选择要缩放的对象)

选择对象：✓   (也可以继续选择对象)

指定基点：   (确定基点位置)

指定比例因子或 [复制(C)/参照(R)]：(确定缩放比例因子，为默认项。输入比例因子后 AutoCAD 将所
选择对象根据该比例因子相对于基点进行缩放，且 0 ＜ 比例因子 ＜ 1
时缩小对象，比例因子 ＞ 1 时放大对象)

选项说明：

(1) 复制(C)。创建出缩小或放大的对象后仍保留原对象。

(2) 参照(R)。将对象按参照方式缩放。

执行该选项，AutoCAD 提示：

指定参照长度<1.0000>：   (输入参照长度的值)

指定新的长度或 [点(P)] <1.0000>：   (输入新的长度值或通过"点(P)"来确定长度值)

AutoCAD 根据参照长度与新长度的值自动计算比例因子(比例因子 = 新长度值 ÷ 参照长度值)，并
进行对应的缩放。

十二、镜像

镜像对象是指把选择的对象围绕一条镜像线做对称复制，镜像操作完成后可以保留原对象也可以
将其删除。

1．执行方式

◇ 命令行：mirror；

◇ 菜单：【修改】|【镜像】；

◇ 工具栏： ⚼ 。

2．命令行提示

命令： _mirror

选择对象：   (选择要镜像的对象)

选择对象：✓   (也可以继续选择对象)

指定镜像线的第一点：   (确定镜像线上的一点)

指定镜像线的第二点：   (确定镜像线上的另一点，这两点确定一条镜像线，被选择的对象以该线为对
称轴进行镜像)

是否删除源对象？[是(Y)/否(N)] <N>：   (确定是否删除原对象)

十三、阵列

将选中的对象进行矩形或环形多重复制。

1．执行方式

◇ 命令行：array；

◇ 菜单：【修改】|【阵列】；

◇ 工具栏： ⊞ 。

2. 对话框说明

执行上述某一操作后，系统打开【阵列】对话框。

(1)【矩形阵列】：把副本按照矩形排列称为建立矩形阵列，矩形阵列标签用来指定矩形阵列的各项参数，如图 9.34 所示。

(2)【环形阵列】：把副本按照环形排列称为建立环形阵列或极阵列，环形阵列标签用来指定环形阵列的各项参数，如图 9.35 所示。建立环形阵列时应注意复制对象是否被旋转。

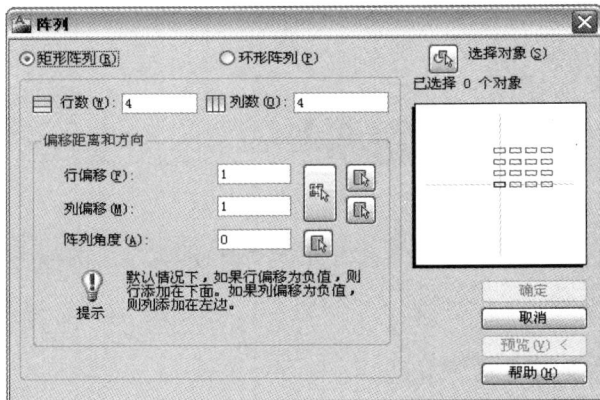

图 9.34 矩形阵列对话框	图 9.35 环形阵列对话框

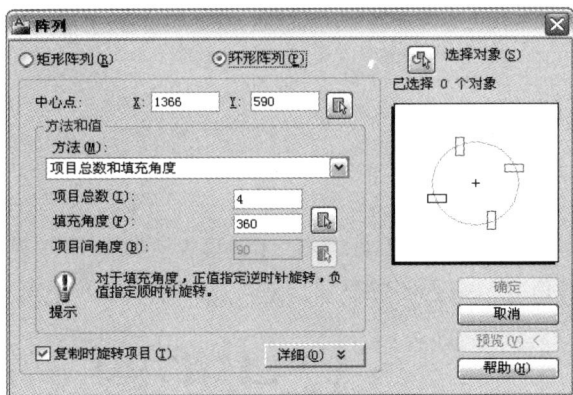

9.4 创建和编辑文本

文字说明是图形中很重要的一部分内容，在进行各种设计时，不仅要绘制图形还要在图形中标注一些文字，如技术要求、注释说明等。AutoCAD 提供了多种写入文字和编辑文字的方法。

一、文字样式

AutoCAD 图形中的文字是根据当前文字样式标注的。文字样式说明所标注文字使用的字体以及其它设置，如字体高度、文字标注方向等。AutoCAD 2011 为用户提供了默认文字样式 STANDARD。如果系统提供的文字样式不能满足要求，则应首先定义文字样式。

1. 执行方式

✧ 命令行：style 或 ddstyle；
✧ 菜单：【格式】|【文字样式】；
✧ 工具栏：【样式】|【文字样式】 A。

2. 对话框说明

执行上述某一操作后，系统打开【文字样式】对话框，如图 9.36 所示。

(1)【样式】选项组。在【样式】列表框中列有当前已定义的文字样式，用户可从中选择对应的样式作为当前样式或进行样式修改。

(2)【字体】选项组。该选项组用于确定所采用的字体。

(3)【大小】选项组。该选项组用于指定文字的高度。如果在高度文本框中输入一个数值，则将它作为创建文本时字体的固定高度，如果高度为 0，则 AutoCAD 在创建文本时会提示输入字高，如果不想固定字体高度可以将其置为 0。

图 9.36 【文字样式】对话框

(4) 【效果】选项组。【效果】选项组用于设置字体的某些特征，如字的宽高比(即宽度比例)、倾斜角度、是否倒置显示、是否反向显示以及是否垂直显示等，如图 9.37 所示。

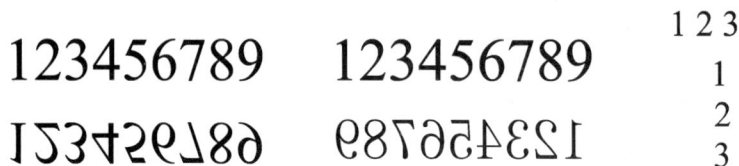

图 9.37 文字标注中的倒置、反向、垂直效果

(5) 其它。预览框组用于预览所选择或所定义文字样式的标注效果。【新建】按钮用于创建新的样式。【置为当前】按钮用于将选定的样式设为当前样式。【应用】按钮用于确认用户对文字样式的设置。单击【确定】按钮，AutoCAD 关闭【文字样式】对话框。

二、创建文本

当标注的文本不太长时，可以利用 text 命令创建单行文本，当需要标注的文本信息复杂时，可以使用 mtext 命令创建多行文本。

1. 单行文本标注

1) 执行方式

◇ 命令行：text 或 dtext；

◇ 菜单：【绘图】|【文字】|【单行文字】；

◇ 工具栏：【文字】|【单行文字】 AI 。

2) 命令行提示

命令：_text

当前文字样式：Standard   当前文字高度：0.2000   注释性：否

指定文字的起点或 [对正(J)/样式(S)]：

选项说明：

(1) 第一行提示信息说明当前文字样式以及字高度。

(2) 第二行中，"指定文字的起点"选项用于确定文字行的起点位置。用户响应后，AutoCAD 提示：

指定高度：   (输入文字的高度值)

指定文字的旋转角度〈0〉：   (输入文字行的旋转角度)

在此提示下，AutoCAD 在绘图屏幕上显示出一个表示文字位置的方框，输入文本后回车可继续输入文本。如果在输入文字后，按两次 Enter 键，则退出命令。

(3) 选择对正(J)。该提示用来对正以确定文本的对齐方式，对齐方式决定文本的哪一部分与所选的插入点对齐。AutoCAD 提示：

输入选项[对齐(A)/调整(F)/中心(C)/中间(M)/右(R)/左上(TL)/中上(TC)/右上(TR)/左中(ML)/正中(MC)/右中(MR)/左下(BL)/中下(BC)/右下(BR)]：

可以选择一种对齐方式。用 text 命令可以创建一个或多个单行文本，也就是说此命令可以标注多行文本，每一次回车就结束一个单行文本的输入，每一个单行文本就是一个对象，可以单独对其进行修改。

在实际绘图时，需要一些特殊符号，例如温度、上划线或下划线、欧姆等，由于这些符号不能由键盘直接输入，因此 AutoCAD 提供了一些控制码，常用的控制码如表 9.2 所示。

表 9.2　AutoCAD 常用控制码

符　号	功　能	符　号	功　能
%%O	上划线	\u+2260	不相等
%%U	下划线	\u+2126	欧姆
%%D	"度"符号	\u+03A9	欧米茄
%%P	正负号	\u+2248	几乎相等
%%C	直径符号	\u+2082	下标 2
%	百分号%	\u+00B2	上标 2

2．多行文本标注

1) 执行方式

✧　命令行：mtext；

✧　菜单：【绘图】|【文字】|【多行文字】；

✧　工具栏：【文字】|【多行文字】**A**。

2) 命令行提示

命令：_mtext

当前文字样式：Standard　　当前文字高度：0.2000　　注释性：否

指定第一角点：　(指定矩形框的第一个角点)

指定对角点或 [高度(H)/对正(J)/行距(L)/旋转(R)/样式(S)/宽度(W)/栏(C)]：

选项说明：

指定对角点。直接在屏幕上取一个点作为矩形框的第二个角点，AutoCAD 以这个矩形框的宽度作为文本行的宽度，然后打开如图 9.38 所示的多行文本编辑器。

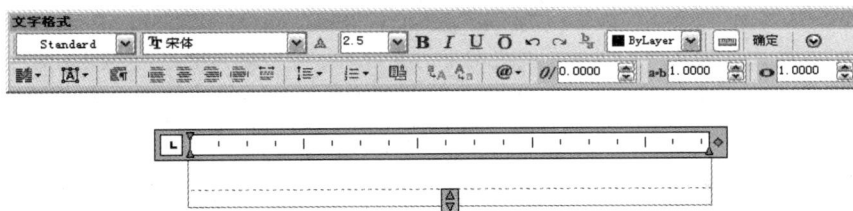

图 9.38　多行文本编辑器

文本编辑器由"文字格式"工具栏和水平标尺等组成，工具栏上有一些下拉列表框、按钮等。用户可通过该编辑器输入要标注的文字，并进行相关标注设置。

三、编辑文本

1．执行方式

✧　命令行：ddedit；

   ◇ 菜单：【修改】|【对象】|【文字】|【编辑】；

   ◇ 工具栏：【文字】|【编辑】 A。

2. 命令行提示

    命令：_ddedit

    选择注释对象或 [放弃(U)]：

选项说明：

选择注释对象。创建文字时使用的方法不同，选择文字后 AutoCAD 给出的响应也不相同。如果所选择的文字是用 text 命令创建的单行文本，则 AutoCAD 显亮该文本，可直接对其进行修改；如果所选取的文本是用 mtext 命令创建的多行文本，则选取后打开多行文本编辑器，然后进行相应的修改。

9.5 图 案 填 充

一、图案填充概念

图案填充是指通过指定的线条图案、颜色和比例来填充指定区域，它常用于表达剖切面效果和不同类型物体的外观纹理和材质等特性，广泛应用于机械加工、建筑工程等各类工程视图中。

1. 图案边界

填充图案时，首先要确定图案的填充边界。定义边界的对象可以是直线、多段线、构造线、样条曲线、圆、圆弧、面域等对象或用这些对象定义的块，且作为边界的对象在当前屏幕上必须全部可见。

2. 孤岛

我们把位于总填充域内的封闭区域称为孤岛。AutoCAD 允许以取点的方式确定填充边界，也允许以选取对象的方式确定填充边界。

3. 填充方式

AutoCAD 为用户提供了三种对填充范围的控制方式，如图 9.39 所示。

(1) 普通方式。该方式从边界开始向里填充图案，遇到与之相交的内部边界时断开填充图案，遇到下一个边界时继续填充。

(2) 外部方式。该方式从最外层边界开始向里填充图案，遇到与之相交的内部边界时断开填充图案，不再继续填充。

(3) 忽略方式。该方式忽略边界内的对象，所有内部结构都被填充图案覆盖。

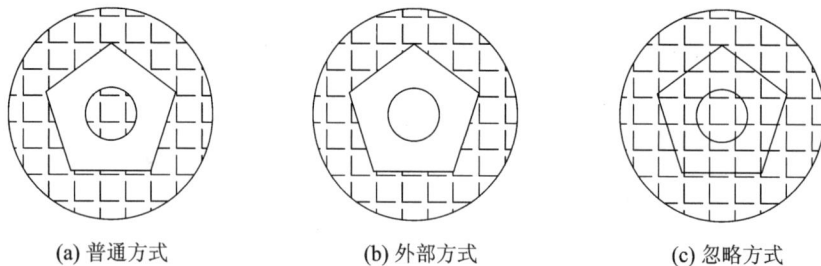

(a) 普通方式   (b) 外部方式   (c) 忽略方式

图 9.39　图案填充方式

二、图案填充方法

1. 执行方式

   ◇ 命令行：bhatch；

   ◇ 菜单：【绘图】|【图案填充】；

◇ 工具栏：【绘图】|【图案填充】 ⊠ 或【绘图】|【渐变色】 ⊠ 。

2．对话框说明

执行以上某一命令后，打开【图案填充和渐变色】对话框，如图 9.40 所示。

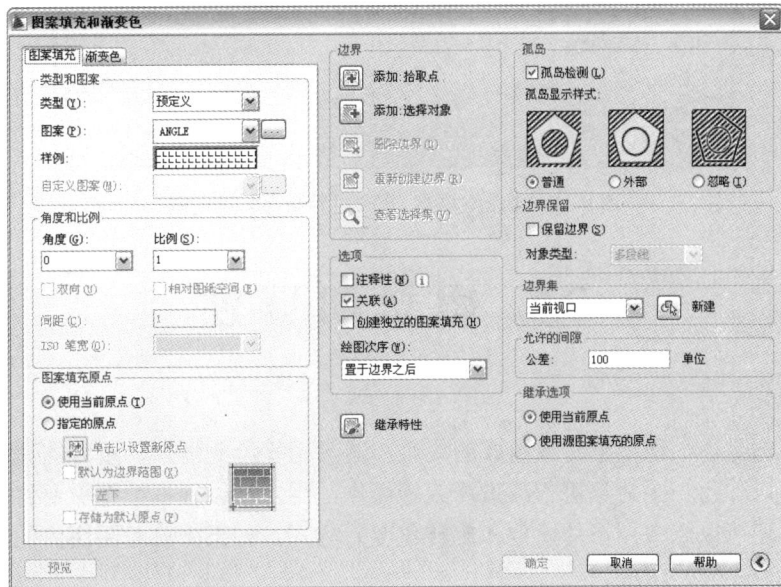

图 9.40 【图案填充和渐变色】对话框

(1) 【图案填充】选项卡。此选项卡用于设置填充图案以及相关的填充参数。

【类型和图案】：该选项组确定填充类型与图案，预定义选项表示用 AutoCAD 标准图案文件中的图案填充，选择了预定义选项后，单击图案下拉列表框右边的 ⋯ 按钮，会打开【图案列表】对话框，如果实体填充可选择 SOLID 选项。

【角度和比例】：该选项组设置填充图案时的图案旋转角度和缩放比例。每种图案的初始比例为 1，可根据需要放大或缩小，当系统提示"无法对边界进行图案填充"，说明填充图案的比例不适合需要填充的区域，应调整比例大小。

【图案填充原点】：该选项组控制生成填充图案时的起始位置。

【边界】：该选项组主要用于选择填充区域的边界。其中，【添加：拾取点】按钮 ⊞ 可在要填充的区域内任意指定一点；【添加：选择对象】按钮 ⊠ 可以通过选取填充区域的边界来确定填充区域。所选取的区域必须是封闭区域。

【选项】：用于设置图案填充的一些附属功能。

(2) 【渐变色】选项卡。单击【图案填充和渐变色】对话框中的【渐变色】选项卡，AutoCAD 切换到【渐变色】选项卡，该选项卡用于以渐变方式实现填充。

(3) 其它选项说明。单击【图案填充和渐变色】对话框中位于右下角位置的小箭头，对话框则显示【孤岛检测】和【边界保留】、【边界集】等选项组。

AutoCAD 2011 允许将实际上并没有完全封闭的边界用作填充边界。如果在【允许的间隙】文本框中指定了值，则该值就是 AutoCAD 确定填充边界时可以忽略的最大间隙，即如果边界有间隙，且各间隙均小于或等于设置的允许值，那么这些间隙均会被忽略，AutoCAD 将对应的边界视为封闭边界。当通过【添加拾取点】按钮指定的填充边界为非封闭边界，且边界间隙小于或等于设定的值时，AutoCAD 会打开如图 9.41 所示的【图案填充-开放边界警告】窗口，如果单击【继续填充此区域】行，AutoCAD 将对非封闭图形进行图案填充。

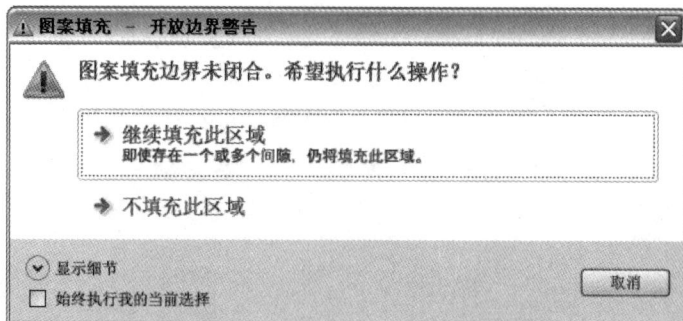

图 9.41 【图案填充-开放边界警告】对话框

9.6 图块和属性

一、图块

图块也叫块，它是由一组图形对象组成的集合，通常用于绘制复杂、重复的图形。一旦将一组对象组合成块，就可以作为一个对象进行编辑修改等操作，用户可以根据绘图需要将其插入到图中的任意指定位置，而且还可以修改图形的比例和旋转角度后插入。如果需要对图块内的对象单独操作，还可以利用"分解"命令分解图块。

1. 定义图块

1) 执行方式

◆ 命令行：block；

◆ 菜单：【绘图】|【块】|【创建】；

◆ 工具栏：【绘图】|【创建块】🔲 。

2) 对话框说明

执行以上某一操作后，AutoCAD 弹出如图 9.42 所示的【块定义】对话框。对话框中，【名称】文本框用于确定块的名称。【基点】选项组用于确定块的插入基点位置。【对象】选项组用于确定组成块的对象。【设置】选项组用于进行相应设置。通过【块定义】对话框完成对应的设置后，单击【确定】按钮，即可完成块的创建。

图 9.42 【块定义】对话框

2．图块的保存

用 block 命令定义的图块保存在其所属的图形文件中，该图块只能在该图中插入，而不能插入到其它文件中，如果图块需要在其它文件中插入，可以用 wblock 命令把图块以图形文件的形式(后缀为.dwg)写入磁盘，图形文件可以在任意图形中用 insert 命令插入。

执行 wblock 命令后，AutoCAD 会打开如图 9.43 所示的【写块】对话框。对话框中，【源】选项组用于确定组成块的对象来源。其中，【块】表示选择一个图块，将其保存为图形文件；【整个图形】表示把当前整个图形保存为图形文件；【对象】表示把不属于图块的图形对象保存为图形文件。【基点】选项组用于确定块的插入基点位置。【对象】选项组用于确定组成块的对象。只有在【源】选项组中选中【对象】单选按钮后，这两个选项组才有效。【目标】选项组确定块的保存名称和保存位置。

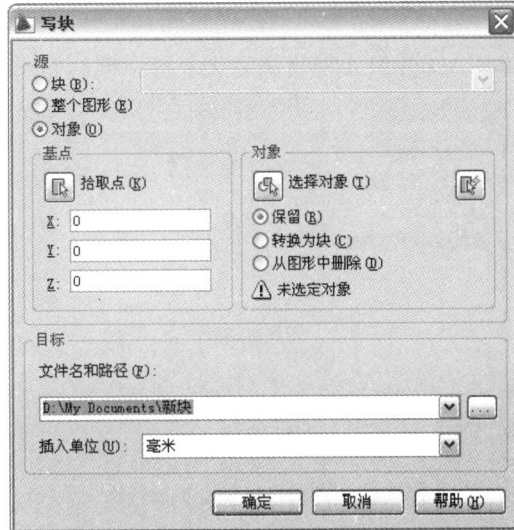

图 9.43　【写块】对话框

3．图块的插入

1) 执行方式

◇　命令行：insert；

◇　菜单：【插入】|【块】；

◇　工具栏：【插入】|【插入块】或【绘图】|【插入块】 。

2) 对话框说明

执行以上某一操作后，AutoCAD 打开【插入】对话框，如图 9.44 所示。

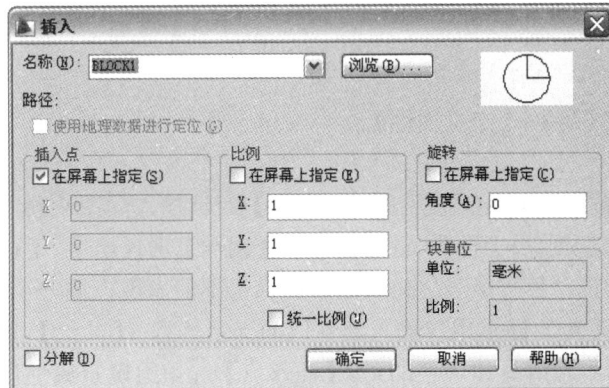

图 9.44　【插入】对话框

对话框中，【名称】下拉列表框确定要插入块或图形的名称。【插入点】选项组确定块在图形中的插入位置。【比例】选项组确定块的插入比例。【旋转】选项组确定块插入时的旋转角度。

当用户用 insert 命令将 AutoCAD 图形文件插入到当前图形时，AutoCAD 默认将图形的坐标原点作为图块的插入基点，这样往往会给绘图带来不便。为此，AutoCAD 允许用户为图形重新指定插入基点。我们可以利用【绘图】|【块】|【基点】执行 base 命令，为图形指定新基点。

4. 编辑块

1) 执行方式

◇ 命令行：bedit；

◇ 菜单：【工具】|【块编辑器】；

◇ 工具栏：【标准】|【块编辑器】　。

2) 对话框说明

执行以上某一操作后，AutoCAD 弹出【编辑块定义】对话框，如图 9.45 所示。

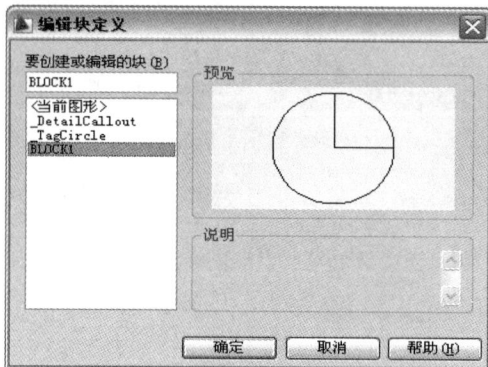

图 9.45　【编辑块定义】对话框

从对话框左侧的列表中选择要编辑的块，然后单击【确定】按钮，AutoCAD 进入块编辑模式，用户可直接对其进行编辑修改。一旦利用块编辑器修改了块，当前图形中插入的对应块就自动进行相应的修改。

二、属性

图块除了包含图形对象以外，还可以有非图形信息，属性是从属于块的文字信息，是块的组成部分。通常情况下，通过定义属性将其加入到块中，即可将块属性成为图形的一部分。块属性由属性标记、属性值、属性提示、默认值 4 个部分组成。

1. 定义属性

1) 执行方式

◇ 命令行：attdef；

◇ 菜单：【绘图】|【块】|【定义属性】。

2) 对话框说明

执行以上某一操作后，AutoCAD 打开【属性定义】对话框，如图 9.46 所示。

对话框中，【模式】选项组用于设置属性的模式。【属性】选项组中，【标记】文本框用于确定属性的标记，用户必须指定标记，且两个名称相同的属性标记不能出现在同一个块定义中；【提示】文本框用于确定插入块时，AutoCAD 提示用户输入属性值的提示信息；【默认】文本框用于设置属性的默认值，用户在各对应文本框中输入具体内容即可。【插入点】选项组确定属性值的插入点，即属性文字排列的参考点。【文字设置】选项组确定属性文字的格式。

确定了【属性定义】对话框中的各项内容后，单击对话框中的【确定】按钮，AutoCAD 完成一次属性定义，并在图形中按指定的文字样式、对齐方式显示出属性标记。用户可以用上述方法为块定义多个属性。定义块属性后，系统将打开【编辑属性】对话框，直接在列表框中输入属性值。

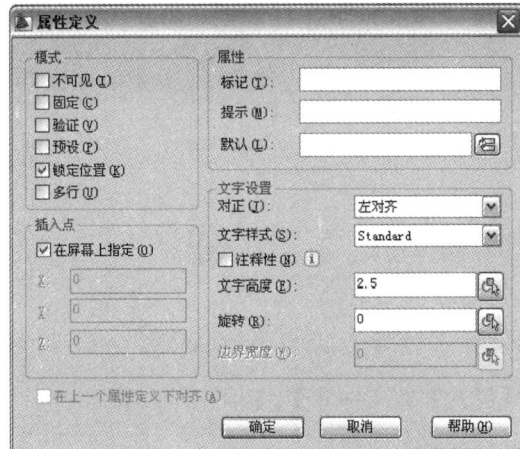

图 9.46　【属性定义】对话框

2. 编辑块属性

1) 执行方式

◇　命令行：eattedit；

◇　工具栏：【修改Ⅱ】| ✎ 。

2) 命令行提示

命令：_eattedit

选择块：　(选择要编辑的图块)

3) 对话框说明

执行以上某一操作后，AutoCAD 打开【增强属性编辑器】对话框，如图 9.47 所示。在绘图窗口双击有属性的图块，也会打开此对话框。可以对当前属性值、文字格式、文字的图层、线宽、线型、颜色、旋转角度等属性进行设置、修改。

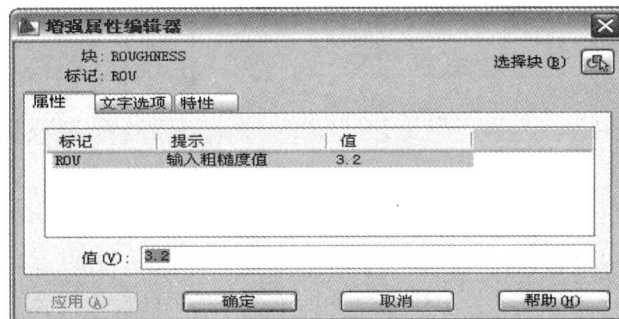

图 9.47　【增强属性编辑器】对话框

9.7　尺　寸　标　注

一、尺寸标注基本概念

图形只能用来表达物体的形状，而尺寸标注则用来确定物体的大小和各个部分之间的相对位置。

AutoCAD 中，一个完整的尺寸一般由尺寸线、延伸线(即尺寸界线)、尺寸文字(即尺寸数字)和尺寸箭头(即尺寸起止符号)4 部分组成，可以参照图 1.6 所示。这里的"箭头"是一个广义的概念，也可以用短斜线、点或其它标记代替尺寸箭头。

AutoCAD 2011 将尺寸标注分为线性标注、对齐标注、半径标注、直径标注、弧长标注、折弯标注、角度标注、引线标注、基线标注、连续标注等多种类型，而线性标注又分水平标注、垂直标注和旋转标注。

二、设置尺寸标注样式

1. 新建标注样式

在向 AutoCAD 图形中添加尺寸标注时，单一的尺寸标注往往不能满足需求，这就需要定义新的尺寸样式。

1) 执行方式
- ✧ 命令行：dimstyle；
- ✧ 菜单：【格式】|【标注样式】或【标注】|【标注样式】；
- ✧ 工具栏：【格式】|【标注样式】 ▲ 。

2) 对话框说明

执行以上某一操作后，AutoCAD 打开【标注样式管理器】对话框，如图 9.48 所示。【置为当前】按钮把指定的标注样式置为当前样式。【新建】按钮用于创建新标注样式。【修改】按钮用于修改已有标注样式。【替代】按钮用于设置当前样式的替代样式。【比较】按钮用于对两个标注样式进行比较，或了解某一样式的全部特性。

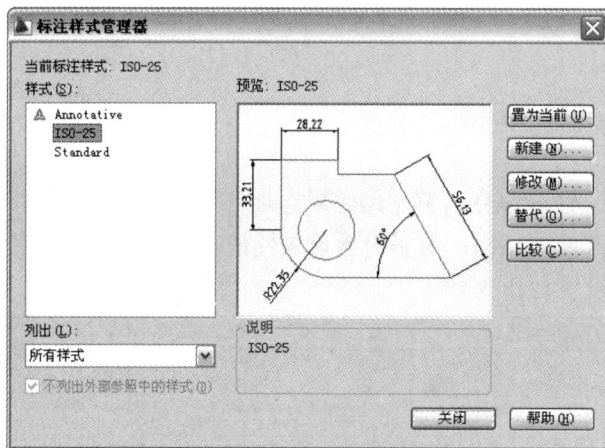

图 9.48　【标注样式管理器】对话框

2. 设置新样式

单击【新建】按钮打开【创建新标注样式】对话框，如图 9.49 所示。在【创建新标注样式】对话框中输入新样式名称，其中【基础样式】是指创建新样式所基于的标注样式，【用于】选项用于指定新建标注样式的适用范围。单击【继续】按钮，打开【新建标注样式】对话框，如图 9.50 所示。利用此对话框可对新样式的各项特性进行设置。

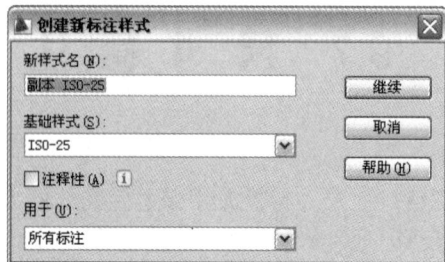

图 9.49　【创建新标注样式】对话框

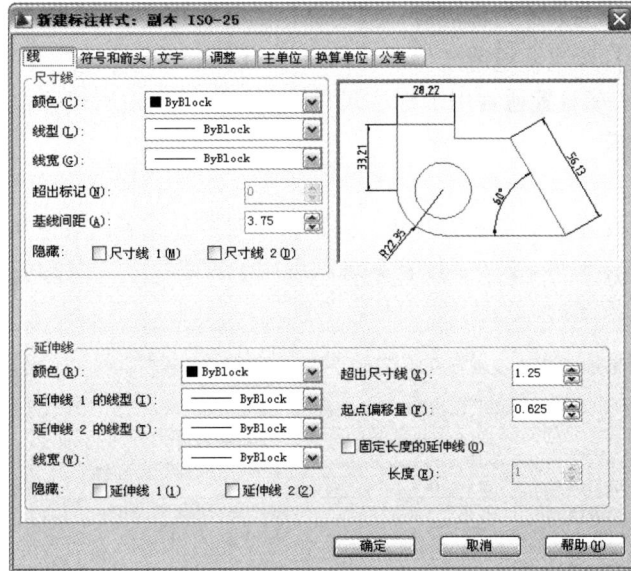

图 9.50　【新建标注样式】对话框

在【新建标注样式】对话框中有【线】、【符号和箭头】、【文字】、【调整】、【主单位】、【换算单位】和【公差】7 个选项卡，下面分别说明。

1) 【线】选项卡

【线】选项卡用于设置尺寸线和尺寸界线的格式与属性。选项卡中，【尺寸线】选项组用于设置尺寸线的样式。【延伸线】选项组用于设置尺寸界线的样式。预览窗口可根据当前的样式设置显示出对应的标注效果示例。

2) 【符号和箭头】选项卡

【符号和箭头】选项卡用于设置尺寸箭头、圆心标记、弧长符号以及半径折弯标注方面的格式。图 9.51 为对应的对话框。

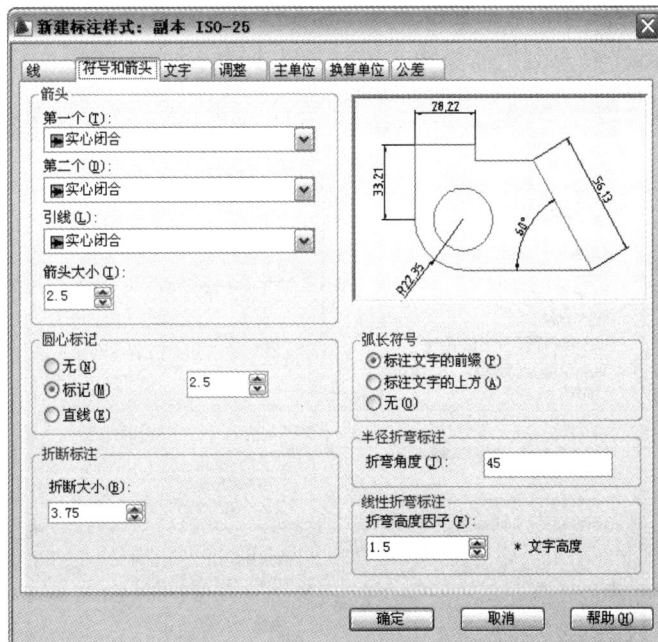

图 9.51　【符号和箭头】选项卡

【符号和箭头】选项卡中，【箭头】选项组用于确定尺寸线两端的箭头样式。【圆心标记】选项组用于确定当对圆或圆弧执行圆心标记标注时，圆心标记的类型与大小。【折断标注】选项确定在尺寸线或延伸线与其它线重叠处打断尺寸线或延伸线时的尺寸。【弧长符号】选项组为圆弧标注长度尺寸时的设置。【半径折弯标注】选项设置通常用于标注尺寸的圆弧中心点位于较远位置时。【线性折弯标注】选项用于线性折弯标注设置。

    3) 【文字】选项卡

    【文字】选项卡用于设置尺寸文字的外观、位置以及对齐方式等，如图 9.52 所示。【文字外观】选项组用于设置尺寸文字的样式等。【文字位置】选项组用于设置尺寸文字的位置。【文字对齐】选项组用于确定尺寸文字的对齐方式。

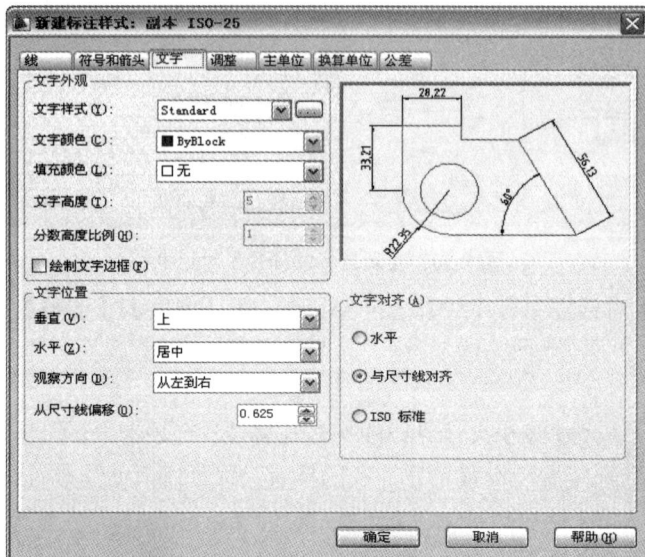

图 9.52 【文字】选项卡

    4) 【调整】选项卡

    此选项卡用于控制尺寸文字、尺寸线以及尺寸箭头等的位置和其它一些特征。当两条尺寸界线之间的距离足够大时，AutoCAD 总是把箭头和文字放在尺寸界线之间，如图 9.53 所示。

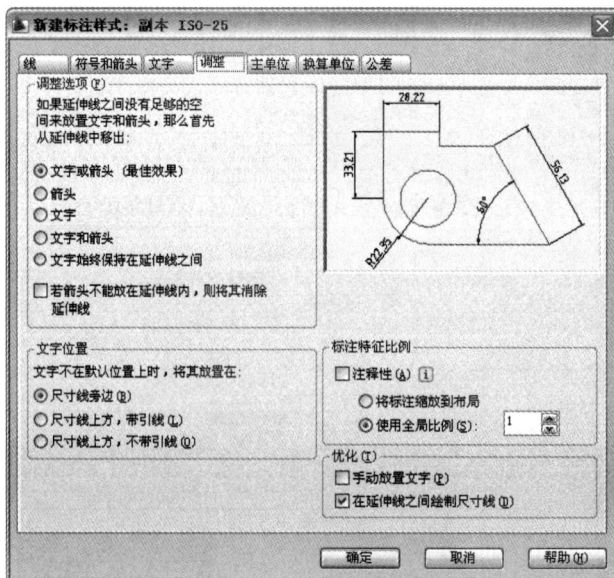

图 9.53 【调整】选项卡

    【调整】选项卡中，【调整选项】选项组用来确定当尺寸界线之间没有足够的空间放置尺寸文字和箭头时，应首先移出尺寸文字和箭头的哪一部分；用户可通过该选项组中的各单选按钮进行选择。【文字位置】选项组确定当尺寸文字不在默认位置时，应将其放在何处。【标注特征比例】选项组用于设置全局标注比例或图纸空间比例。【优化】选项组用于设置标注尺寸时是否进行附加调整。

5)　【主单位】选项卡

此选项卡用于设置主单位的格式、精度以及尺寸文字的前缀和后缀，如图 9.54 所示。【主单位】选项卡中，【线性标注】选项组用于设置线性标注的格式与精度。【角度标注】选项组用于确定标注角度尺寸时的单位、精度以及消零否。

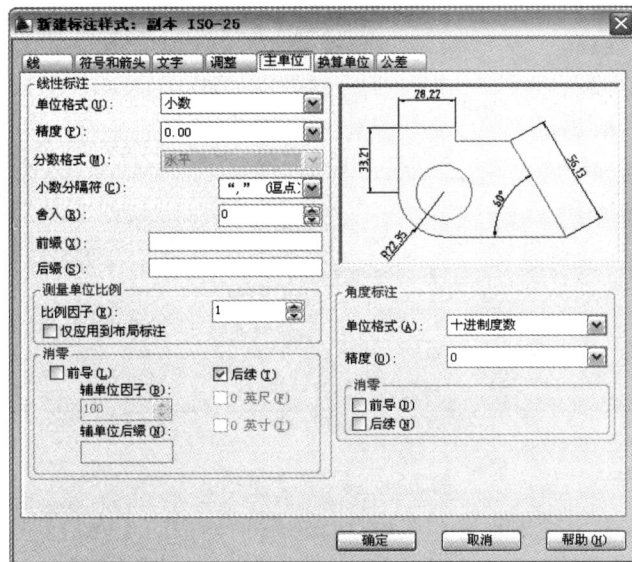

图 9.54　【主单位】选项卡

6)　【换算单位】选项卡

【换算单位】选项卡用于确定是否使用换算单位以及换算单位的格式，如图 9.55 所示。【显示换算单位】复选框用于确定是否在标注的尺寸中显示换算单位。【换算单位】选项组确定换算单位的单位格式、精度等设置。【消零】选项组确定是否消除换算单位的前导或后续零。【位置】选项组则用于确定换算单位的位置，用户可在【主值后】与【主值下】之间选择。

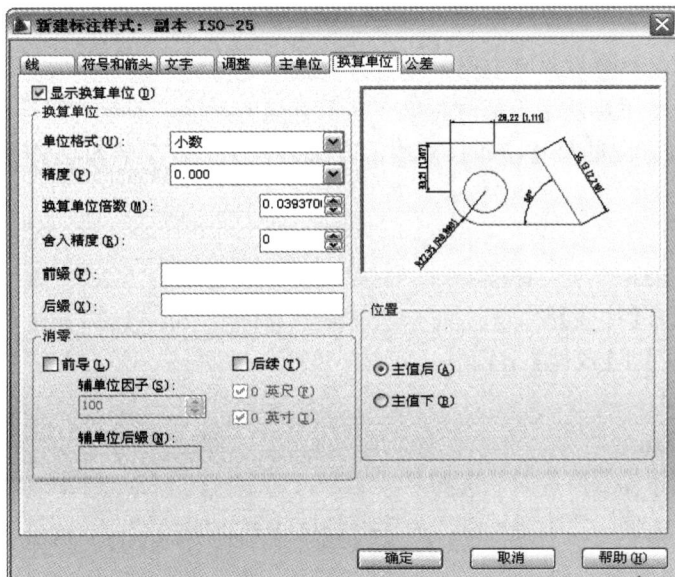

图 9.55　【换算单位】选项卡

7) 【公差】选项卡

【公差】选项卡用于确定是否标注公差，如果标注公差的话，以何种方式进行标注，如图9.56所示。【公差格式】选项组用于确定公差的标注格式。【换算单位公差】选项组用于确定当标注换算单位时换算单位公差的精度与消零否。

图9.56　【公差】选项卡

利用【新建标注样式】对话框设置样式后，单击对话框中的【确定】按钮，完成样式的设置；AutoCAD 返回到【标注样式管理器】对话框，单击对话框中的【关闭】按钮关闭对话框，完成尺寸标注样式的设置。

三、标注尺寸方法

正确进行尺寸标注是设计绘图工作中非常重要的一个环节，AutoCAD 2011 提供了方便快捷的尺寸标注方法，可以通过执行命令实现，也可以利用菜单或工具图标来实现，下面重点介绍几种尺寸类型的标注方法。

1. 线性标注

线性标注指标注图形对象在水平方向、垂直方向或指定方向的尺寸，又分为水平标注、垂直标注和旋转标注三种类型。水平标注用于标注对象在水平方向的尺寸，即尺寸线沿水平方向放置；垂直标注用于标注对象在垂直方向的尺寸，即尺寸线沿垂直方向放置；旋转标注则标注对象沿指定方向的尺寸。

1) 执行方式

◇　命令行：dimlinear；

◇　菜单：【标注】|【线性】；

◇　工具栏：【标注】|【线性】 ⊢⊣ 。

2) 命令行提示

命令：_dimlinear

指定第一条尺寸界线原点或 <选择对象>:

在此提示下有两种选择，即确定一点作为第一条尺寸线的起始点或直接按 Enter 键选择对象。

(1) 指定第一条尺寸界线原点。

指定第一条尺寸界线原点或 <选择对象>:　　　(指定第一条尺寸界线的起始点)

指定第二条尺寸界线原点：　　(确定另一条尺寸界线的起始点位置)

指定尺寸线位置或 [多行文字(M)/文字(T)/角度(A)/水平(H)/垂直(V)/旋转(R)]：

其中，"指定尺寸线位置"选项用于确定尺寸线的位置。用户可以直接拖动鼠标选择合适的尺寸线位置，单击鼠标左键确认，AutoCAD 根据自动测量出的两尺寸界线起始点间的对应距离值标注出尺寸。

"多行文字"选项用于根据文字编辑器输入尺寸文字。"文字"选项用于输入尺寸文字。"角度"选项用于确定尺寸文字的旋转角度 。"水平"选项用于标注水平尺寸，即沿水平方向的尺寸。"垂直"选项用于标注垂直尺寸，即沿垂直方向的尺寸。"旋转"选项用于旋转标注，即标注沿指定方向的尺寸。

(2) 选择对象。

指定第一条尺寸界线原点或<选择对象>：　　(直接按 Enter 键，执行"<选择对象>"选项)

选择标注对象：

此提示要求用户选择要标注尺寸的对象。用户选择后，AutoCAD 将该对象的两端点作为两条尺寸界线的起始点，并提示：

指定尺寸线位置或 [多行文字(M)/文字(T)/角度(A)/水平(H)/垂直(V)/旋转(R)]：

该提示的操作与前面相同。

2. 对齐标注

对齐标注所标注的尺寸线与所标注图形的轮廓线平行。

1) 执行方式

◇　命令行：dimaligned；

◇　菜单：【标注】|【对齐】；

◇　工具栏：【标注】|【对齐】 。

2) 命令行提示

命令：_dimaligned

指定第一条尺寸界线原点或 <选择对象>：

此提示下的操作与标注线性尺寸类似，可参照执行。

3. 角度标注

1) 执行方式

◇　命令行：dimangular；

◇　菜单：【标注】|【角度】；

◇　工具栏：【标注】|【角度】 。

2) 命令行提示

命令：_dimangular

选择圆弧、圆、直线或 <指定顶点>：

角度标注可以标注两条不平行直线之间的夹角，还可以标注圆上或圆弧上某段圆弧的包含角，还可以标注 3 个点之间的夹角。

4. 直径标注

1) 执行方式

◇　命令行：dimdiameter；

◇　菜单：【标注】|【直径】；

◇　工具栏：【标注】|【直径】 。

2) 命令行提示

命令：_dimdiameter

选择圆弧或圆：　　(选择要标注直径的圆或圆弧)

指定尺寸线位置或 [多行文字(M)/文字(T)/角度(A)]:　　　　　(确定尺寸线的位置)

5. 半径标注

1) 执行方式

◇　命令行：dimradius；

◇　菜单：【标注】|【半径】；

◇　工具栏：【标注】|【半径】 ⊘ 。

2) 命令行提示

命令：_dimradius

选择圆弧或圆：　　　(选择要标注半径的圆弧或圆)

指定尺寸线位置或 [多行文字(M)/文字(T)/角度(A)]:

6. 弧长标注

1) 执行方式

◇　命令行：dimarc；

◇　菜单：【标注】|【弧长】；

◇　工具栏：【标注】|【弧长】 ⌒ 。

2) 命令行提示

命令：_dimarc

选择弧线段或多段线弧线段：(选择圆弧段)

指定弧长标注位置或 [多行文字(M)/文字(T)/角度(A)/部分(P)/引线(L)]:

7. 折弯标注

1) 执行方式

◇　命令行：dimjogged；

◇　菜单：【标注】|【折弯】；

◇　工具栏：【标注】|【折弯】 ⌒ 。

2) 命令行提示

命令：_dimjogged

选择圆弧或圆：　(选择要标注尺寸的圆弧或圆)

指定中心位置替代：　(指定折弯半径标注的新中心点，以替代圆弧或圆的实际中心点)

指定尺寸线位置或 [多行文字(M)/文字(T)/角度(A)]:　　(确定尺寸线的位置，或进行其它设置)

指定折弯位置：　(指定折弯位置)

8. 连续标注

连续标注又叫尺寸链标注，用于产生一系列连续的尺寸标注，后一个尺寸把前一个尺寸的第二条延伸线作为它的第一条延伸线。在使用连续标注之前，应先标出第一个相关的尺寸。

1) 执行方式

◇　命令行：dimcontinue；

◇　菜单：【标注】|【连续】；

◇　工具栏：【标注】|【连续】 ⊪ 。

2) 命令行提示

命令：_dimcontinue

指定第二条延伸线原点或 [放弃(U)/选择(S)]<选择>:

选项说明：

(1) 指定第二条延伸线原点。确定下一个尺寸的第二条延伸线的起始点。AutoCAD 以上次标注的尺寸为基准，按连续标注方式标注出尺寸。

(2) 选择。该选项用于指定连续标注将从哪一个尺寸的延伸线引出。执行该选项，AutoCAD 提示：

　　选择连续标注：　　　　(在该提示下选择尺寸界线)

　　指定第二条延伸线原点或 [放弃(U)/选择(S)]<选择>：

执行连续尺寸标注时，有时需要先执行"选择(S)"选项来指定引出连续标注尺寸的尺寸界线。连续标注的标注效果如图 9.57 所示。

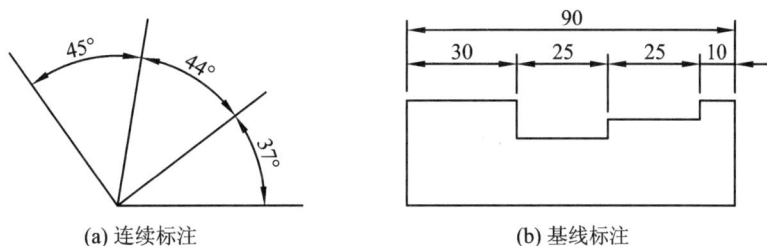

(a) 连续标注　　　　　　　　　　　(b) 基线标注

图 9.57　连续标注和基线标注效果对话框

9. 基线标注

基线用于产生一系列基于同一条延伸线的尺寸标注，适用于长度标注、角度标注和坐标标注等。在使用基线标注之前，应先标出一个相关的尺寸。

1) 执行方式

◇　命令行：dimbaseline；

◇　菜单：【标注】|【基线】。

◇　工具栏：【标注】|【基线】 ⊢ 。

2) 命令行提示

　　命令：_dimbaseline

　　指定第二条延伸线原点或 [放弃(U)/选择(S)]<选择>：

基线标注的选项与连续标注类似。

10. 多重引线样式

1) 执行方式

◇　命令行：mleaderstyle；

◇　菜单：【格式】|【多重引线样式】；

◇　工具栏：【样式】|【多重引线样式】 。

2) 对话框说明

执行以上某一操作后，AutoCAD 打开【多重引线样式管理器】对话框，如图 9.58 所示。【多重引线样式管理器】与【标注样式管理器】类似，可参照执行。

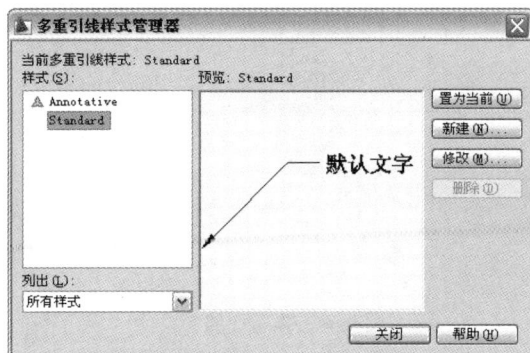

图 9.58　【多重引线样式管理器】对话框

　　AutoCAD 新建多重引线样式后，打开【修改多重引线样式】对话框。用户可以对多重引线样式进行修改，对话框中有【引线格式】、【引线结构】和【内容】3 个选项卡，如图 9.59 所示。

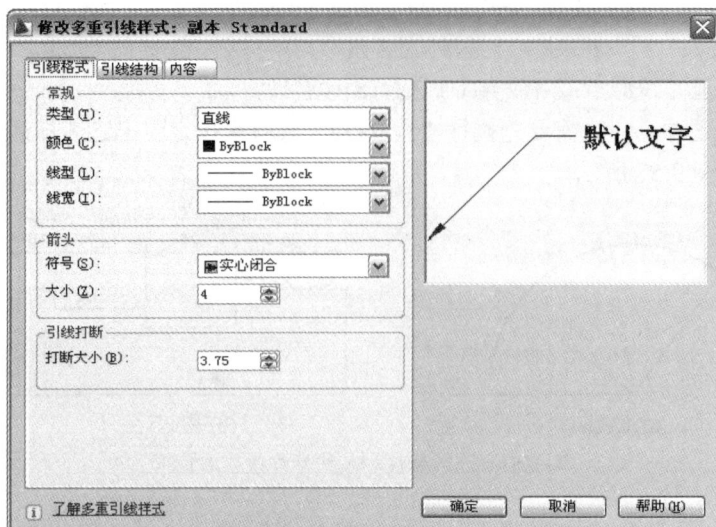

图 9.59　【修改多重引线样式】对话框

　　其中，【引线格式】选项卡用于设置引线的格式，包括引线的外观、箭头的样式与大小、引线打断时的距离值。【引线结构】选项卡用于控制多重引线的结构、多重引线中的基线以及多重引线标注的缩放关系。【内容】选项卡用于设置多重引线标注的类型、文字内容等。

　　11．多重引线标注

　　AutoCAD 提供了多重引线标注的功能，利用该功能不仅可以标注特定的尺寸，还可以在图形中添加备注和说明。

　　1) 执行方式

　　◇　命令行：mleader；

　　◇　菜单：【标注】|【多重引线】；

　　2) 命令行提示

　　　　命令：_mleader

　　　　指定引线箭头的位置或 [引线基线优先(L)/内容优先(C)/选项(O)] <选项>：　　　(指定指引线箭头的
　　位置)

　　　　指定下一点或 [端点(E)] <端点>：　　　(指定一点)

　　　　指定下一点或 [端点(E)] <端点>：

　　在该提示下依次指定各点，然后按 Enter 键，AutoCAD 弹出文字编辑器，如图 9.60 所示。

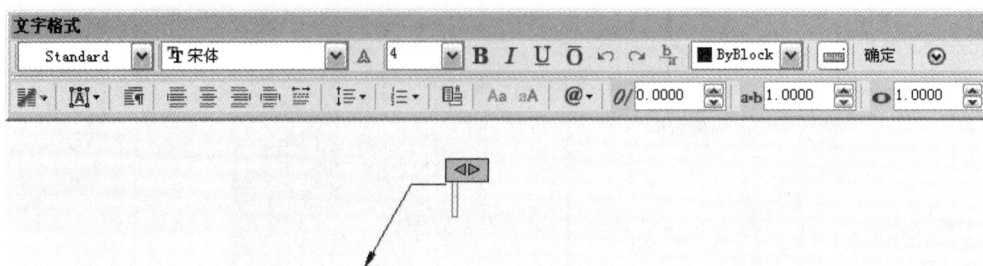

图 9.60　多重引线标注

　　通过文字编辑器输入对应的多行文字后，单击【文字格式】工具栏上的【确定】按钮，即可完成引线标注。

选项说明："指定引线箭头的位置"选项用于确定引线的箭头位置。"引线基线优先(L)"和"内容优先(C)"选项分别用于设置将首先确定引线基线的位置还是首先确定标注内容，用户根据需要选择即可。"选项(O)"项用于多重引线标注的设置，执行该选项，AutoCAD 提示：

输入选项 [引线类型(L)/引线基线(A)/内容类型(C)/最大节点数(M)/第一个角度(F)/第二个角度(S)/退出选项(X)] <内容类型>：

其中，"引线类型(L)"选项用于确定引线的类型；"引线基线(A)"选项用于确定是否使用基线；"内容类型(C)"选项用于确定多重引线标注的内容(多行文字、块或无)；"最大节点数(M)"选项用于确定引线端点的最大数量；"第一个角度(F)"和"第二个角度(S)"选项用于确定前两段引线的方向角度。

9.8　表　格

一、创建表格

表格主要用来展示与图形相关的数据信息、材料信息等内容。AutoCAD 提供了"表格"功能，使创建表格变得容易，用户可以直接插入设置好的表格，而不用绘制由单独的图线组成的表格。

1. 设置表格样式

表格样式是用来定义表格行列外观和内部文字特性的，与文字样式的功能基本类似。

1) 执行方式

◇　命令行：tablestyle；

◇　菜单：【格式】|【表格样式】；

◇　工具栏：【样式】|【表格样式】🖼。

2) 对话框说明

执行以上某一操作后，AutoCAD 打开【表格样式】对话框，如图 9.61 所示。对话框中各选项与其它样式对话框类似。单击【新建】按钮创建新的表格样式。

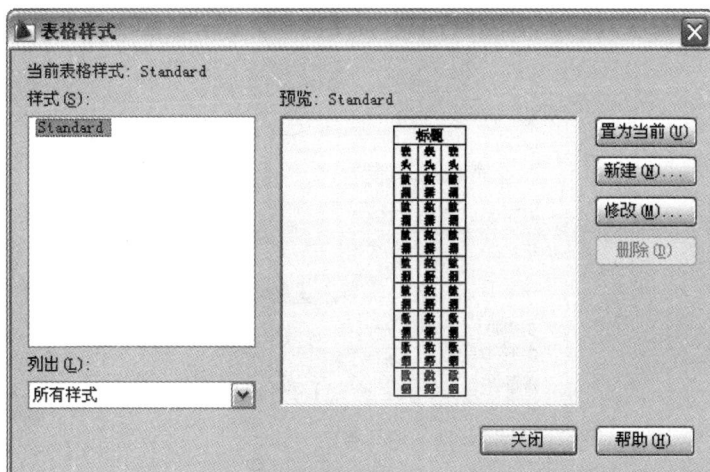

图 9.61　【表格样式】对话框

AutoCAD 中的表格控制，主要是关于"数据"、"表头"和"标题"相关参数的设置。单击【新建】按钮，打开【新建表格样式】对话框，如图 9.62 所示。

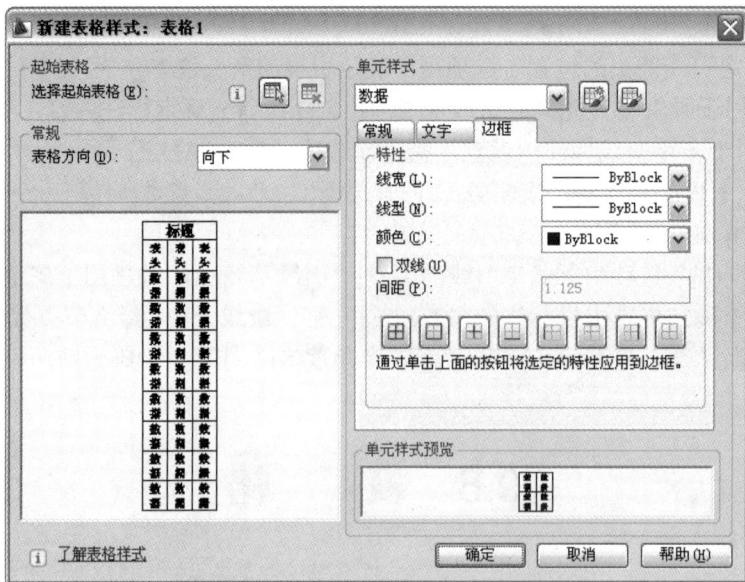

图 9.62 【新建表格样式】对话框

对话框中，左侧有【起始表格】、【常规】和预览三部分。其中，【起始表格】用于用户指定一个已有表格作为新建表格样式的起始表格。选择表格后，可以指定要从该表格复制到表格样式的结构和内容。使用【删除表格】图标，可以将表格从当前指定的表格样式中删除。

【常规】用于确定插入表格时表的方向，有"向下"和"向上"两个选择，"向下"表示创建由上而下读取的表，即标题行和列标题行位于表的顶部，"向上"则表示将创建由下而上读取的表，即标题行和列标题行位于表的底部。

预览用于显示当前表格样式设置的效果。

【单元样式】选项组用来定义新的单元样式或修改现有单元样式。可以创建任意数量的单元样式。用户可以通过对应的下拉列表确定要设置的对象，即在【数据】、【标题】和【表头】之间进行选择。选项组中，【常规】、【文字】和【边框】3 个选项卡分别用于设置表格中的基本内容、文字和边框。【常规】选项卡中的【页边距】控制单元边框和单元内容之间的间距，如图 9.63 所示。其中，【水平】用于设置单元中的文字或块与左右单元边框之间的距离；【垂直】用于设置单元中的文字或块与上下单元边框之间的距离。

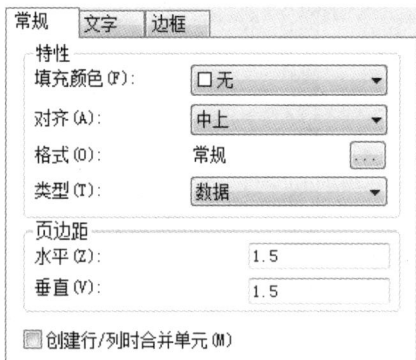

图 9.63 【常规】选项卡

2. 创建表格

1) 执行方式

✧ 命令行：table；

✧ 菜单：【绘图】|【表格】；

❖ 工具栏:【绘图】|【表格】⊞。

2) 对话框说明

执行以上某一操作后,AutoCAD 打开【插入表格】对话框,如图 9.64 所示。

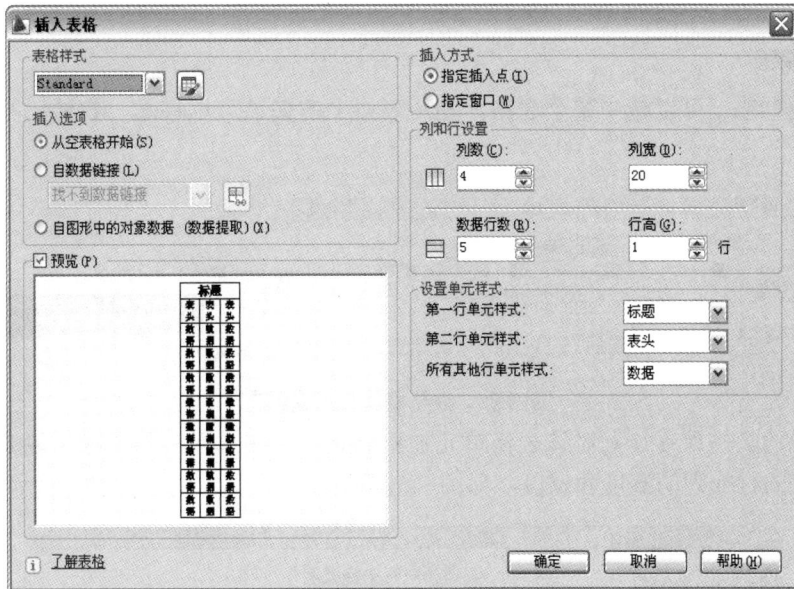

图 9.64 【插入表格】对话框

【表格样式】选项用于选择设置好的表格样式。

【插入选项】选项组用于确定如何为表格填写数据。可以通过空的表格或表格样式创建空的表格对象。还可以将表格链接至 Microsoft Excel 电子表格中的数据。亦可以从图形中的对象数据中提取,AutoCAD 会启动"数据提取"向导。

【插入方式】选项组设置将表格插入到图形时的插入方式,指定表格左上角的位置,或指定表格的大小和位置。

【列和行设置】选项组则用于设置表格中的行数、列数以及行高和列宽。其中,带有标题和表头的表格样式最少应有三行。"行高"按照行数指定行高,文字行高基于文字高度和单元边距确定,这两项均在表格样式中设置。

【设置单元样式】选项组分别用于设置第一行、第二行和其它行的单元样式。

通过【插入表格】对话框确定表格数据后,单击【确定】按钮,在图形中插入表格后,AutoCAD 弹出【文字格式】工具栏,并将表格中的第一个单元格醒目显示,此时就可以向表格输入文字,进行文字编辑了,如图 9.65 所示。完成编辑后,即可完成表格创建。

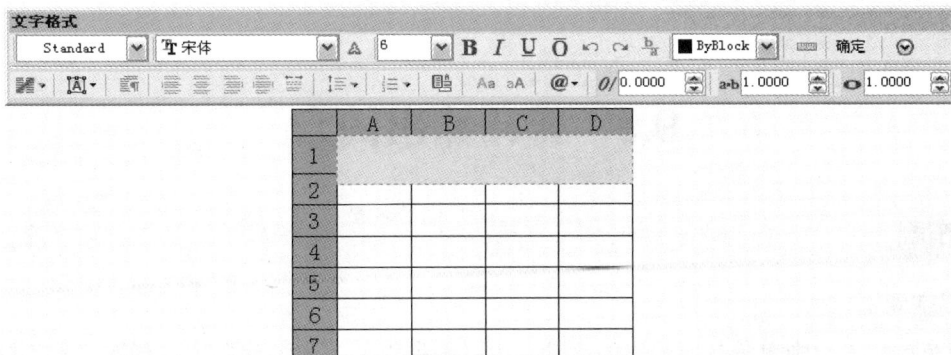

图 9.65 表格文字编辑

二、编辑表格

对所插入的表格进行编辑时，不仅可以对表格整体进行编辑，还可以对表格中的各个单元格进行相应的编辑修改。

1. 表格形状编辑

单击表格的边框线，可以选中整个表格，利用表格上的夹点可以移动、拉伸、打断、修改表格，如图 9.66 所示。

图 9.66　表格整体夹点编辑

单击需要编辑的表格单元，此时该表格单元加粗显亮，并在单元格的周围出现夹点，拖动夹点可以修改单元格所在的行或列的高度和宽度，如图 9.67 所示。

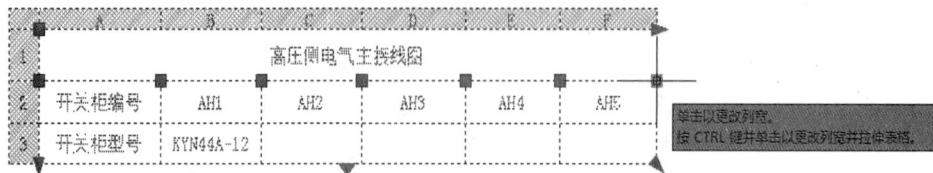

图 9.67　单元格夹点编辑

选取一个单元格，可以打开表格编辑工具，如图 9.68 所示。利用编辑工具按钮可以对表格的行、列进行添加或删除操作，还可以对单元格进行合并操作。要选取多个单元格，可以在要选取的单元格上单击并拖动；按住 Shift 键，可以选中两个单元格和它们之间所有的单元。

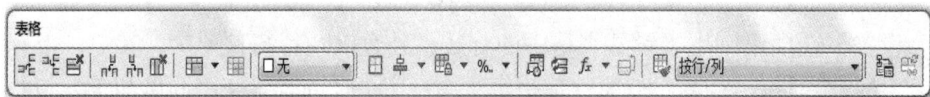

图 9.68　表格编辑工具

2. 表格内容编辑

创建表格后，双击任意一个单元格就可以打开表格文字编辑工具。要移动到下一单元，可以按 Tab 键或箭头键进行移动。在图 9.68 所示的表格编辑工具中，可以插入块、公式，修改数据格式。如果要将表格单元链接至 Excel 表格中的数据，可以选用单元链接按钮，打开【选择数据链接】对话框，进行设置。

9.9　打印输出简介

一、创建布局

1. 布局空间

每一个布局代表一张单独打印输出的图纸，可以根据设计需要创建多个布局以显示不同的视图。模型空间和布局空间是 AutoCAD 的两个工作空间。模型空间主要用于绘制图形的主体模型；布局空间又称图纸空间，主要用于图形的排列、添加标题栏、明细栏以及起到模拟打印效果的作用。在绘图区的左下方显示【布局】和【模型】选项卡标签，单击标签可进行空间切换，如图 9.69 所示。

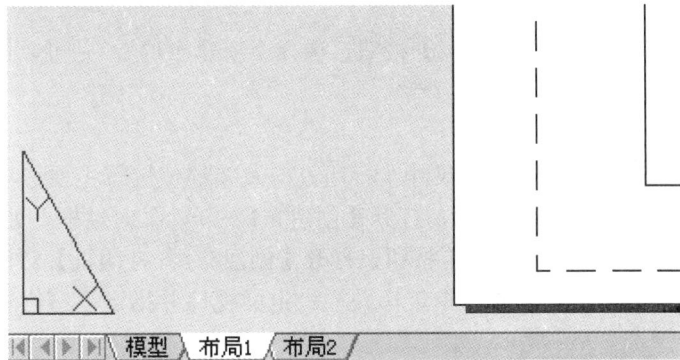

图 9.69　【布局】和【模型】选项卡

在屏幕底部的状态栏中单击【快速查看布局】按钮 可进入布局空间，如图 9.70 所示。

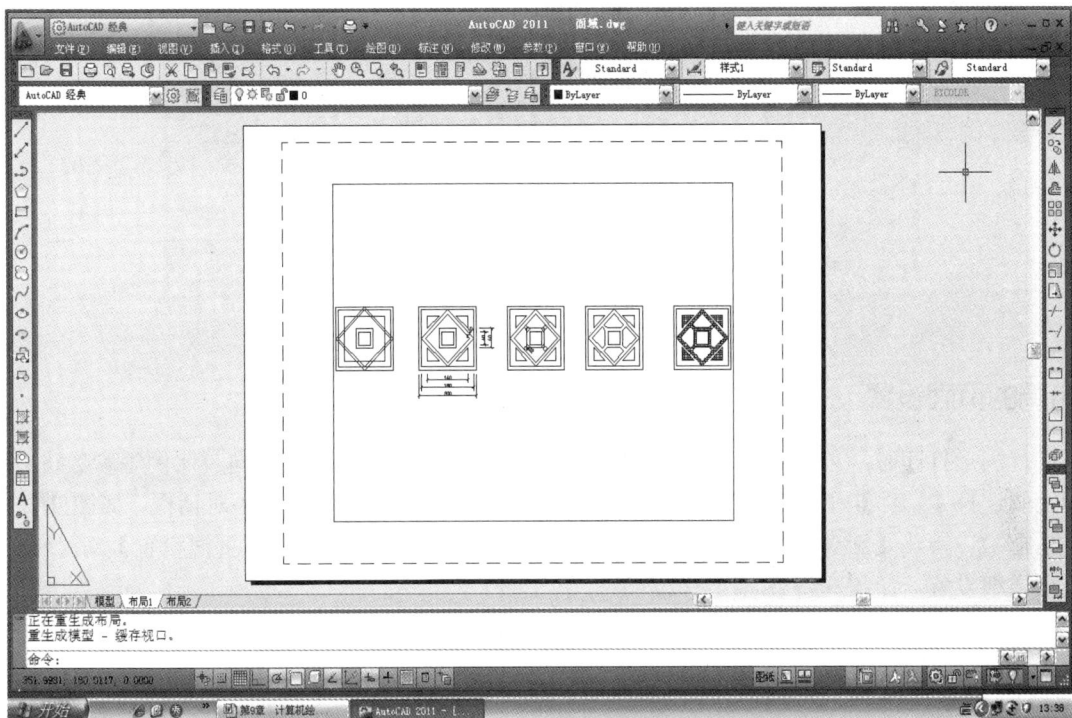

图 9.70　布局空间

2. 创建布局

布局空间在图形输出中具有极大的优势和地位，AutoCAD 提供了多种创建布局的方式和方法。

1) 执行方式

◇　命令行：layout；

◇　菜单：【插入】|【布局】|【新建布局】；

◇　工具栏：【布局】|【新建布局】 。

2) 命令行提示

命令：_layout

输入布局选项 [复制(C)/删除(D)/新建(N)/样板(T)/重命名(R)/另存为(SA)/设置(S)/?]<设置>：

　　　　N　　　　　　(选择新建布局)

输入新布局名 <布局 3>：

在该提示下输入新布局的名称之后，AutoCAD 创建一个新布局，并在窗口底部选项卡中显示新布局的名称。

在状态栏中，右键单击【快速查看布局】按钮，选择"新建布局"，则可以快速创建新布局，布局名称为"布局 3"。

3) 使用布局向导创建布局

使用该方式对所创建布局名称、图纸尺寸、打印方向及布局位置等主要选项进行详细设置。选择【插入】|【布局】|【创建布局向导】选项，打开【创建布局-开始】对话框，如图 9.71 所示。在打开的对话框中输入布局名称，单击【下一步】按钮，打开【创建布局-打印机】对话框，选择需要配置的打印机，然后依次指定图纸尺寸和方向、指定标题栏、定义视口并指定视口位置，完成后即可创建新布局。

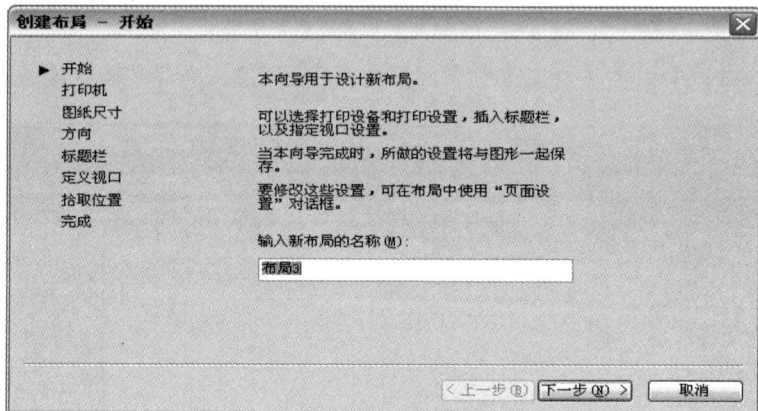

图 9.71　创建布局向导页面

二、布局的页面设置

在进行图形打印时，必须对打印页面的样式、设备、图纸大小、打印方向及比例等参数进行设置，在布局空间选择【文件】|【页面设置管理器】选项，打开【页面设置管理器】对话框，如图 9.72 所示。在该对话框中，单击【新建】按钮可以输入新页面的名称，在随后打开的【页面设置】对话框中对新页面进行详细设置，如图 9.73 所示。

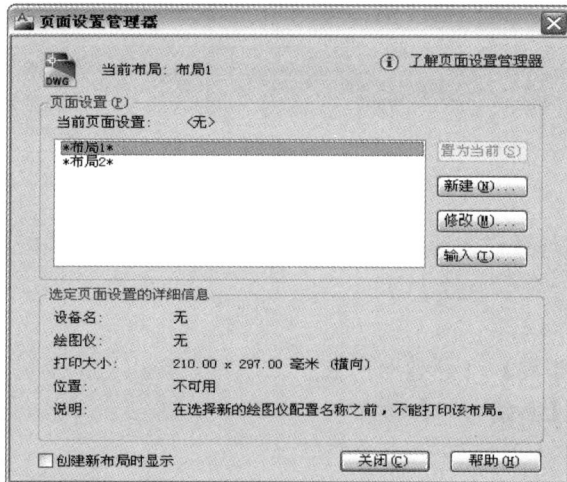

图 9.72　【页面设置管理器】对话框

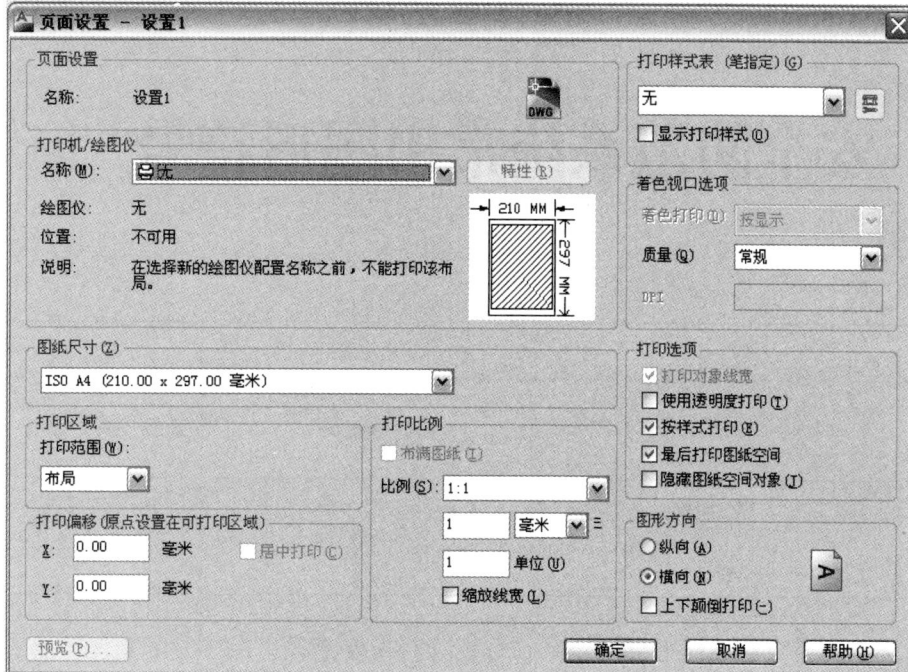

图 9.73 【页面设置】对话框

该选项卡中，【打印范围】选项用来对布局的打印区域进行设置，【布局】选项打印图纸界限内的所有图形；【窗口】选项指定布局中的某个矩形区域进行打印；【范围】选项打印当前图纸中所有的图形对象；【显示】选项用于设置打印模型空间中当前视口中的视图。【打印比例】选项可以选择标准比例，对图形缩放打印。

命名和保存图形中的页面设置之后，若要将这些页面设置用于其它图形，可以在【页面设置管理器】中单击【输入】按钮进行设置。

三、图形打印输出

打印输出就是将最终设置完成的图纸布局，通过打印的方式输出。

1) 执行方式

◇ 命令行：plot；

◇ 菜单：【文件】|【打印】；

◇ 工具栏：【标准】|【打印】🖶。

2) 对话框说明

【打印】对话框的显示内容与【页面设置】对话框中的内容基本相同。【页面设置】中的"添加"选项可以添加新的页面设置；启用【打印机/绘图仪】选项组中的【打印到文件】，可以将选定的布局发送到打印文件，而不是打印机。所有设置完成后，单击【确定】按钮，系统将输出打印图形。

附录 安全防范系统常用图形符号

序号	图形符号	名　称	说　明
1		标准镜头	虚线代表摄像机
2		广角镜头	
3		自动光圈镜头	
4		自动光圈电动聚焦镜头	
5		三可变镜头	
6		黑白摄像机	带标准镜头的黑白摄像机
7		彩色摄像机	带自动光圈镜头的彩色摄像机
8		微光摄像机	带自动光圈镜头的微光摄像机
9		室内保护罩	
10		室外保护罩	
11		录像机	
12	DVR	数字硬盘录像机	

续表一

序号	图形符号	名　称	说　明
13		黑白监视器	
14		彩色监视器	
15	VD（↑··Y··↑／↑X）	视频分配器	X—输入 Y—几路输出
16		云台	
17		云台、镜头控制器	
18	（X）	图像分割器	X—画面数
19	O／E	光、电信号转换器	
20	E／O	电、光信号转换器	
21	P／L	云台、镜头控制器	
22	A₀　M P—　—K Aᵢ　C	矩阵控制器	Aᵢ—报警输入 A₀—报警输出 C—视频输入 M—视频输出 K—键盘控制 P—云台镜头控制
23	M　VGA P—　—K Aᵢ　C	数字控制主机	Aᵢ—报警输入 C—视频输入 VGA—电脑显示器(主输出) M—分控输出、监视器 K—鼠标、键盘控制 P—云台镜头控制

序号	图形符号	名 称	说 明
24	**IR** Tx - - - - - Rx	主动红外探测器	Tx—发射 Rx—接收
25	**M** Tx - - - - - Rx	遮档式微波探测器	Tx—发射 Rx—接收
26	◎	紧急按钮开关	
27	(√)	紧急脚挑开关	
28	(◇)	压力垫开关	
29	(⌣)	门磁开关	
30	◇ P	压敏探测器	
31	◇ B	玻璃破碎探测器	
32	◇	易燃气体探测器	
33	◁ IR	被动红外入侵探测器	
34	◁ M	微波入侵探测器	
35	◁ IR/M	被动红外/微波双技术探测器	
36	⊗ ◁	声、光报警箱	
37	⊗	报警灯箱	

序号	图形符号	名　称	说　明
38		警号箱	
39		警铃箱	
40		报警控制主机	D—报警信号输入 K—控制键盘 S—串行接口 R—继电器触点(报警输出)
41		防区扩展模块	A—报警主机 D—探测器 P—巡更点
42	KP	键盘	
43	Tx	传输发送器	
44	Rx	传输接收器	
45	TxRx	传输发送、接收器	
46		读卡器	
47	KP	键盘读卡器	
48		出入口数据处理设备	
49		指纹识别器	
50		掌纹识别器	

序号	图形符号	名　称	说　明
51		人像识别器	
52		眼纹识别器	
53	EL	电控锁	
54		声控锁	
55	E	电锁按键	
56		锁匙开关	
57		密码开关	
58		楼宇对讲系统主机	
59		对讲电话分机	
60		可视对讲摄像机	
61		可视对讲机	

参 考 文 献

[1]　刘军旭，雷海涛. 建筑工程制图与识图. 北京：高等教育出版社，2014.

[2]　马广东，于海洋，郜颖. 建筑制图. 北京：航空工业出版社，2015.

[3]　钱可强. 建筑制图. 北京：化学工业出版社，2012.

[4]　中国建筑标准设计研究院. 国家建筑标准设计图集 06SX503 安全防范系统设计与安装. 北京：中国计划出版社，2006.

[5]　陈天娥. 智能楼宇弱电设备安装与调试. 北京：高等教育出版社，2008.

[6]　杨光臣，杨波，等. 怎样阅读建筑电气与智能建筑工程施工图. 北京：中国电力出版社，2007.